高等学校测绘工程系列教材

地理信息系统应用实践教程

罗年学　陈雪丰　虞晖　胡春春　主编

WUHAN UNIVERSITY PRESS
武汉大学出版社

图书在版编目(CIP)数据

地理信息系统应用实践教程/罗年学,陈雪丰,虞晖,胡春春主编.—武汉:武汉大学出版社,2010.1
高等学校测绘工程系列教材
ISBN 978-7-307-07178-0

Ⅰ.地… Ⅱ.①罗… ②陈… ③虞… ④胡… Ⅲ.地理信息系统—实验—高等学校—教材 Ⅳ.P208-33

中国版本图书馆 CIP 数据核字(2009)第104072号

责任编辑:刘 阳　　责任校对:黄添生　　版式设计:詹锦玲

出版发行:**武汉大学出版社** (430072 武昌 珞珈山)
(电子邮件:cbs22@whu.edu.cn 网址:www.wdp.com.cn)
印刷:武汉中远印务有限公司
开本:787×1092 1/16 印张:13.5 字数:329千字
版次:2010年1月第1版 2010年1月第1次印刷
ISBN 978-7-307-07178-0/P·158 定价:22.00元

内 容 简 介

本书共分为三个部分，即 GIS 软件工具篇、GIS 专题实践篇和 ArcGIS 二次开发篇。其中 GIS 软件工具篇以 ArcGIS 软件为例，介绍 GIS 软件的常用功能和操作方法；专题实践篇结合测绘工程专业特点，精选了几个典型案例，覆盖空间数据采集、空间数据管理和空间分析等 GIS 中的重点内容，逐步地介绍其实施过程；二次开发篇以 ArcGIS 平台为对象，以 VBA 为开发工具，介绍 GIS 平台的二次开发方法和定制实践。

本书可作为高等院校测绘工程专业地理信息系统课程的实习教材，也可作为相关专业技术人员学习地理信息系统的参考用书。

前　言

地理信息系统是测绘工程专业的核心专业课程之一，旨在培养学生掌握地理信息系统基本概念及其构成、功能、数据获取和组织方法、空间分析与应用等基本概念。地理信息系统的基本原理和方法具有很强的学科交叉性，它融合了地理学、测绘学、计算机科学和管理学等学科的思想和方法，形成了自己的体系。由于测绘工程专业本身课程设置的限制，学生在学习本课程时不可能对这些相关学科的知识有全面的了解。如何让测绘工程专业学生在有限学时的课程学习后，能够对地理信息系统的技术体系和应用具有较深的认识和掌握，实践性教学是一个非常重要的环节。

本实践教材由三个部分组成，基本上涵盖了地理信息系统课程的所有内容。第一部分为软件工具篇，以目前最常用的 ArcGIS 软件平台为对象，以大多数地理信息系统教科书的编排顺序，依次介绍了地理信息系统中的数据采集、数据处理、数据管理、查询和分析以及专题地图制作等内容。

第二部分为专题实践篇，结合测绘工程专业特点和背景，基于第一篇软件工具基础，介绍了数据采集和地图制作、工程地形分析、选址分析以及交通网络分析 4 个实验，通过这几个实验的实践练习，使得学生能够对地理信息系统的实际应用具有较全面的认识。

第三部分为地理信息系统二次开发篇，介绍了 ArcGIS 的二次开发组件——ArcObject 和 VBA 的定制方法，并给出一个综合应用实例。通过本篇相关内容的练习，使得学生能够初步具备地理信息系统软件定制能力。

教材的第 1 章至第 7 章由罗年学负责编写，第 8 章和第 11 章由陈雪丰负责编写，第 9 章和第 10 章由虞晖负责编写，第 12 章和第 13 章由胡春春负责编写。

教材中关于 ArcGIS 的使用和练习数据大量参考了 ESRI 相关产品的帮助文档，在此表示衷心感谢。

由于编者水平有限，加之时间仓促，书中存在错误和不当之处再所难免，欢迎读者批评指正。

目　录

第一篇　GIS 软件工具

第 1 章　ArcGIS 简介 …… 3

1.1　ArcGIS 桌面产品 …… 3

1.2　ArcGIS 服务器产品 …… 4

1.3　ArcGIS 组件产品 …… 4

1.4　ArcMap 入门 …… 4

1.4.1　ArcMap 启动 …… 4

1.4.2　ArcMap 窗口组成 …… 6

1.5　ArcCatalog 入门 …… 7

1.6　地理数据库 Geodatabase …… 9

第 2 章　GIS 中的空间数据采集和编辑 …… 10

2.1　ArcMap 数据输入和编辑工具 …… 10

2.2　新建数据源 …… 11

2.2.1　创建地图文档 …… 11

2.2.2　添加图层 …… 11

2.3　点要素的输入和编辑 …… 12

2.4　线要素的输入和编辑 …… 14

2.4.1　输入线要素 …… 14

2.4.2　编辑线要素 …… 14

2.5　面要素的输入和编辑 …… 14

2.5.1　输入面要素 …… 14

2.5.2　编辑面要素 …… 14

2.6　地图注记编辑 …… 15

2.6.1　属性标注 …… 15

2.6.2　使用注记类 …… 16

2.6.3　使用图形注记 …… 16

第 3 章　GIS 中的空间数据处理 …… 17

3.1　拓扑关系 …… 17

3.1.1　拓扑基本术语 …… 17

3.1.2 拓扑规则 …… 18
3.2 拓扑关系建立 …… 20
3.2.1 地图拓扑（Map Topology）和地理数据库拓扑（Geodatabase Topology） …… 20
3.2.2 使用ArcMap建立地图拓扑 …… 21
3.3 拓扑关系编辑 …… 21
3.4 投影转换 …… 23
3.5 坐标变换 …… 25
3.5.1 坐标变换的概念 …… 25
3.5.2 坐标转换（Transform） …… 26
3.5.3 接边（Edge Snap） …… 28
3.5.4 影像配准 …… 29

第4章 空间数据管理 …… 31
4.1 Geodatabase空间数据库 …… 31
4.2 空间数据库建立 …… 32
4.2.1 创建一个新的地理数据库 …… 32
4.2.2 建立数据库中的基本组成项 …… 32
4.3 空间数据库更新和维护 …… 34
4.3.1 装载数据 …… 34
4.3.2 属性域 …… 36
4.3.3 子类型 …… 38
4.3.4 关系类 …… 39
4.3.5 几何网络 …… 41
4.3.6 注释类 …… 44
4.3.7 索引 …… 45

第5章 查询统计 …… 48
5.1 基于属性查询 …… 48
5.2 基于位置查询 …… 49
5.3 其他查询 …… 51
5.3.1 鼠标点击查询 …… 51
5.3.2 拖曳矩形框进行查询 …… 52
5.3.3 点击属性表进行查询 …… 52
5.3.4 删除选中的要素 …… 52
5.3.5 高亮显示选中要素颜色配置 …… 53
5.3.6 查看选中要素的信息 …… 53
5.4 生成统计图 …… 53
5.4.1 创建统计图 …… 53
5.4.2 统计图编辑 …… 54
5.4.3 管理统计图 …… 55

5.5 生成报表 …… 55
5.5.1 创建报表 …… 55
5.5.2 设置报表类型 …… 57
5.5.3 报表页面设置 …… 57
5.5.4 报表中字段的设置 …… 58
5.5.5 报表数据组织 …… 59
5.5.6 为报表添加辅助要素 …… 60
5.5.7 报表的保存输出 …… 61

第6章 空间分析 …… 63
6.1 缓冲区分析 …… 63
6.1.1 使用缓冲区工具 …… 64
6.1.2 使用缓冲区向导 …… 65
6.2 叠加分析 …… 68
6.2.1 叠加分析的分类和工具 …… 68
6.2.2 叠加分析工具（Union、Intersect）的使用示例 …… 70
6.3 地形分析 …… 73
6.3.1 地形分析工具（Terrain Analysis Tools） …… 73
6.3.2 坡度（Slope）工具 …… 73
6.3.3 坡向（Aspect）工具 …… 74
6.4 网络分析 …… 75

第7章 专题制图 …… 76
7.1 图层控制 …… 76
7.1.1 显示（Display） …… 77
7.1.2 标注（Lables） …… 78
7.1.3 符号（Symbology） …… 80
7.2 符号设计 …… 80
7.2.1 简单要素图（Features） …… 80
7.2.2 定性分类（Categories） …… 82
7.2.3 定量分类（Quantities） …… 86
7.2.4 统计图（Charts） …… 90
7.2.5 多重属性图（Multiple Attibute） …… 90
7.3 地图布局 …… 92
7.3.1 地图布局（Layout）和打印（Printing）设置 …… 92
7.3.2 添加地图要素（Element） …… 92

第二篇 GIS专题实践

第8章 空间数据采集及地图制作 …… 97

8.1 手工数字化采集 …… 97
8.2 使用ArcScan数字化采集 …… 98
8.2.1 扫描地图的配准和校正 …… 99
8.2.2 ArcScan人工矢量化方法 …… 105
8.2.3 ArcScan批处理矢量化方法 …… 110
8.2.4 ArcGIS拓扑检查方法与拓扑错误修正方法 …… 113
8.2.5 ArcScan常用快捷键 …… 115
8.3 使用空间数据互操作获取数据 …… 116
8.3.1 ArcGIS数据互操作扩展模块介绍 …… 116
8.3.2 ArcGIS数据互操作扩展的关键特性 …… 116
8.3.3 ArcGIS空间数据格式转换 …… 116
8.4 地图制作 …… 119
8.4.1 新建布局 …… 119
8.4.2 添加矢量化后的地图 …… 119
8.4.3 添加其他内容 …… 120
8.4.4 进一步处理 …… 124

第9章 工程地形分析 …… 127
9.1 DEM的建立 …… 127
9.1.1 TIN的组成 …… 128
9.1.2 TIN的建立 …… 128
9.2 断面图生成 …… 133
9.3 坡度图制作 …… 134
9.4 可视性分析 …… 135
9.4.1 视线瞄准线的创建 …… 135
9.4.2 视场的计算 …… 136

第10章 交通网络分析 …… 138
10.1 网络的组成和建立 …… 138
10.1.1 网络的组成 …… 138
10.1.2 网络数据集建立 …… 139
10.1.3 网络分析的一般流程 …… 141
10.2 最短路径分析 …… 142
10.3 找服务区域（Finding Service Area） …… 146

第11章 选址分析 …… 151
11.1 指标评价 …… 151
11.2 综合选址分析实例 …… 151
11.2.1 背景 …… 151
11.2.2 目的 …… 151

11.2.3 要求 …… 151
11.2.4 操作步骤 …… 151

第三篇 ArcGIS 二次开发

第 12 章 ArcGIS 二次开发基础 …… 167
12.1 ArcObjects 简介 …… 167
12.1.1 AO 的基础—COM …… 167
12.1.2 AO 的核心组件库 …… 168
12.2 Visual Basic 基础 …… 169
12.2.1 常量 …… 169
12.2.2 变量 …… 169
12.2.3 数组 …… 169
12.2.4 记录 …… 170
12.2.5 数据类型 …… 171
12.2.6 控制语句 …… 171
12.2.7 函数与过程 …… 173
12.3 在 ArcMap 的 VBA 环境中编程 …… 175

第 13 章 ArcGIS 二次开发实现 …… 177
13.1 AO 对象 …… 177
13.1.1 Application 对象 …… 177
13.1.2 Document 对象 …… 179
13.1.3 Map 对象 …… 180
13.1.4 Layer 图层对象 …… 184
13.2 基于 VBA 的定制 …… 185
13.2.1 定制状态栏（StatusBar） …… 185
13.2.2 定制可停靠窗口（DockableWindow） …… 186
13.2.3 CommandBars 和 CommandBar 对象 …… 187
13.3 二次综合应用实践 …… 188

参考文献 …… 204

第一篇

GIS 软件工具

第1章 ArcGIS 简介

ArcGIS 9 是美国环境系统研究所(Environment System Research Institute,ESRI)开发的新一代 GIS 软件,是世界上使用最广泛的 GIS 软件之一。

ArcGIS 是 ESRI 在全面整合了 GIS 数据库、软件工程、人工智能、网络技术及其他多方面的计算机主流技术之后,成功推出的代表 GIS 最高技术水平的全系列 GIS 产品。ArcGIS 是一个全面的、可伸缩的 GIS 平台,为用户构建一个完善的 GIS 系统提供了完整的解决方案。

ArcGIS 作为一个全面的、可伸缩的 GIS 平台,无论是在桌面、服务器、野外还是通过 Web,都为个人用户和群体用户提供了 GIS 的功能。ArcGIS 9 是一个建设完整的 GIS 软件集合,它包含了下述一系列部署 GIS 的框架:

ArcGIS Desktop——一个专业 GIS 应用的完整套件;

ArcGIS Engine——为定制开发 GIS 应用的嵌入式开发组件;

服务端 GIS——ArcSDE、ArcIMS 和 ArcGIS Server;

移动 GIS——ArcPad 以及为平板电脑使用的 ArcGIS Desktop 和 Engine。

1.1 ArcGIS 桌面产品

ArcGIS Desktop 是一个集成了众多高级 GIS 应用软件的套件,它包含了一套带有用户界面组件的 Windows 桌面应用:ArcMap、ArcCatalog、ArcToolbox 以及 ArcGlobe,应用这四个程序基本可以胜任任何 GIS 相关工作——制图、数据处理、地理分析、数据编辑和处理等。ArcGIS Desktop 具有三种功能级别——ArcView、ArcEditor 和 ArcInfo,而 ArcReader 则是免费地图浏览器组件。ArcView、ArcEditor 和 ArcInfo 是三级不同的桌面软件系统,共用通用的结构、通用的扩展模块和统一的开发环境,功能由简单到复杂,其相互关系如图 1-1 所示。

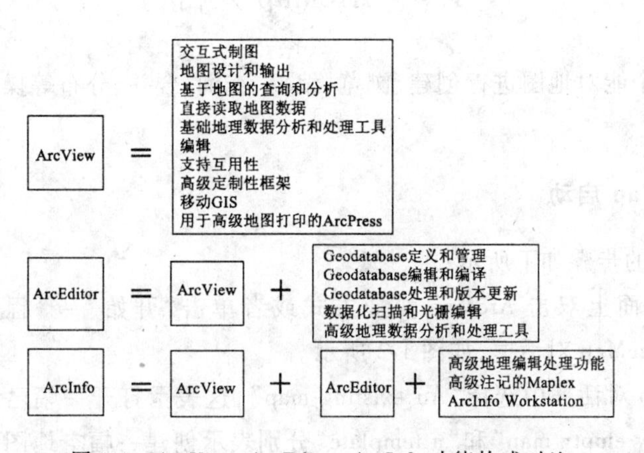

图 1-1 ArcView、ArcEditor、ArcInfo 功能构成对比

1.2 ArcGIS 服务器产品

ArcGIS 9 包含以下三种服务器产品:

(1)ArcSDE———一个在多种关系型数据库管理系统中管理地理信息的高级空间数据服务器。ArcSDE 是一个位于 ArcGIS 软件产品和关系型数据库之间的数据服务器,它的应用使得在跨网络的多个用户群体中共享空间数据库以及在任意大小的数据级别中伸缩成为可能。

(2)ArcIMS———一个可伸缩的,通过开放的 Internet 协议进行 GIS 地图、数据和元数据发布的地图服务器,主要是为 Web 上的用户提供数据分发服务和地图服务。

(3)ArcGIS Server———一个应用服务器,包含了一套在企业和 Web 框架上建设服务端 GIS 应用的共享 GIS 软件对象库。ArcGIS Server 是 ArcGIS 9 以后推出的新产品,用于构建集中式的企业 GIS 应用,基于 SOAP 的 Web Services 和 Web 应用。

1.3 ArcGIS 组件产品

组件 GIS 又称嵌入式 GIS。用户可以使用嵌入式的 GIS 在所关注的应用中增加所选择的 GIS 组件,这使得许多需要在日常工作中应用 GIS 作为一种工具的用户,可以通过简单的、集中于某些方面的界面来获取 GIS 的功能。

ArcGIS Engine 提供了一套应用于 ArcGIS Desktop 应用框架之外(例如,制图对象作为 ArcGIS Engine 的一部分,而不是 ArcMap 的一部分)的嵌入式 ArcGIS 组件。使用 ArcGIS Engine,开发者能在 C++、COM、NET 和 Java 环境中使用简单的接口获取任意 GIS 功能的组合来构建专门的 GIS 应用解决方案。

开发者通过 ArcGIS Engine 构建完整的客户化应用或者在现存的应用中(例如微软的 Word 或者 Excel)嵌入 GIS 逻辑来部署定制的 GIS 应用,为多个用户分发面向 GIS 的解决方案。你可以使用 ArcGIS Engine 将 GIS 嵌入到你的应用中 。

1.4 ArcMap 入门

ArcMap 是一个能对地图进行创建、浏览、编辑、查询、合并、分布等操作的功能强大的工具。

1.4.1 ArcMap 启动

启动 ArcMap 的步骤如下所示:

(1)直接在桌面上双击 ArcMap 快捷方式或者单击“开始”→“程序”→“ArcGIS”→“ArcMap”,打开 ArcMap 对话框,如图 1-2 所示。

(2)在 ArcMap 对话框中选择“An existing map”,这表示打开一幅已经存在的地图。另外两种方式“A new empty map”和“a template”分别表示创建一幅空地图和应用地图模板创建新地图。

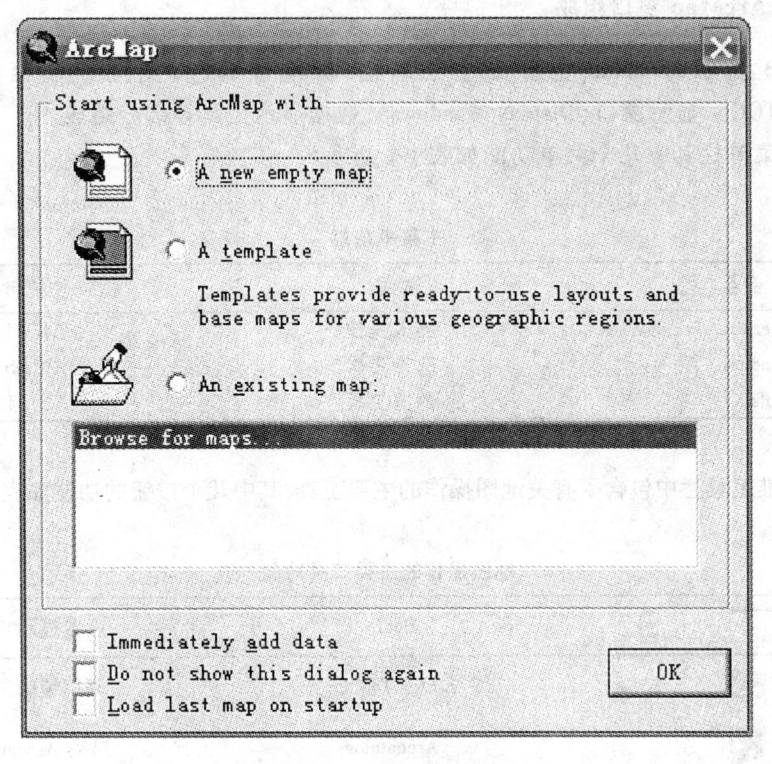

图 1-2 ArcMap 启动对话框

(3)点击 OK,打开"Chapter1 \01 \china. mxd"地图文档,进入了 ArcMap 操作界面,如图 1-3 所示。

图 1-3 ArcMap 窗口

1.4.2 ArcMap 窗口组成

如图 1-3 所示，ArcMap 主要由主菜单栏、标准工具栏、图层控制面板（Table of Content——TOC）、显示窗口（Display Windows）、数据显示工具等部分组成。

（1）主菜单栏其中几个菜单功能如表 1-1 所示。

表 1-1 主菜单功能

命令	功能	快捷键
Insert	插入操作	Alt + I
Selection	选择要素	Alt + S
Tools	地图工具	Alt + T

（2）标准工具栏中包含了有关地图操作的主要工具，其中几个按钮的功能如表 1-2 所示。

表 1-2 地图操作的主要工具功能

1:11,504	Scale	设置显示比例
	Editor Toolbar	调用编辑工具
	Arccatalog	启动 Arccatalog

（3）图层控制面板（Table of Content，TOC）用来显示地图文档所包含的数据组、地图图层、地理要素和它们的显示状态。如图 1-4 所示的“中国地图”数据组中的“主要公路”图层表示的一个线状图层，它的画线类型可以更改。每个图层前 +/- 号可以显示或者隐藏这个图层下的内容，勾选号用来控制这个图层在地图显示窗口显示与否。

图 1-4 图层控制面板

(4)地图显示窗口(Display Windows)用来显示地图所包含的地理要素。地理要素有两种显示方式:数据视图(Data View)和版面视图(Layout View)。在数据视图下,可以对地图进行查询、编辑等操作;在版面视图下,可以加入如图例、比例尺等辅助要素,进行打印输出。可以在地图显示窗口左下角点击 选择数据视图,或者点击 选择版面视图。

(5)数据显示工具中的几个按钮的功能如表 1-3 所示。

表 1-3　　**数据显示工具功能**

	Zoom In	放大视图
	Zoom Out	缩小视图
	Fixed Zoom In	中心放大
	Fixed Zoom Out	中心缩小
	Pan	移动视图
	Full Extend	全景显示
	Go To Back	回到前一屏
	Go To Next	显示下一屏
	Select Features	要素选择
	Clear Select Features	清除选择要素
	Select Elements	图形选择
	Identify Features	要素信息
	Find	查找要素
	Go To XY	切换到坐标点
	Measure	图形测量

1.5　ArcCatalog 入门

ArcCatalog 帮助用户组织管理所有的地理信息,如地图、三维地球信息、数据集、模型、元数据和服务等,包含具有如下功能的工具:

(1)浏览、搜索地理信息;

(2)记录、查看、管理元数据;

(3)定义、导出、导入数据框数据模型;

(4)搜索本地和网络上的 GIS 数据;

(5)管理 GIS server。

下面就 ArcCatalog 的常用功能进行简单介绍。ArcCatalog 主要由左右两个面板组成,左面板中显示的是目录树,用于浏览和组织数据;右面板用于显示目录树中当前选中目录下的分支(见图 1-5)。

1. 工具栏

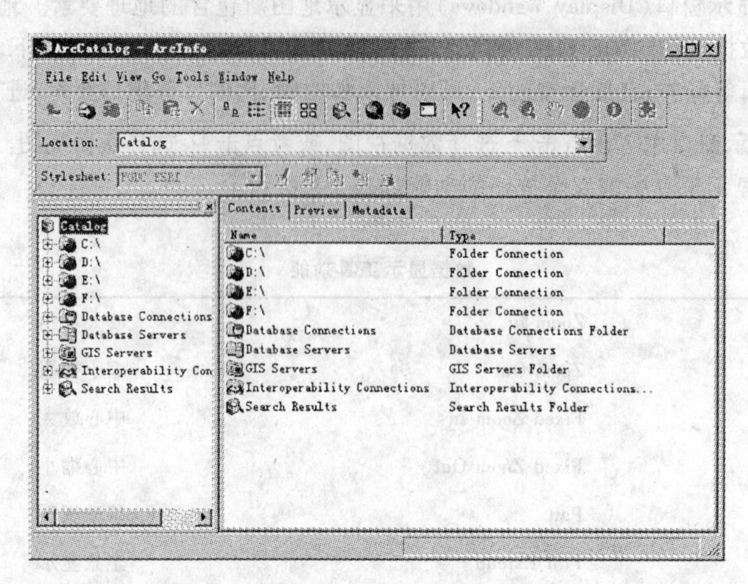

图 1-5　ArcCatalog 窗体

在工具栏上，与目录树操作联系紧密的按钮有这三个。若你在目录树下选择的目录不是根目录，则为可用状态，点击这个按钮可以让你返回到选中目录的上一级目录；点击按钮可以让 ArcCatalog 连接到电脑上的资源目录；在目录树中选中某一个目录，点击可以撤销 ArcCatalog 与电脑上资源的连接，使其不出现在 ArcCatalog 的目录树中。

在工具栏上，按钮决定着选中目录下的分支内容图标在 ArcCatalog 右面板中的显示方式，这些按钮只在右面板中的显示模式为"Contents"时为可用。

在工具栏的空白处单击鼠标右键，可以在弹出的快捷菜单中为窗体显示和隐藏某些工具，读者可以自己进行尝试。

2. 连接到数据

在 ArcCatalog 中浏览数据的时候，首先要连接到数据在电脑中的位置。使用 ArcCatalog 工具栏上的可以进行数据连接。如图 1-6 所示，连接到"C:chapter1 \01"，点击"确定"按钮，就可以在 ArcCatalog 的目录树中看到这个路径（见图 1-7），展开目录，可以看到该文件夹下的数据。

你也可以在 Location: 中直接输入你想要连接到的资源文件夹的路径，按回车键来实现数据连接。

3. 查看数据

(1)在 ArcCatalog 的目录树中展开资源文件夹，可以看到文件夹里面的文件名，不同类型的文件的图标是不一样的。如果你不熟悉这些图标的表示方式，可以通过文件的后缀来了解文件格式。点击 Tools→Options，在出现的对话框中 General 选项卡下，不要勾选 Hide file extensions 前的复选框，即可在目录树中看到文件的后缀了。

(2)在 ArcCatalog 右面板中，可以用 Contents | Preview | Metadata 按钮在内容、预览、元数据模式之间切换，来得到数据更多的信息。

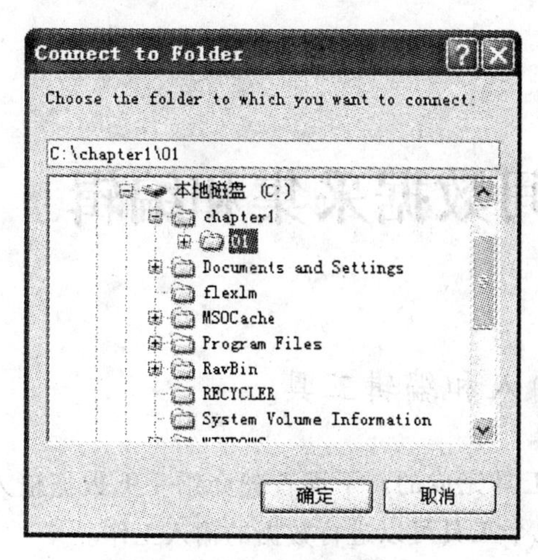

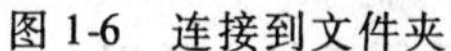

图 1-6　连接到文件夹

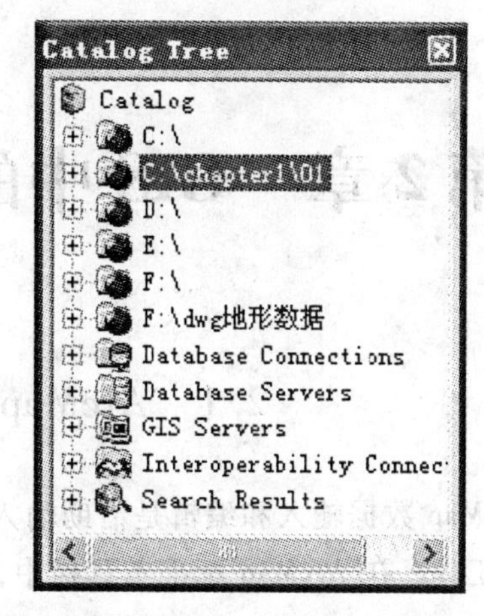

图 1-7　连接到文件夹“C:chapter1\01”的目录树

1.6　地理数据库 Geodatabase

Geodatabase 是一种采用标准关系数据库技术来表现地理信息的数据模型,支持在标准的数据库管理系统(DBMS)表中存储和管理地理信息。

Geodatabase 支持多种 DBMS 结构和多用户访问,且大小可伸缩,包括基于 Microsoft Jet Engine 的小型单用户数据库,到工作组、部门和企业级的多用户数据库。目前有两种 Geodatabase 结构:个人 Geodatabase(Personal Geodatabase)和多用户 Geodatabase (Multiuser Geodatabase)。

个人 Geodatabase,对于 ArcGIS 用户是免费的,它使用 Microsoft Jet Engine 数据文件结构,将 GIS 数据存储在小型数据库中。个人 Geodatabase 更像基于文件的工作空间,数据库存储量最大为 2GB。个人 Geodatabase 使用微软的 Access 数据库来存储属性表。

对于小型的 GIS 项目和工作组来说,个人 Geodatabase 是非常理想的工具。个人 Geodatabase 支持单用户编辑,不支持版本管理。

通常,GIS 用户采用多用户 Geodatabase 来存储和并发访问数据。多用户 Geodatabase 通过 ArcSDE 支持多种数据库平台,包括 IBM DB2、Informix、Oracle(有或没有 Oracle Spatial 都可以)和 SQL Server。

多用户 Geodatabase 使用范围很广,主要用于工作组、部门和企业,利用底层 DBMS 结构的优点实现以下功能:

(1)支持海量的、连续的 GIS 数据库;

(2)多用户的并发访问;

(3)长事务和版本管理的工作流。

基于数据库的 Geodatabase 可以支持海量数据以及多用户并发。在众多的 Geodatabase 实现中,空间地理数据一般存放在大型的 binary object 中,ESRI 发现插入和取出这样的大对象、关系数据库是非常高效的。而且,GIS 数据库的容量和支持的用户数远大于文件的存储形式。

第 2 章　GIS 中的空间数据采集和编辑

2.1　ArcMap 数据输入和编辑工具

ArcMap 数据输入和编辑是借助输入和编辑工具完成的。下面首先介绍一下数据输入和编辑工具。在 ArcMap 标准工具栏中，以下的几个工具可以进行数据的输入工作。

适用于新建一幅地图，适用于打开一幅地图，适用于导入数据。

数据编辑工具在编辑工具条（Editor Toolbar）中，在默认状态下，编辑工具条没有在 ArcMap 窗口中显示，首先应该打开编辑工具条。打开编辑工具条的步骤如下所示：

在 ArcMap 标准工具栏中点击按钮。编辑工具条（Editor Toolbar）出现在 ArcMap 中（见图 2-1）。

图 2-1　编辑工具条

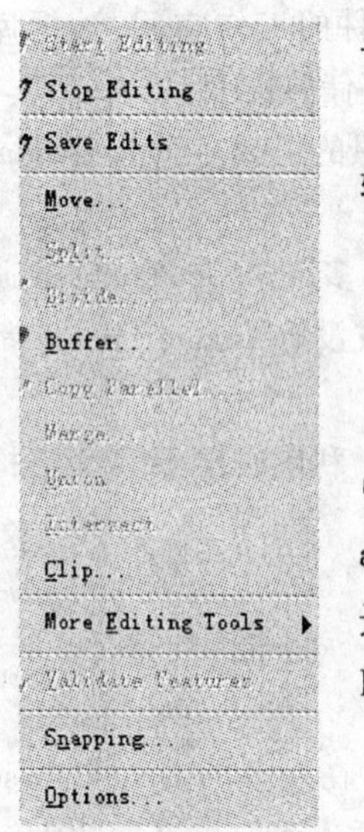

图 2-2　编辑菜单

编辑工具条（Editor Toolbar）包含了许多编辑命令，如编辑命令菜单、要素选择工具、草图绘制工具、当前任务选择等，具体如下所示：

（1）编辑命令菜单，下拉菜单如图 2-2 所示，包含多种编辑命令。

（2）选择工具，可以选择要素然后进行编辑。

（3）草图工具。

（4）当前任务工具。在当前任务下拉框中，ArcMap 编辑工具可以完成的编辑操作类型包括生成新要素（Create New Feature）、应用线选择要素（Select Feature Using Line）、应用面选择要素（Select Feature Using Area）、延长与裁剪要素（Extend/Trim Features）、镜向操作（Mirror Features）等。

（5）选择目标图层，新建的要素会属于这个图层。

（6）分割要素工具。

（7）旋转要素工具。

(8) 打开属性表。

2.2 新建数据源

2.2.1 创建地图文档

可以创建一个完全空白的地图或者使用地图模板创建一个具有一定布局的新地图。地图模板通常包含一个安排了地图要素的预定义的页面布局,例如指北针、比例尺和虚拟页面上的 logo。这意味着你可以添加你的数据并且立即打印地图。模板也能包含数据(如层)、特殊符号和样式、定义工具栏和宏,如 VBA 的形式和模块。ArcMap 带有许多自定义模板供你在制图时选择,此外,你可以保存任何地图作为模板。模板为定义你的组织需要的标准地图提供了一个理想的方法。

创建新地图的步骤一般如下:

(1)启动 ArcMap,弹出 ArcMap 启动对话框(见图 1-2)。

(2)选择创建新空白地图,或者从模板创建地图或者导入一个已存在的地图。

(3)点击 OK。

2.2.2 添加图层

创建地图之后,需要进一步将表示空间地理要素的各种数据层加载到地图中,才能使得地图成为名副其实的可编辑的地图。

添加图层可以从 ArcCatalog 中添加,可以使用 Add Data 按钮添加,也可以从其他地图添加。下面将分别介绍几种方法添加图层。

1. 从 ArcCatalog 中添加图层(见图 2-3)

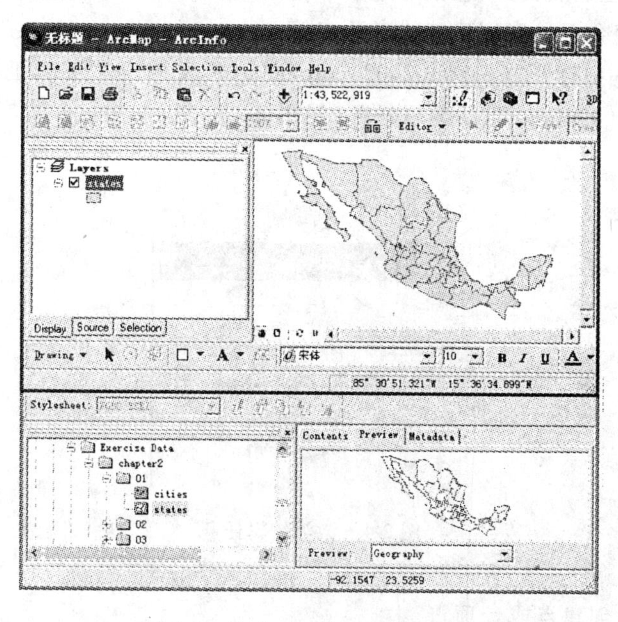

图 2-3 从 ArcCatalog 中添加图层

(1)从开始菜单启动 ArcCatalog。

(2)整理 ArcCatalog 和 ArcMap 的窗口,使得你能在屏幕上同时看清这两个窗口。

(3)找到你想要加载到地图上的图层地址(Chapter02\01\states)。

(4)在 ArcCatalog 中单击并拖曳图层。

(5)将图层拖动到 ArcMap 中显示的地图上。

这样,该图层就被复制到地图上了。此后任何对磁盘上的图层的修改不会反映在地图上。

2. 使用 Add Data(加载数据)按钮添加图层

(1)在标准工具栏中点击 Add Data(加载数据)按钮 。

(2)点击 Look in(查找)下拉菜单并找到包含图层的文件路径。

(3)选中图层(Chapter02\01\cities)。

(4)点击 Add(添加)。

新图层"cities"将会被显示在地图上。

3. 从其他地图上添加图层

(1)打开含有你希望复制的图层的地图。

(2)在图层管理器中右键单击图层并且单击 Save as Layer File(另存为图层文件)。

(3)为图层输入一个名字,点击 Save(保存)。

点击 Add Data(添加数据)按钮,即可将保存的图层添加到当前地图文档中。你也可以以同样的方法加载栅格数据、矢量数据以及空间数据库等。

2.3 点要素的输入和编辑

应用 ArcMap 的数据编辑工具生成新要素的主要步骤是:首先确定要生成新要素的数据层,然后在编辑工具条上选择草图工具,最后在图形窗口数字化要素节点。以下我们将用几种不同的方法来生成点要素,包括通过数字化创建点或者顶点、通过地图坐标系创建点或者顶点、通过距离交会工具来创建点或者顶点等。

首先在 ArcMap 中打开"Chapter02\02\editing. mxd"文档,在"编辑工具条"上点击"Editor"按钮,选中"Start Editing"激活编辑任务(见图 2-4)。

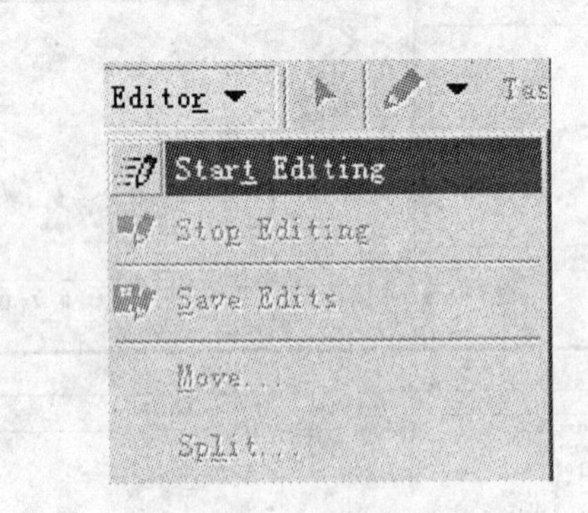

图 2-4 激活编辑任务

1. 通过数字化创建点或者顶点

(1)点击 Task(任务)下拉菜单箭头并且点击 Create New Feature(创建新要素)。

（2）点击 Target（目标层）下拉框选择“ControlPoints”层。

（3）点击 tool palette（编辑工具条）下拉菜单箭头并点击 Sketch Tool（草图工具），如图2-5所示。

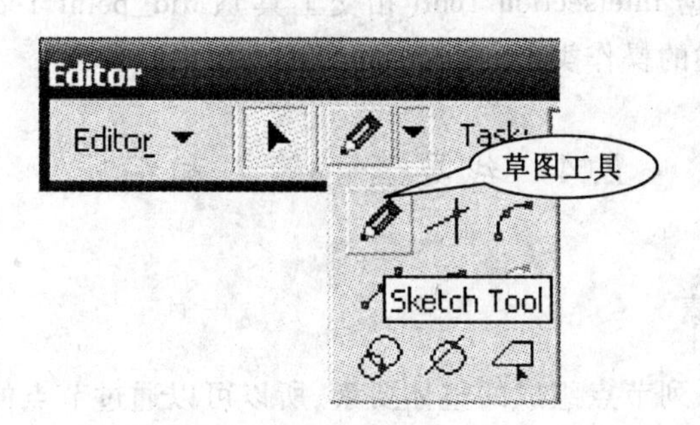

图 2-5　草图工具

（4）在地图上点击创建一个点。

2. 通过地图坐标创建点或者顶点

（1）点击 tool palette（编辑工具条）下拉菜单箭头并点击 Sketch Tool（草图工具）。

（2）在地图上任何地方点击鼠标右键激活弹出菜单，选择“Absolute X，Y”（绝对 X，Y）菜单项。

（3）在弹出对话框中输入坐标值并且按下 Enter 键（见图 2-6）。

图 2-6　输入坐标

这样，就在当前地图坐标系下创建了一个点或者顶点。

3. 通过距离交会工具（Distance-Distance）来创建点或者顶点（见图 2-7）

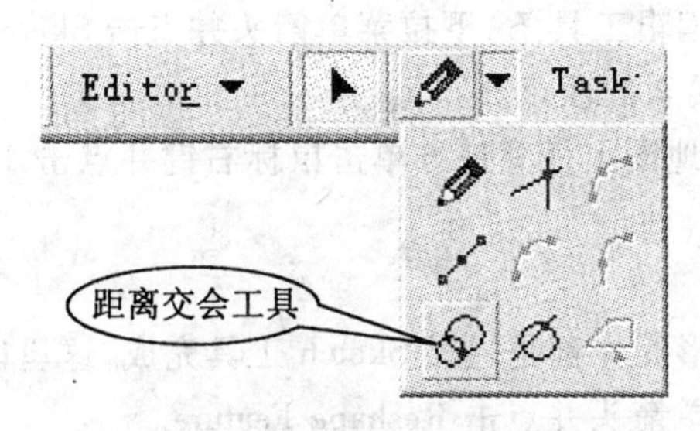

图 2-7　距离交会工具

（1）点击 tool palette（编辑工具条）下拉菜单箭头并点击 Distance-Distance（距离）按钮。在图上单击确定第一个距离起算点（圆心），然后按下键盘上的 D 键在弹出对话框中输入第一个距离值（圆的半径），按下 Enter 键，一个有特殊半径值的圆就被创建好了。

(2)同上创建第二个圆，此时这两个圆的交点即为给定两点、两个距离下的点，当你移动这两个圆相交位置的两个点的时候，它们是高亮标记的。将你希望定位的点定位并且单击，这样即用距离交会工具创建了一个点或者顶点。

同理，你也可以根据 Intersection Tool(相交工具)、Mid_point Tool(中点工具)等来创建点要素。其步骤和上述的操作类似，在此不再赘述。

2.4 线要素的输入和编辑

2.4.1 输入线要素

线和面都是由一系列节点组成的整体要素，所以可以通过节点的数字化来生成。

(1)点击 Task(任务)下拉菜单箭头并且点击 Create New Feature(创建新要素)。

(2)点击 Target layer(目标层)下拉菜单箭头选择线图层：Water。

(3)点击 tool palette(编辑工具条)下拉菜单箭头并点击 Sketch Tool(草图工具)。

(4)点击地图来输入要素的顶点。

(5)当画完的时候，在地图上任意地方单击鼠标右键，在弹出菜单中选择"Finish Sketch"完成当前要素的输入，也可以直接使用快捷键 F2。

2.4.2 编辑线要素

生成线要素之后，还可以根据需要对其进行编辑。例如，平行线复制(Copy Parrall)、线要素延长(Extend/Trim Features)、缓冲区(Buffer)等。

2.5 面要素的输入和编辑

2.5.1 输入面要素

(1)点击 Task(任务)下拉菜单箭头并且点击 Create New Feature(创建新要素)。

(2)点击 Target layer(目标层)下拉菜单箭头选择面图层：Parcel。

(3)点击 tool palette(编辑工具条)下拉菜单箭头并点击 Sketch Tool(草图工具)。

(4)点击地图来输入要素的顶点。

(5)当画完的时候，在地图上任意地方单击鼠标右键并点击 Finish Sketch。

2.5.2 编辑面要素

线要素和面要素的变形操作都是通过 Sketch 工具完成，这里以面要素变形操作为例。

(1)点击 Task 下拉菜单箭头并点击 Reshape Feature。

(2)点击 Edit Tool。

(3)点击你想要变形的要素。

(4)点击 tool palette 下拉菜单箭头并点击 Sketch 工具。

(5)沿着你想要该要素变形的路径创建一条线。

(6)在地图的任意地方单击鼠标右键并点击 Finish Sketch 或直接使用快捷键 F2 完成

编辑。

此外，还可以使用多边形分割工具(Cut Polygon Features)对面要素进行分割。

2.6 地图注记编辑

在ArcGIS中，有以下三类注记形式：

第一类是属性标注(Label)。其内容和标注位置直接依赖于地理要素的某一个或多个属性字段，当字段内容改变时，标注的内容也同时改变。

第二类是注记类(Annotation Class)。在ArcGIS中将注记类分为两种类型：一类是非链接要素注记类(Nonfeature-linked Annotation Class)；另一类为链接要素注记类(Feature-linked Annotation Class)。前者是按照地理空间放置的文本，在地理数据库中不与要素关联，只标注一个区域，没有特定的对应要素；后者是与地理数据库中的一个要素类的特定要素相关联，反映了其所关联要素的一个字段值，要素类控制注记的位置和生命周期。在ArcGIS中注记类作为一个独立图层存在于Coverage或Geodatabase中，Shapefile中没有注记类。

第三类是图形(Graphic)注记。使用绘图(Drawing)工具条中的文本(Text)工具，以图形元素(Element)的形式，对图形进行标注。图形注记适合于少量、临时性的注记内容。

2.6.1 属性标注

(1)在ArcMap中打开"Chapter2\03\label.mxd"文档；

(2)在图层"Parcels"上点击右键，激活弹出菜单，在菜单中选取"Properties"，激活图层属性对话框(如图2-8所示)；

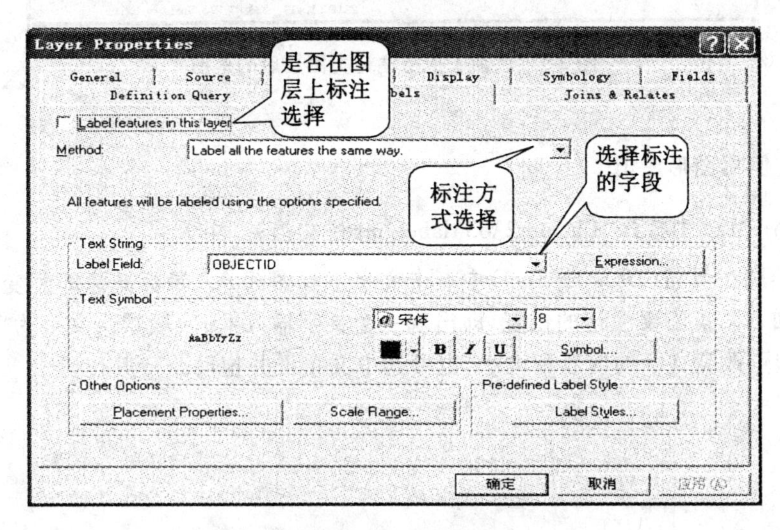

图2-8 图层属性对话框中的标注属性页

(3)在该对话框中，在"Labels"属性页下，可对属性注记的相关选项进行设置，如注记的方式、使用的属性字段或属性字段组合表达方式、标注的字体等。这里假定采用每一个地块的"OBJECTID"字段作为注记内容；

(4)在"Labels"属性页下，将复选框"Label features in this layer"选中，点击确认键退出

属性对话框,则“Parcels”图层中的每一个地块的“OBJECTID”即以标注的形式显示在地图上。

2.6.2 使用注记类

(1)在 ArcMap 中打开“Chapter2\03\label.mxd”文档;

(2)使用 Add Data 功能,添加“Annotation.gdb”中的注记类图层“StreetAnn”。

以上步骤完成后,将在 ArcMap 中显示 StreetAnn 的内容,该图层为街坊号注记,共有 12 个街坊(见图 2-9)。

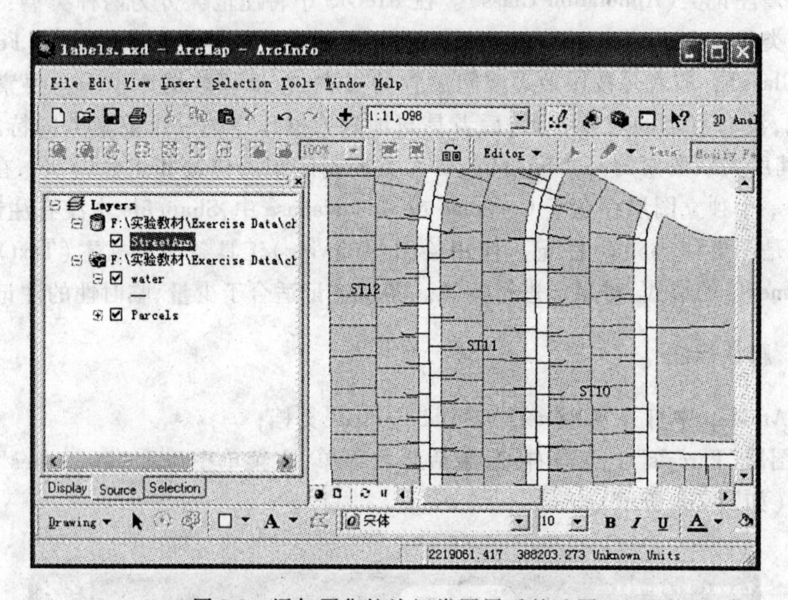

图 2-9 添加了街坊注记类图层后的地图

2.6.3 使用图形注记

(1)在 ArcMap 中打开“Chapter2\03\label.mxd”文档;

(2)在绘图工具条(Drawing Tool)中点击文字工具图标 **A**,鼠标光标即改变为文字标注状态(十字加 A),点击要注记的位置,即出现一个文字输入框,一般默认文字为“Text”,双击该文字框,即可改变文字的内容和大小,也可选中文字框并拖动改变其位置。

第3章 GIS中的空间数据处理

3.1 拓扑关系

拓扑关系对于维护高质量空间数据是非常有用的，确定要素符合简单的规则，比如，地块是多边形，不能有相互重叠的区域；线状道路之间不能有重叠的线段，等高线不能相交等。因此，拓扑关系可以确保地理空间数据库更实际地表达地理要素。

3.1.1 拓扑基本术语

拓扑关系存储着三套参数：拓扑规则（rules）、线簇容差（cluster tolerance）和等级（ranks）。在要素层中也存储着问题区域（dirty areas）、差错（errors）和例外（exceptions），这些可以用来维护拓扑关系中的数据的质量。

1. 拓扑规则（rule）

拓扑规则定义了要素之间存在的空间关系，这些规则用来控制同一要素类中不同要素之间，或者不同要素类之间，或者要素的子类型之间的关系。

如图3-1所示，“Must Not Overlay”是指同一要素类的要素之间不能重叠，这个例子应用到多边形和线，图中实心部分为不符合规则的区域。

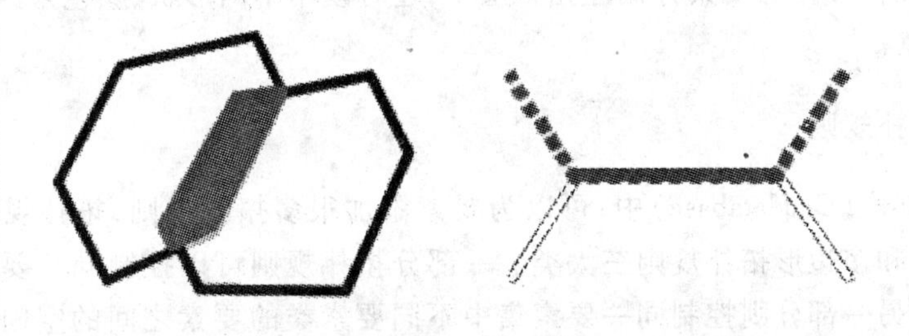

图3-1 “Must Not Overlay”的示例

2. 线簇容差（cluster tolerance）

在拓扑验证过程中，线簇容差（cluster tolerance）定义了要素拐点不能被捕捉为一个拐点的最小距离，要素拐点在线簇容差之内被认为是一致的并被捕捉到一起，变成一个拐点。线簇容差应该设置为一个比实际精度要小的值，因为如果线簇容差设置大了的话，地理要素会被扭曲。

验证拓扑时，在线簇容差之内的拐点被捕捉到一起，变成一个拐点，如图3-2所示。

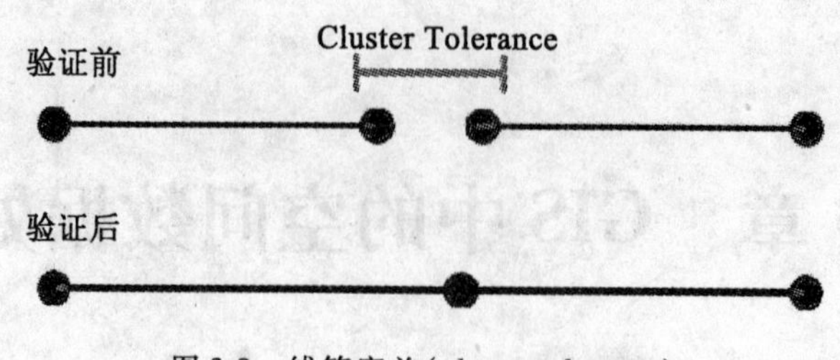

图 3-2　线簇容差(cluster tolerance)

3. 等级(rank)

在验证拓扑的过程中,有自动捕捉(snap)过程,等级(rank)用来控制要素移动。等级高(rank 值小)的要素相对不动;等级低(rank 值大)的要素向等级高的要素移动。

当要处理的要素类来自不同的数据源,比如来自常规测量,差分 GPS 数据,根据这些数据源的可靠性来设置等级(rank)的值,当拐点在线簇容差范围之内,数据可靠性较高的相对不动。

4. 问题区域(dirty areas)

当添加、删除要素时被编辑、更新和影响到的范围称为问题区域(dirty areas),问题区域可以限制在拓扑验证时检查拓扑差错的范围,还可以追踪编辑违背拓扑规则的区域,以便仅选择部分而不是拓扑的全部范围来进行编辑后的验证。

在创建要素或删除要素、更新要素的几何属性(geometry),改变要素的子类(subtype)时,问题区域(dirty areas)就会被创建。问题区域在拓扑中作为一个单一要素存储,新的问题区域加到已存在的问题区域要素层中,问题区域被验证之后移除问题区域要素层。

5. 差错(errors)和例外(exceptions)

差错(errors)指不符合拓扑规则的地方,例外(exceptions)指某些可以接受的差错,标记为例外。差错和例外作为要素存储在拓扑层中,还可以用不同形状、颜色来渲染这些不符合拓扑规则的要素。

3.1.2　拓扑规则

在地理数据库(Geodatabase)中,可以为要素添加很多拓扑规则,拓扑规则分点拓扑规则、线拓扑规则和多边形拓扑规则三大类。一部分拓扑规则可以控制同一要素类中要素之间的空间关系;另一部分则控制同一要素集中不同要素类的要素之间的空间关系。拓扑规则还可以在要素的子类之间定义,比如街道要素必须与其他街道要素的端点连接。

ArcMap 提供检查拓扑错误和修正拓扑错误的工具,若检查出某一要素不符合拓扑规则,将这一要素渲染,很容易定位到这一要素。表 3-1 至表 3-3 列出了 Geodatabase 所支持的拓扑规则表,在拓扑规则表中列出了拓扑校正命令。

表 3-1　多边形拓扑规则

多边形拓扑规则(Rules)	拓扑规则描述	拓扑差错校正命令
Must Not Overlap	同一多边形要素类的要素之间不能重叠	相减(Subtract),融合(Merge),新建要素(Create Feature)

续表

多边形拓扑规则(Rules)	拓扑规则描述	拓扑差错校正命令
Must Not Have Gaps	一个多边形内部和相邻多边形之间不能有空值区域	新建要素(Create Feature)
Must Not Overlap with	一个要素类的多边形不能与另一个要素类多边形内部重叠	相减(Subtract),融合(Merge)
Must Be Covered by Feature Class of	一个要素类中的多边形必须与其他要素类的多边形共用它的所有区域	相减(Subtract),新建要素(Create Feature)
Must Cover Each Other	一个要素类中的多边形必须与另一个要素类中的多边形共用它们所有的区域	相减(Subtract),新建要素(Create Feature)
Must Be Covered by	一个要素类中多边形必须包含在另一个要素类多边形中	新建要素(Create Feature)
Boundary Must Be Covered by	要求多边形要素边界必须被另一个要素类中的线所覆盖	新建要素(Create Feature)
Area Boundary Must Be Covered by Boundary of	一个要素类中的多边形的边界必须被另一要素类中的多边形覆盖	没有校正命令
Contains Point	多边形要素类的每个要素的边界以内必须包含点层中至少一个点	新建要素(Create Feature)

表 3-2　　线拓扑规则

线拓扑规则(Rules)	拓扑规则描述	拓扑差错校正命令
Must Not Overlap	同一要素类中,线与线不能相互重叠	相减(Subtract)
Must Not Intersect	同一要素类中,线与线不能相交	相减(Subtract),分割(Split)
Must Not Have Dangles	线状要素不能有悬节点	分割(Split),捕捉(Snap),去头(Trim)
Must Not Have Pseudo Nodes	线状要素不能有伪节点	Merge to Largest,Merge
Must Not Intersect or Touch Interrior	一个要素类中的线状要素必须只能在端点上与同一要素类中的线状要素相连	相减(Subtract),分割(Split)
Must Not Overlap with	一个要素类中的线状要素不能与另一要素类中的线状要素发生重叠	相减(Subtract)
Must Be Covered by Feature Class of	一个要素类中的线状要素必须被另一个要素类中的线状要素覆盖	相减(Subtract)
Must Be Covered by Boundary of	线状要素被面状要素的边界所覆盖	相减(Subtract)

续表

线拓扑规则(Rules)	拓扑规则描述	拓扑差错校正命令
Endpoint Must Be Covered by	线状要素的端点必须被另一个要素类中的点状要素覆盖	新建要素(Create Feature)
Must Not Self Overlap	线状要素不能与自身重叠	简化(Simplify)
Must Not Self Intersect	线状要素不能自身重叠或者相交	简化(Simplify)
Must Be Single Part	线状要素只能由一个部分构成	打碎(Explode)

表 3-3 点拓扑规则

点拓扑规则(Rules)	拓扑规则描述	拓扑差错校正命令
Must Be Covered by Boundary of	点要素必须落在多边形要素的边界上	没有拓扑差错校正命令
Must Be Properly Inside Polygons	点要素必须落在多边形要素的内部	删除(Delete)
Must Be Covered by Endpoint of	一个要素类中的点必须被另一个要素类中的端点覆盖	删除(Delete)
Must Be Covered by Line	一个要素类中的点必须被另一个要素类中的线状要素所覆盖	没有拓扑差错校正命令

3.2 拓扑关系建立

3.2.1 地图拓扑(Map Topology)和地理数据库拓扑(Geodatabase Topology)

在 ArcGIS 中有两类拓扑:一类称为地图拓扑(Map Topology);另一类称为地图数据库拓扑(Geodatabase Topology)。

地图拓扑(Map Topology)是一种简单的且是暂时的仅存在于对要素的编辑过程中的拓扑关系。不像地理数据库拓扑,地图拓扑没有长期存储,在地图中也没有作为一个层。地图拓扑不存在拓扑规则,没有验证拓扑的过程。用地图拓扑来编辑要素类时,Topology 工具栏上的验证拓扑、修复拓扑差错的按钮是不可用的。

地理数据库拓扑(Geodatabase Topology)作为一种数据对象被创建并存储在地理数据库中。地理数据库拓扑定义了一系列拓扑规则,这些规则是为了更好地控制要素集中要素类之间的空间关系。地理数据库拓扑是在 ArcCatalog 中创建,可以像其他数据一样,作为一个数据层导入 ArcMap 中。对要素类进行编辑之后,可以通过验证拓扑来检查这些编辑是否违背了拓扑规则,若有违背拓扑规则,将被标记为差错(errors)和例外(exceptions)。创建、编辑、验证地理数据库拓扑需要 ArcEditor 或者 ArcInfo 的 license,需要注意的是,在编辑要素类若是用到地理数据库拓扑,必须将参与拓扑的要素类也导入 ArcMap 中。

下面主要对地图拓扑的建立进行介绍,关于地理数据库拓扑的建立可参考 ArcGIS 的相关使用手册。

3.2.2 使用 ArcMap 建立地图拓扑

地图拓扑(Map Topology)是一种简单拓扑关系,仅可以用来处理 ArcMap 中相互重叠、相交的简单要素。在建立地图拓扑后,可以使用拓扑(Topology)工具栏上的拓扑编辑工具(Topology Edit Tool)来修改和改造要素。建立地图拓扑过程如下:

(1)启动 ArcMap,打开文档"Chapter3\01\MapTopology.mxd"。

(2)在打开的文档中有"Hydro_region"和"Hydro_units"两个要素类,可以在这两个要素的基础上建立拓扑。首先要让要素处于编辑状态才能建立拓扑,方法是点击 Editor(编辑器)工具栏的 starting edit(开始编辑)。若在 ArcMap 中看不到 Editor 工具栏,可以从 view(视图)菜单的 Toolbars 下的 Editor 调出;另外一种方法是在菜单栏或工具栏空白处单击鼠标右键,然后点击 Editor。

(3)点击 Editor 菜单的 More Editing Tools 下的 Topology,可以看到调出 Topology 的工具栏。

(4)点击 Topology 工具栏上的 Map Topology 工具,出现 Map Topology 对话框,在这个对话框中,我们可以选择参与拓扑的数据(即要素类),同时,可以设置线簇容差(cluster tolerance),在这个线簇容差范围内,认为拓扑元素边、节点是同一、一致的。设置线簇容差的值应该小于数据源实际精度,不宜设置过大,否则会扭曲要素。点击 OK 按钮,即创建了拓扑关系,创建拓扑关系之后,Topology(拓扑)工具栏上的 Topology Edit Tool 变为可用状态。

3.3 拓扑关系编辑

在上一节中介绍了在 ArcMap 中建立地图拓扑的方法,本节将对地图拓扑中点、线要素的编辑进行简单介绍。

编辑参与拓扑的要素与编辑简单要素是一样的,实际上,可以像编辑没有参加拓扑的要素类一样使用草图工具(sketch tool)编辑参与拓扑的要素类,若需要修改拓扑中要素与要素之间共享的点要素(拓扑节点)、线要素(拓扑边)时,得使用拓扑编辑工具(Topology Edit Tool)。拓扑编辑工具(Topology Edit Tool)可以用来选择和修改被多个要素共享的节点和边,选择和移动确定边的形状的个别拐点(individual vertices),若用拓扑编辑工具移动拐点、节点、边,所有共享这些节点和边的要素都会被更新。

启动 ArcMap,打开 MapTopology.mxd 文件,按照 3.2.2 节的介绍创建地图拓扑(Map Topology)。

1. 选择拓扑边

在文档"MapTopology.mxd"的图层"Hydro_region"有三个区域,使用 View(视图)菜单下的 Bookmarks(书签)中的"3 Region Divide"命令(3 Region Divide 为预先定义的书签),使地图放大到三个区域相交的地方。鼠标点击拓扑编辑工具,再单击想要选择的拓扑边,为了确保选择的仅仅是拓扑边,而不包括拓扑节点,需要在单击想要选择的拓扑边时按下 E 键。

2. 在拓扑边上移动拐点

鼠标点击拓扑编辑工具,双击将要移动拐点的拓扑边。将鼠标移动到拐点上,鼠标形状成移动图标后,将其拖动到想要移动的位置。

3. 改造拓扑边(Reshape a Topology edge)

设置 Editor(编辑器)工具栏上的 Task 栏为 Reshape Edge,点击 Editor 菜单下的 Snapping,弹出 Snapping Environment 对话框,在 Hydro_region 的 Edge 打上勾。使用草图工具(sketch tool)重新绘制拓扑边,双击完成绘制。

4. 选择、移动拓扑节点

点击拓扑编辑工具(Topology Edit Tool),点击已选择拓扑边的其他的地方取消选择。选择拓扑节点时,按下 N 键,选择的仅有拓扑节点,不包含拓扑边。按下 N 键,在拓扑节点周围画一个矩形,选择了拓扑节点,单击鼠标右键,在弹出的快捷菜单中选择 Move(移动),出现一个小对话框,输入拓扑节点需要移动的 X,Y 距离,按 Enter 键,拓扑节点被移动了。除了以上通过输入移动距离来移动拓扑节点的方法,还可以直接拖动节点移动,也可以通过输入绝对坐标来移动拓扑节点。

同理,也可以采用这些方法来选择、移动拓扑边。

5. 切分拓扑边

切分边,有两种方法,可以在定位点切分,也可以输入从端点到切分点的距离,根据距离来切分边。

第一种方法:使用拓扑编辑工具,选择需要切分的边,单击右键,选择弹出菜单的 Split Edge At a Distance(根据距离切分边),在地图上标出将要切分边的方向,并在弹出的对话框中输入切分距离,选择是从边的起点或终点开始,单击 OK 按钮,切分点变成了一个节点,再次选择拓扑边的时候,边已经被切分。

第二种方法:使用拓扑编辑工具,选择将要切分的拓扑边,按住 Ctrl 键,将 Anchor(锚)移动到想要切分的位置,右键选择弹出的快捷菜单 Split Edge At Anchor(在定位点切分边),切分点变成了一个节点,再次选择拓扑边时边已经被切分。

在第 4、5 中讲述了选择、移动节点,切分拓扑边。将这两步结合起来,首先切分,然后移动,可以移动拓扑边的端点。

6. 重建拓扑缓存

当用拓扑编辑工具选择一个拓扑元素(节点或边)时,ArcMap 会创建一个拓扑缓存,用来存储在当前可视范围内,要素的节点、边之间的位置关系。若编辑需要将地图放大到一个很小的区域,返回先前的范围,新范围内要素之间的关系可能没有保存在拓扑缓存中,可以重建包括这些要素的拓扑缓存,重建拓扑缓存可以移除为了捕捉和编辑而创建的临时的拓扑节点。单击拓扑编辑工具,在当前地图范围内单击鼠标右键,选择 Build Topology Cache(重建拓扑缓存)即可重建。

7. 取消选择拓扑元素

有时候选择了拓扑元素之后,不需要对其进行操作,需要取消选择。取消选择一个拓扑元素,鼠标点击拓扑编辑工具,按住 Shift 键,单击已经选择的托盘元素,即可取消选择拓扑元素,若需要取消选择多个拓扑元素,需单击鼠标右键,选择弹出的快捷菜单项 Clear Selected Topology Elements(清除选择的拓扑元素)。

在图 3-3 中的快捷菜单中,看到有 Show Shared Features(显示共享要素)、Select Shared Features(选择共享要素)和 Merge Connected Edges(融合相连的边线)这几个菜单较陌生。Show Shared Features 菜单用来显示共享拓扑元素的要素,使用这个菜单,弹出一个对话框,我们知道有哪些要素共享了这个拓扑元素,还可以暂时关闭某个要素共享此拓扑元素。用 Select Shared Features 这个菜单可以选择共享拓扑元素的所有要素。Merge Connected Edges

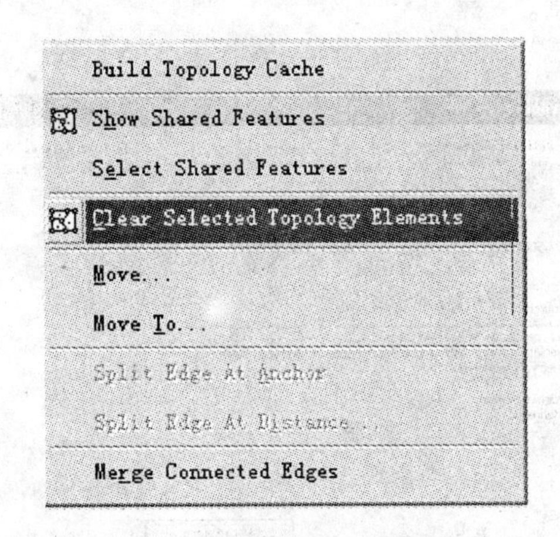

图 3-3　清除选择的拓扑元素

用来将已经选择的相连的边线融合,读者可以自已练习。

3.4　投影转换

坐标系统是在一个统一的地理框架内表示地理要素、图像和各种观测数据的参考系统。在 ArcGIS 中,每个数据集都有一个坐标系统。该坐标系统是 ArcGIS 将不同来源的数据整合到一个统一的坐标系统中的依据。坐标系统主要包含:

(1)测量框架:地理测量框架或平面测量框架。在地理测量框架中,测量值是以地心为原点测量的球面坐标;在平面测量框架中,测量值是球面坐标投影到二维平面上的值。

(2)测量单位。通常投影坐标系下的坐标单位为米,地理坐标系下的单位为度。

(3)地图投影的定义。

(4)其他测量系统属性。如椭球参考、基准以及诸如平行线、中央子午线、可能的 x 或 y 方向上的偏移等投影参数。

在 ArcCatalog 中浏览"Chapter3\02\省级行政区.shp"文件,双击"省级行政区.shp"前的图标,得到 Shapefile Properties 对话框,点击 XY Coordinate System 属性页,这里显示了坐标系统的名称为"China_Lambert_Conformal_Conic",以及定义这个坐标系统所需要用到的参数:地图投影方式为:Lambert_Conformal_Conic,地理坐标系统为:GCS_Beijing_1954。

此外,此属性页还提供了以下坐标系统设置相关的功能:

Select:为数据选择一个已经定义好的坐标系统;

Import:将其他数据中定义的坐标系导入;

New:新建一个坐标系统,包括新建地理坐标系和投影坐标系;

Modify:对当前选中的坐标系进行编辑;

Clear:使数据不包含坐标系的信息,即处于无坐标系位置状态;

Save AS:将当前坐标系存为坐标系文件。

下面介绍一下如何在 ArcMap 中查看、修改数据的坐标系统。在 ArcMap 中打开文档"Chapter3\03\云南县界.mxd"文件,在图层管理器中双击"云南县界"将弹出该图层的属性对话框,点击"Source"选项卡,如图 3-4 所示,坐标系统未定义,说明该图层所对应的 shapefile 文件缺乏坐标系统信息。

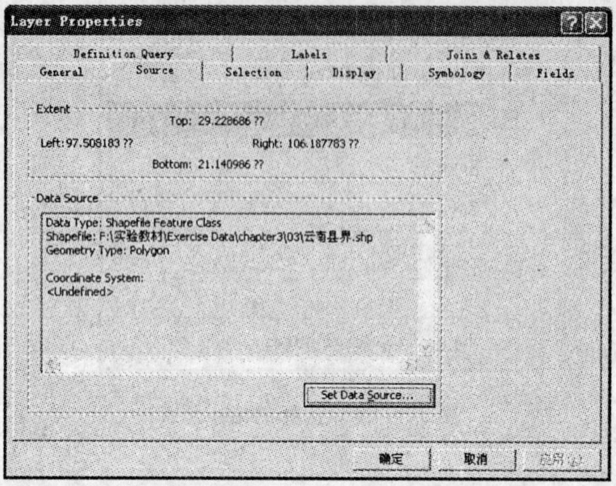

Layer Properties
Definition Query | Labels | Joins & Relates
General | Source | Selection | Display | Symbology | Fields
Extent
Top: 29.228686 ??
Left: 97.508183 ?? Right: 106.187783 ??
Bottom: 21.140986 ??
Data Source
Data Type: Shapefile Feature Class
Shapefile: F:\实验数材\Exercise Data\chapter3\03\云南县界.shp
Geometry Type: Polygon
Coordinate System:
<Undefined>
Set Data Source...
确定 | 取消 | 应用(A)

图 3-4 图层坐标系统信息

在 ArcMap 中，DataFrame 的坐标系统与第一个打开的图层相同，此处 DataFrame 的坐标系统也应该显示未知。在菜单栏上选择 View→Data Frame Properties，点击 Coordinate System 选项卡，如图 3-5 所示，当前坐标系显示的是未知。

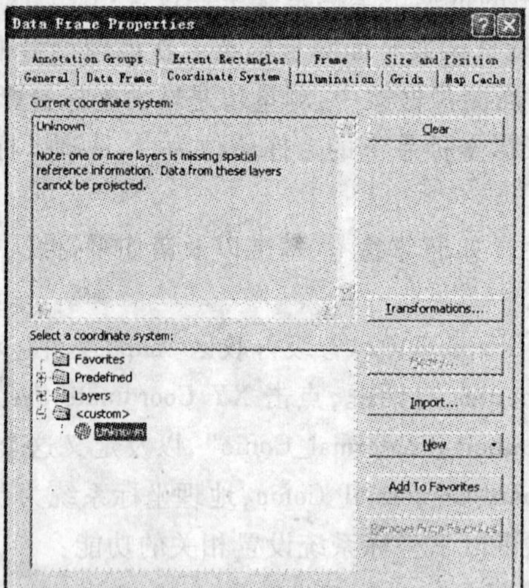

Data Frame Properties
Annotation Groups | Extent Rectangles | Frame | Size and Position
General | Data Frame | Coordinate System | Illumination | Grids | Map Cache
Current coordinate system:
Unknown
Note: one or more layers is missing spatial reference information. Data from these layers cannot be projected.
Clear
Transformations...
Select a coordinate system:
Favorites
Predefined
Layers
<custom>
Unknown
Modify...
Import...
New
Add To Favorites
Remove From Favorites
确定 | 取消 | 应用(A)

图 3-5 Data Frame 坐标系统显示为未知

“云南县界”数据使用的是北京 1954 地理坐标系。在 Select a coordinate system 下选择 Predefined→Geographic Coordinate Systems_Asia_Beijing 1954，点击“应用”，可以看到 Data Frame 的当前坐标系已经变成 GCS_Beijing_1954 了。

再来查看“云南县界”图层的坐标系，依然是未定义。因为改变 Data Frame 的坐标系，图层的坐标系并不会跟着改变。只是若图层的坐标系已知，ArcMap 会自动完成图层坐标系到 Data Frame 坐标系的转换,然后进行显示。这种转换只是用于显示的,而不会改变图层本身的坐标系统。如果要改变数据的坐标系统,要用到 ArcGIS 工具箱中的投影和坐标转换工具——Data Management Tools→Projections and Transformation。如图 3-6 所示。

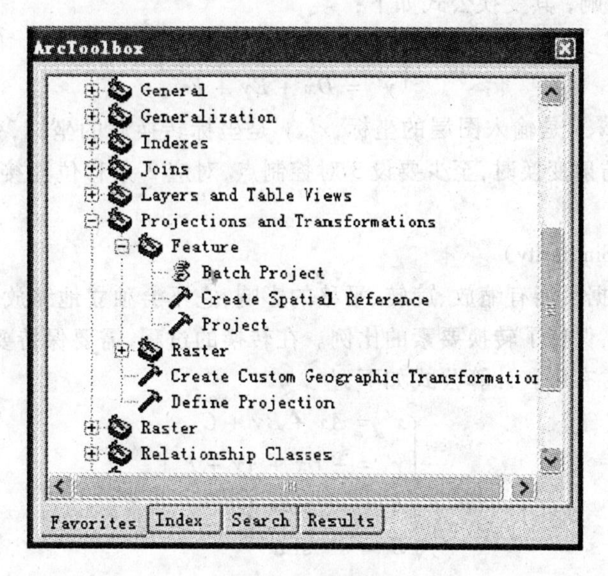

图 3-6 工具箱

点击 Define Projection 工具,弹出投影定义对话框,在输入数据集或要素类中选择“云南县界 . shp”,在坐标系统中选择“Beijing 1954. prj”,点击 OK。现在右键单击“云南县界”图层,打开图层属性对话框,查看 Source 选项卡,可以看到该图层的坐标系显示的是 GCS_Beijing_1954。此时,在 ArcMap 中移动光标,可以看到云南县界是在北京 54 坐标系下以大地经纬度来显示的。

现要将上述的以北京 54 大地坐标系下的“云南县界 . shp”文件转换成高斯投影下的直角坐标,可以采用图 3-6 工具箱中的“Project”工具。点击“Project”,系统弹出投影对话框,选择投影输入文件为“云南县界 . shp”,定义投影转换后的输出文件名为“云南县界_Project. shp”,定义高斯投影坐标系统为“Beijing 1954 3 Degree GK CM 102E. prj”,点击 OK 按钮,即可完成投影转换。这时在 ArcMap 中打开新转换的文件“云南县界_Project. shp”,即可看到其坐标是以平面直角坐标表示和显示的。

3.5 坐标变换

3.5.1 坐标变换的概念

3.4 节中介绍了 ArcGIS 中有多种地图坐标系,包括地理坐标系和投影坐标系,利用 ArcGIS 可以在不同的坐标系之间相互转换。ArcMap 提供空间校正(Spatial Adjustment)功能,坐标系不变,校正要素的坐标,对矢量数据主要有三种校正:坐标转换(Transform)、坐标拉伸(Rubber Sheeting)、接边(Edge Snap)。坐标转换对要素进行平移、旋转、缩放、倾斜等处理。缺省情况下,在 ArcMap 中提供三种方式可选择:仿射变换(Affine)、相似变换(Similarity)和投影(Projective)。对栅格数据提供影像配准(Image Adjust)的方法。

1. 仿射变换(Affine)

仿射变换对数据有非等比例缩放(differentially scaling)、旋转(rotation)、倾斜(skew)、平移(translation)的影响,其变换公式如下:

$$\begin{cases} x' = Ax + By + C \\ y' = Dx + Ey + F \end{cases} \tag{3-1}$$

公式(3-1)中,x、y是输入图层的坐标,x'、y'是坐标转换后的坐标,A、B、C、D、E、F为坐标转换系数,使用仿射变换时,至少要设3对控制点,对应3条移位连接线,6个转换系数用最小二乘法得到。

2. 相似变换(Similarity)

相似变换对数据可能有缩放、旋转、平移的影响,它不会独立地缩放坐标轴,也不会对数据产生倾斜的影响,保持了转换要素的比例。在转换的过程,需要保持要素的相对形状的情况下,相似变换非常有用。计算公式如下:

$$\begin{cases} x' = Ax + By + C \\ y' = -Bx + Ay + F \\ A = s \cdot \cos t \\ B = s \cdot \sin t \end{cases} \tag{3-2}$$

式中:C为x方向的平移,F为y方向的平移,s为x和y方向相同的缩放因子,t为旋转角度。使用相似变换时,至少有两条移动连接线才行。

3. 投影(Projective)

投影采用的是较复杂一点的公式,参考了航空摄影测量的常用方法,公式如下所示:

$$\begin{cases} x' = (Ax + By + C)/(Gx + Hy + 1) \\ y' = (Dx + Ey + F)/(Gx + Hy + 1) \end{cases} \tag{3-3}$$

4. 坐标拉伸(Rubber Sheeting)

在源数据地图,对地图进行数字化的过程中几何变形很普遍,坐标拉伸适用于校正数字化过程中各个方向的不均匀伸缩、变形。设置控制点,控制点的坐标(或位置)基本正确,需校正的地图上有对应点,对应点向控制点移动,附近的其他要素也作相应移动,实现整体拉伸、校正。使用坐标拉伸时,至少需要3条移动连接线,如果移动连接线足够多,并且在图幅内均匀分布,经坐标拉伸可以使原来不均匀变形的地图达到较好的精度。

5. 接边(Edge Snap)

接边是处理相邻地图之间的拼接误差,在图幅相邻之处,双方的坐标即使符合精度要求,也会出现错位的情况。接边处理使要素少量移动,消除拼接处的错。可以使不同图层上的要素进一步合并,便于建立多边形、网络,为合并后的查询、分析服务。

6. 影像配准(Image Adjust)

前面所述的空间校正的方法都是针对矢量型空间数据的,影像配准专门针对栅格空间数据,操作过程与前面的处理相似。

3.5.2 坐标转换(Transform)

(1)在ArcMap中打开"Chapter3\04\Transform.mxd"文档,从数据源中可以看到该文档中的4个图层的数据均在同一个Geodatabase的同一个数据集SimpleEdits中,参照的坐标系是相同的，但具体位置不一致。SimpleBuildings、SimpleParcels 的相互位置基本准确，但新的建筑和地块 NewBuildings、NewParcels 的位置与前两者的位置有明显偏差，可以看出，NewBuildings、NewParcels 需要移动、旋转才能和 SimpleBuildings、SimpleParcels 一致。

(2)增加工具栏 Spatial Adjustment(空间校正)，Start Editing 使地图处于编辑状态，点击 Editor(编辑器)的子菜单 Snapping(捕捉)设置捕捉环境，弹出对话框(图 3-7)，在 NewParcels、SimpleParcels 的 Vertex 上打勾，关闭对话框。

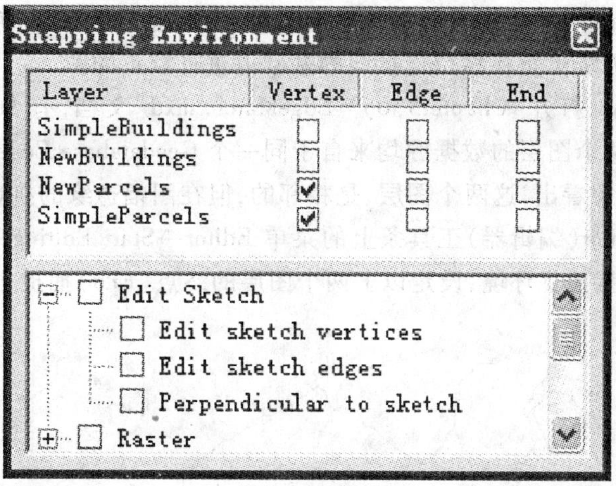

图 3-7　设置捕捉环境

(3)在 Spatial Adjustment 工具条中选择菜单 Spatial Adjustment→Set Adjust Data，弹出选择校正对象对话框(Choose Input For Adjustment)，这里选定 NewBuildings 和 NewParcels 两个图层作为转换数据层，点击 OK 按钮。

(4)在 Spatial Adjustment 工具条中选择 Adjustment Methods，选择一种空间校正的方法，这里采用坐标转换，坐标转换有三种模型：仿射变换(Affine)、投影(Projective)、相似变换(Similarity)。在这里，因为需要保证新地块与旧地块在形状上的相似，而相似变换并未改变要素的形状，故选择相似变换。

(5)在 Spatial Adjustment 工具条中选择 New Displacement Link(新建移位连接)工具，用光标在屏幕上先确定校正图层 NewParcels 上需要校正的某一特征点，然后在 SimpleParcels 图层上找到正确位置的对应点，这就绘出了一条移位连接线(Displacement Link)。其中，第(2)步中设置的捕捉环境是为现在新建移位连接线做准备的。

如果输入的移位连接线位置有差错，可用 Spatial Adjustment 工具条中的 Mdodify Link(修改移位链接)工具，用 Select Elements(选择要素)工具选中需要调整的移位连接线，用鼠标对准该连接线的端点，按住鼠标左键不放，可以拖动该端点微调。若不需要某移位连接线，选中它，按 Delete 键删除。

(6)在校正之前，要知道校正的精度如何，可用 Spatial Adjustment 工具条中的 View Link Table(查看移位连接表)工具，查看坐标转换的精度。如果某些点的坐标事先已知，可以用鼠标点击连接表中的坐标值，实现精确控制，还可以在 Link Table 表中删除精度不高的移位连接线。另外一种查看校正的效果的方式是用 Spatial Adjustment 工具条中的 Spatial Adjustment/Preview Window,在预览窗口中查看转换后的效果。

(7)通过用 Preview Window 预览能达到预期效果之后,用 Spatial Adjustment 工具条中的 Spatial Adjustment→Adjust 完成坐标转换。NewParcels 层经旋转、移动等变换,校正到预定的坐标位置上。依次使用 Save Editing(保存编辑)、Stop Editing(停止编辑)完成转换工作。

3.5.3 接边(Edge Snap)

接边(Edge Snap)用来使相邻图层的要素保持一致,通常情况下,精度较低的图层被矫正。接边这种校正方法也是在移位连接线的基础上进行校正的。

(1)启动 ArcMap,打开"Chapter3\05\EdgeMatch.mxd"文档,有 StreamNorth 和 StreamSouth 两个图层,这两个图层的数据源均来自于同一个 Geodatabase EdgeMatch 中的同一要素集 Water。从图 3-8 中看出,这两个图层,是相邻的,但在图幅边缘的拼接处,并不严格对接,稍有错位。选择 Editor(编辑器)工具条上的菜单 Editor→Start Editing,进入编辑状态,并用 Editor→Snapping 设置捕捉环境,设定以上两个图层的终点(End)捕捉方式。

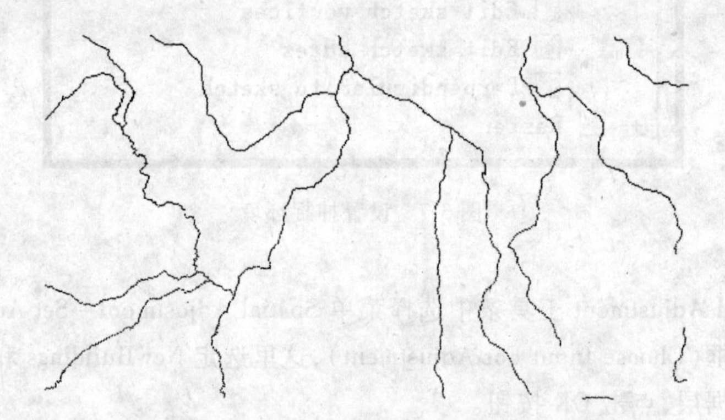

图 3-8 图层 StreamNorth 和图层 StreamSouth 拼接有错位

(2)与其他空间校正方式一样,需要设置校正对象,在 Spatial Adjustment 工具条中选择菜单 Spatial Adjustment→Set Adjust Data,弹出选择校正对象对话框(Choose Input For Adjustment),选择"Selected features,Any features that are selected when adjustment is performed will be adjusted"这个单选按钮,单击 OK 按钮。

(3)在 Spatial Adjustment 工具条中选择菜单 Spatial Adjustment→Adjustment Methods→Edge Snap,确定采用接边校正方式。选择菜单 Spatial Adjustment→Options,进入 Adjustment Properties(校正特性)对话框,选择 General 标签,确定 Adjustment method 的下拉框中选择的是 Edge Snap。点击右侧的 Options 按钮,弹出一个 Edge Snap 对话框,有两个单选按钮 Smooth 和 Line,这是接边支持的两种决定如何建立移位连接线的方法。若选择 Smooth 方法,校正图层中,建立移位连接线的拐点被移动了,要素上其余的拐点也被移动;而选择 Line 方法,校正图层中,仅仅是建立移位连接线的拐点被移动,要素上其余的拐点保持不动。在这里选择 Line 方法,因为要素类是 Water,都是线要素,仅需要建立移位连接线的拐点移动,单击 OK 按钮。返回 Adjustment Properties 对话框,选择 Edge Match 标签,分别选择 Source Layer 为 StreamsNorth,Target Layer 为 StreamsSouth,可以看出,建立移位连接线是从 Source

Layer 到 Target Layer。

(4)点击视图(View)菜单下的书签(Bookmarks)的 Weststreams,用 Spatial Adjustment 工具条上的接边(Edge Match)工具,画一个矩形框,自动生成移位连接线。再用编辑工具(Edit Tool) 画一个矩形框选择接边的要素。用 Spatial Adjustment→Preview window 查看接边后的变化,如果发现未能达到预期效果,可以回到上一步,继续调整。用书签定位到 EastStreams,用同样的方法,如果满意,用 Spatial Adjustment→Adjust 进行校正,完成两个图层的接边,线的端点严格对齐。

(5)保存编辑(Save Edits),停止编辑(Stop Editing)。

3.5.4 影像配准

影像数据通常是通过扫描地图、航空摄影、卫星等途径获取的,一般都不包含地球表面的位置信息,未经过处理的航空影像或卫星影像往往不能正确地与其他空间数据一起显示,也不能用来做分析。为了能够使用这种类型的影像数据,需要对其进行配准,将其配准到一个地图坐标系统中。

(1)启动 ArcMap,打开"Chapter3\06\Georeferencing.mxd"文档,有两个图层:一个是 photo.tif 栅格数据;另一个是 roads 道路层。很明显,栅格数据层上的道路应该与 roads 层的道路在地理位置上是一致的,故栅格数据的坐标存在偏差,需要配准。如图 3-9 所示,可以看到栅格数据层和道路层上都有 13 个点,它们是配准影像的控制点,这些控制点不是 Feature(要素),而是 Graphic(图形)。

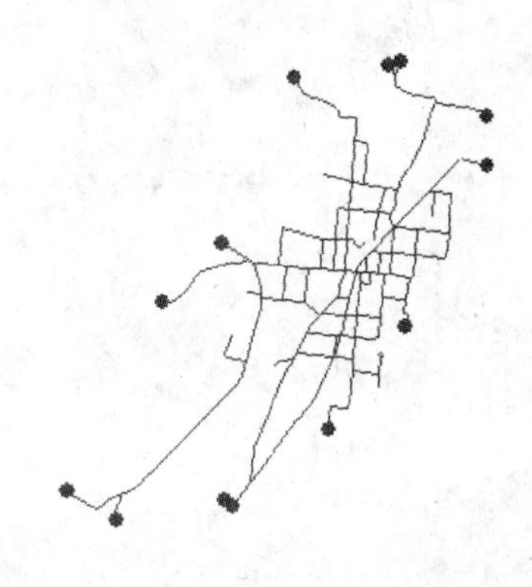

图 3-9 栅格数据的坐标存在偏差

(2)如果 ArcMap 中没有 Georeferencing 工具条,可通过 View→Toolbars 菜单或在菜单空白处单击鼠标右键调出 Georeferencing 工具条。如果工具条菜单 Georeferencing→Auto Adjust 被勾选,应取消。在 Layer 下拉框中选择 photo.tif。

(3)放大显示栅格图,便于精确定位在某个控制点上。选择 Georeferencing 工具条上的增加控制点(Add Control Point)工具,鼠标左键在栅格图上选一个控制点,借助地图缩放工具,以便在 roads 层上精确地找到对应点,建立连接线。如果在工具条菜单中勾选 Georeferencing→Auto Adjust,栅格图会立刻移动;在第二步中取消勾选,栅格图的位置暂时不变。可以选用菜单 Georeferencing→Reset Transform,Georeferencing→Update Display 使栅格图在原始、配准后两个位置上显示，检验配准前后的位置。重复以上操作，建立5对连接线，如果发现连接线错误，可以删除。

(4)选择菜单 Georeferencing→Update Display，栅格图配准后的显示效果如图 3-10 所示。可以看到栅格图和 roads 层的道路基本吻合。配准之后控制点(红色圆点)用不着了，可以用绘图(Drawing)工具条上的选择要素(Select Elements)工具，画一个矩形框将所有控制点选中，按 Delete 键删除。

图 3-10 栅格图配准之后的效果

第4章 空间数据管理

4.1 Geodatabase 空间数据库

Geodatabase 是 ESRI 公司在 ArcGIS8 引入的一个全新的空间数据模型，是建立在关系型数据库管理信息系统之上的统一的、智能化的空间数据库。它是在新的一体化数据存储技术的基础上发展起来的新数据模型，实现了在一个公共模型框架下对 GIS 通常所处理和表达的地理空间特征如矢量、栅格、网络、TIN 等进行统一描述。同时，Geodatabase 是面向对象的地理数据模型，其地理空间特征的表达更接近我们对现实对象的认识和表达。

它与 Coverage 文件组织模型类似，但是在其基础上进行了扩展，能够支持复杂网络（networks）、拓扑（topologies）、要素类之间的关系（relationship）以及面向对象的要素（object-oriented features）。ESRI 的 ArcGIS 系统（包括 ArcMap、ArcCatalog 以及 ArcToolbox）能够像处理 coverage 文件一样处理 Geodatabase。

Geodatabase 支持面向对象的矢量及栅格数据，是按照层次型的数据对象来组织地理数据的，这些数据对象包括对象类（object class）、要素类（feature class）和要素数据集（feature dataset）。对象类是指存储非空间数据的表格（Table）；要素类是具有相同几何类型和属性的要素集合；当不同的要素类之间存在关系时，将其组织到一个共享空间参考系统的要素类的集合中，即为要素数据集。

在这个模型中，实体被表示为具有属性（properties）、行为（behavior）和关系（relationship）的对象。这些对象类型包括：简单对象（simple objects）、地理要素（geographic features）、网络要素（network features）、注释要素 （annotation features）以及特殊要素（specialized features）。通过模型，可以定义对象之间的关系以及为了保证对象之间的参照和拓扑完整性的规则。

Geodatabase 的数据组织如图 4-1 所示。

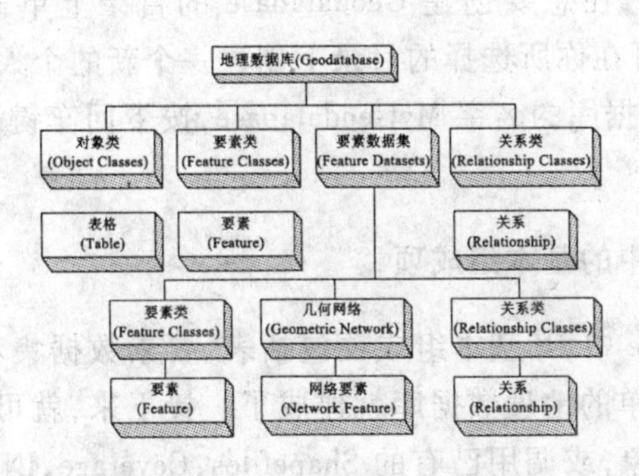

图 4-1 Geodatabase 的数据组织

4.2 空间数据库建立

Geodatabase 数据库的创建方法主要有三种:即通过 ArcCatalog 创建新数据库项、装载已有的 Shapefile 和 Coverage 文件、使用统一建模语言(UML)或计算机辅助软件工程(CASE)工具完成 Geodatabase 的创建。你需要根据数据源的类型以及是否需要存储定制类型而对这三种方法进行选择。在实际操作中,一般都会综合利用这些方法。

1. 使用 ArcCatalog 创建模式

在有些情况下,可能没有任何可以加载的数据,或者已有数据只能部分满足数据库的设计。这时,可以利用 ArcCatalog 来建立新的要素数据集、表、几何网络、拓扑和其他地理数据库项的模式。

2. 将已有数据导入 Geodatabase

对于已经存在的多种格式的数据如 Shapefile、Coverage、INFO Table、dBASE Tables 等以及其他系统中的数据格式如 ArcStrom、MapLIBARIAN、ArcSDE 等,可以通过 ArcCatalog 来转换并输入到地理数据库中,然后用 ArcCatalog 进一步定义数据库。包括建立几何网络、子类型、属性域等。

3. 利用 CASE 工具建立地理数据库

可以用 CASE 工具建立新的定制对象,或从 UML 图中产生地理数据库模式。

借助 ArcCatalog 可以建立两种地理数据库:本地个人地理数据库(Personal Geodatabase)和 ArcSDE 地理数据库。个人地理数据库可以直接在 ArcCatalog 环境中建立,而 ArcSDE 地理数据库不能直接用 ArcCatalog 来建立,必须首先在网络服务器上安装数据库管理系统(DBMS)和 ArcSDE,然后建立从 ArcCatalog 到 ArcSDE 地理数据库的一个链接。

这里着重介绍本地个人地理数据,有关 CASE 工具建立地理数据库的部分以及 ArcSDE 相关内容省略。

在创建和编辑 Geodatabase 中,你所需要的主要工具都可以在 ArcCatalog 和 ArcMap 中找到。在 ArcCatalog 中有很多工具可以用来创建和修改 Geodatabase,同样,在 ArcMap 中你可以找到分析和编辑属于你自己的 Geodatabase 内容的工具。下面,以建立本地个人地理数据库为例为大家介绍。

4.2.1 创建一个新的地理数据库

在 ArcCatalog 环境中,在想要创建 Geodatabase 的目录上单击右键,选择 New,再选择 Personal Geodatabase,即可在你所选择的目录下创建一个新的个人数据库。

这里输入 personal 数据库的名字 MyGeodatabase,按下回车键确定。这时就创建了一个空数据库。

4.2.2 建立数据库中的基本组成项

一个空的 Geodatabase 中,其基本组成项包括表、要素数据集和要素类。当数据库中创建了这些项目后,一个简单的地理数据库就建成了。接下来,就可以利用 ArcMap 中的 Editor 工具栏来建立新的对象,或调用已有的 Shapefiles、Coverage、INFO Table 和 dBASE Tables 数据来装载数据库对象。并进一步定义数据库,建立更高级的项,如建立索引、几何网络、子类等。这些内容我们将在下一节空间数据库的更新和维护中讲解。这里将只介绍基本项的建立。

4.2.2.1 创建表格

在 ArcCatalog 中,右键单击你想要创建新表的数据库,选择 New(新建),Table(表格),这里给新建表格命名为"Owners",并键入别名"Parcel Owners",单击"下一步",即可对表中的字段进行定义。对于某一字段,单击 Alias(别名)边的空白行,键入该字段的别名;单击 Allow Null Values(允许空值)边的空白行,选择是否允许出现空值。设置 Default Value(默认值)和 Length(长度)。

重复以上两步,在完成对每一个新建字段的定义后,单击 Finish(完成),完成表格创建。

4.2.2.2 创建要素数据集

在 ArcCatalog 中,右键单击想要创建新要素数据集的数据库,选择 New(新建),Feature Datasets(要素数据集)。

为新的要素数据集输入名称,这里将要素集命名为 Landbase,单击"下一步",继续定义该要素数据集的空间参考信息。

可以直接点击选择框中提供的地理或投影坐标系。如果你想采用其他要素类(或要素数据集)所拥有的空间参考系,可以点击 Import(导入)。点击 Modify(修改),可以修改所选择的坐标系统中的参数,此外,还可以点击 New(新建),自己定义一个新的坐标系。

在完成平面和垂直坐标系的定义后,点击"下一步"定义 XY 容限、Z 容限及 M 容限。点击 Finish,即完成新要素数据集的创建。

4.2.2.3 创建要素类

要素类分为简单要素类和独立要素类。简单要素类存放在要素数据集中,不需要定义空间参考,要素类将使用要素数据集的坐标系统;独立要素类存放在数据库中的要素数据集之外,必须定义空间参考坐标。

1. 在要素数据集中建立简单要素类

在 ArcCatalog 中,右键单击在上步中创建的要素数据集 Landbase,选择 New(新建),Feature Class(要素类)。键入新建要素类的 Name(名称)和 Alias(别名),这里要素名称使用"Road_cl",别名使用"Road_Centerline",从下拉框中选择要素类型,这里在类型下拉框中选择"Line Features"类型,可以根据要素类型和需求,针对路径数据或者三维数据选择坐标是否含有 M 值(权重)或者 Z 值,单击"下一步"。和新建表格操作一样,给新建的要素类型添加新字段,选择新字段的数据类型,并设置字段的别名、长度、默认值等属性值。

单击 Shape 字段,可以查看该字段的详细信息,该字段存储 Geometry Type(几何类型)为 Line(线型),不包含 M 值和 Z 值,这些属性都是在第二步中和新建要素类的名称一起定义的。Grid1 为几何要素类的空间索引网格大小,必须大于 1。点击 Finish,完成简单要素类的创建。可以通过查看属性,确定该要素类的坐标参考系与它所在的要素数据集是统一的。

2. 建立独立要素类

独立要素类就是在地理数据库中不属于任何要素数据集的要素类,其建立方法与在要素数据集中建立简单要素相类似。只是独立要素类需要定义自己的空间参考坐标系统,并设定 XY 域,该过程与定义要素数据集的空间参考坐标系统及投影系统类似。

在 ArcCatalog 目录树中,在需要建立独立要素类的地理数据库上单击右键,单击 New(新建),选择 Feature Class(要素类)命令。

键入新建要素类的名称和别名，选择几何字段是否存储 M 值或者 Z 值。到这一步为止，方法都与在要素数据集中建立要素类一致。点击“下一步”，这里与定义要素数据集的空间参考坐标系统及投影系统类似，可以选择已有坐标系统，或者以已有的要素数据集的坐标系或独立要素类的坐标作为模板，或者自己定义新建独立要素类的大地坐标系统与投影坐标系统。定义好参考坐标系后，点击“下一步”。设定 XY 容限，点击“下一步”，接下来的过程与在要素数据集中建立要素类一样，分别定义独立要素类的字段及其属性。最后单击 Finish（完成按钮）。

4.3 空间数据库更新和维护

前面已经介绍了个人地理数据库（Personal Geodatabase）的建立方法，并在空的数据库中创建了其基本组成项——表、要素数据集和要素类。在这一节将主要介绍如何向已经建立好的 Geodatabase 导入数据以及如何进一步定义修改 Geodatabase 的高级项。

4.3.1 装载数据

当装载已有数据到 Geodatabase 时，就会在数据库中新建一个独立要素类，或建立一个新的要素数据集和要素类，或在已经存在的要素数据集中新建一个要素类。对于前一种情况，导入工具直接采用原数据定义的空间参考系和投影，后一种情况则采用已存在要素数据集的空间参考。当然，你可以在导入完成后，通过右键选择 Properties，进行需要的编辑和更改。

使用 Feature Class to Feature Class（要素类到要素类）和 Feature Class to Geodatabase 工具可以给 Geodatabase 装载 Coverage、Shapefile 和 CAD 文件，也可以装载另一个 Geodatabase 中的要素类。如果使用 Feature Class to Geodatabase 工具一次装载多个要素类，每个要素类都会在 Geodatabase 中生成单独的要素类。

你可以在要装载的数据上单击右键选择 Export（输出），也可以在目标 Geodatabase 或者要素数据机上单击右键选择 Import（导入），打开 Feature Class to Feature Class 工具。

4.3.1.1 导入单个要素类

在需要装载的数据（如 Shapefile 、Coverage）上单击右键选择 Export（输出），即打开 Feature Class to Feature Class 工具。在 ArcCatalog 浏览目录“Chapter4\01\Source”中的 Shapefile 文件 Parcels 上点击右键，在弹出的菜单中选择“Export→To Geodatabase（single）”，即弹出 Feature Class to Feature Class 对话框，在 Input Features（输入要素）上，已经显示你要装载的数据文件所在位置。在 Output Location（输出位置）上，选择你想存储数据的 Geodatabase 或者 Geodatabase 中的要素数据集。如果选择前者，数据将采用自身的空间参考，创建一个独立要素类；如果选择后者，将采用要素数据集定义的空间参考。在 Output Feature Class（输出要素类）文本框中键入新的要素类名称。这里的“Output Location”选择前述建立的要素集 Landbase，在 Output Feature Class（输出要素类）文本框中输入“Parcels”。

如果要创建一个条件对导入的要素进行限制，可以单击 Expression（表达式）文本框旁的 SQL 按钮，打开 Query Builder（查询构造器）对话框创建一个新的导入条件，如设定面积导入条件“SHAPE_Area” >2800。

在 Field Map（字段映射）中，可以查看原数据包含的字段名以及类型。单击已有字段名，可以重命名或改变字段的类型。点击旁边的“添加”按钮，可以给新建要素类添加新字段；点击“删除”按钮，可以删除字段；点击“排序”按钮，可以对字段排序。完成字段编辑工作后，单击 OK，返回 Feature Class to Feature Class 窗口，如图 4-2 所示。

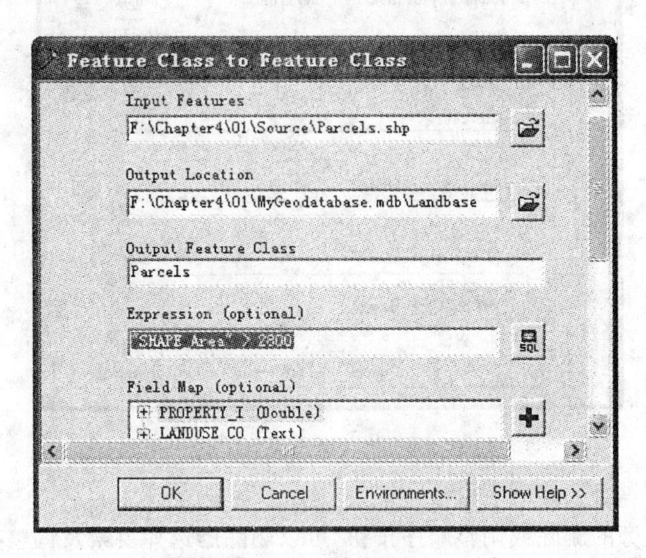

图 4-2　导入单个要素对话框

单击 Feature Class to Feature Class 工具对话框中的 Environment（环境）按钮，打开 Environment Settings（环境设置）对话框，展开 Geodatabase Settings（Geodatabase 设置），键入需要或者合适的输出 CONFIG 关键字、输出空间格网 1、输出空间格网 2 和输出空间格网 3。输出 XY 域值，这里可选与输入相同也可以自己定义，并设置新建要素类是否具有 M 域值或 Z 域值等。完成后点击 OK，返回 Feature Class to Feature Class 工具对话框。

单击 Feature Class to Feature Class 工具对话框中的 OK，显示进度提示框，完成后单击 Close，创建新要素类成功。

4.3.1.2　导入单个表

在 ArcCatalog 中浏览目录“Chapter4\01\Source”，在表 Owners 上单击右键，选择“Export（输出）→To Geodatabase（single）”，打开 Table to Table 工具。在 Input Row（输入表）上，已经显示你要装载的数据文件所在位置。在 Output Location（输出位置）上，选择要存储数据的个人 Geodatabase 文件—— MyGeodatabase。在 Output Table（输出表）文本框中键入新的要素类名称。如果需要的话，创建查询表达式并进行字段编辑，在 Field Map（字段映射）中，可以修改字段类型，如将 PROPERTY_I 的原始 Double 型改为 Long 型，如图 4-3 所示。

单击 Table to Table 工具对话框中的 OK，显示进度提示框，完成后单击 Close，创建新表成功。

4.3.1.3　导入多个要素类

在需要导入数据的 Geodatabase 或者要素数据集上单击右键，选择 Import（导入），单击 Feature Class（multiple）（要素类（多个）），打开 Feature Class to Geodatabase 工具。链接到存放数据的位置，选择多个数据。

单击 Add（添加），可以看到选中的数据已经添加到 Input Features（输入要素）的列表

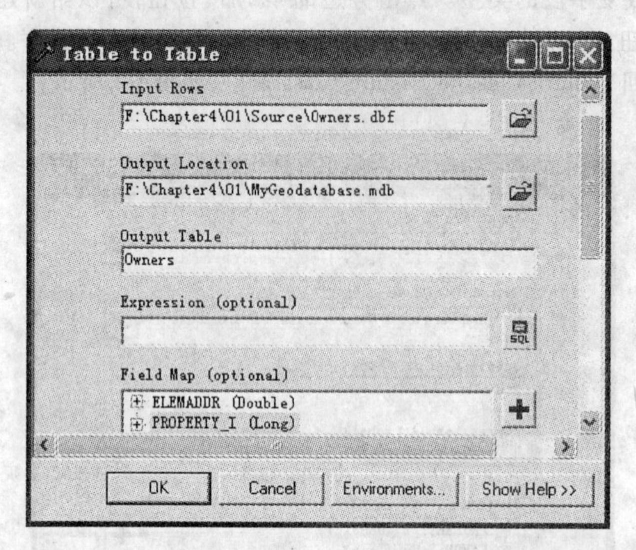

图 4-3　导入单个表对话框

中。通过点击列表旁的删除或调整顺序按钮，可以删除已选择要素及调整其顺序。

单击 Environment（环境），打开 Environment Settings（环境设置）对话框，展开 General Settings（普通设置），在下拉框中选择新要素类是否输出 M 值和 Z 值。如果需要的话，还可以设置分辨率，设置 XY、Z、M 容限以及进行坐标系转换。

展开 Geodatabase Settings（Geodatabase 设置），键入需要或者合适的输出 CONFIG 关键字、输出空间格网 1、输出空间格网 2 和输出空间格网 3。完成相关设置后，点击 OK，返回 Feature Class to Geodatabase（multiple）工具对话框。单击 OK，完成添加多个要素。在这里，每个要素都在 Geodatabase 或者要素数据集中，生成一个单独的要素类。

4.3.1.4　导入多个表

导入多个表格的操作过程与导入多个要素类似。将需要导入的多个表格添加到 Input Table（输入表）列表框中后，单击 Environment（环境），打开 Environment Settings（环境设置）对话框，展开 Geodatabase Settings（Geodatabase 设置），键入需要或者合适的输出 CONFIG 关键字，单击 OK，返回 Table to Geodatabase（multiple）工具对话框。点击 OK，完成导入多个表格操作。

4.3.2　属性域

Geodatabase 按照面向对象的模型存储对象。这些对象可以表示非空间实体（表）和空间实体（要素类）。存储在要素类或者表中的对象可以按照子类型来组织，并有一系列完整而明确的规则。ArcGIS 系统就是利用这些规则来维护 Geodatabase。

属性域（Atrribute Domains）是描述一个字段类型的合法值的规则，用于限制在表、要素类或子类型的任何具体的属性字段内允许出现的值，以保证数据的完整一致性。也就是说，某一字段不会接受不在其属性域中的任何一个值。每个要素类或表都有一个属性域集合，这些属性域用于不同的属性或子类型，并且可以在 Geodatabase 中的要素类、表以及子类型间共享。

当创建或者修改属性域的时候,你可能会编辑以下属性:名称(Name)、描述(Description)(这是一个用来描述该属性域目的的短句)、属性(字段)类型(Field Type)、属性域类型(Domain Type)以及分割与合并策略(Split Policy and Merge Policy)。

这里有两种不同的属性域类型:范围域(Range Domains)和代码域(Coded Domains)。范围域指定了数值属性的有效值范围。当创建一个范围域时,需要输入最大值、最小值。它可以应用于短整型、长整型、浮点型、双精度型以及日期属性(字段)类型。代码域给一个属性指定有效的取值集合,可以应用于任何属性类型,包括文本、数字、日期等,代码值(Coded Value)仅仅适用于代码域,它包含针对一个代码域的具体代码值以及对这些代码所代表含义的描述。

在编辑数据时,有时需要把一个要素分割为两个要素,或者需要将两个独立的要素合并成一个要素。当一个要素、表或者子类型被分割的时候,其属性值的分割由以下三种分割策略中的某一个来控制:

(1)缺省值:分割结果要素的属性采用给定要素类或子类型属性的默认值。

(2)复制:分割结果要素的属性值采用原始对象属性值的拷贝值。

(3)几何比例:分割结果要素的属性值是原始对象属性值依据分割比例的计算值。属性分割比例基于原要素集合被分割的比例,如果对象被均分,那么每个分割要素获得原对象属性值的一半。几何比例策略仅仅适用于数字型字段。

当两个要素合并时,属性值的合并由以下任意一种合并策略来控制:

(1)缺省值:合并结果要素的属性采用给定要素类或子类型属性的默认值。在这里,该策略仅仅适用于非数字字段或代码域属性。

(2)和值:合并结果要素的属性值采用原始要素属性值的和。

(3)几何权重:合并结果要素的属性是原始要素属性值的权重平均。

通过在 ArcCatalog 中右键单击你所选中的 Geodatabase,选择 Properties 命令,打开 Database Properties 对话框。点击 Domains 选项卡,你可以查看、添加、删除或修改属性域。

你也可以从要素类或表中打开属性域对话框。在 ArcCatalog 中,右键单击选中的要素类或表,选择 Properties 命令,打开 Feature Class Properties 对话框。单击 Subtypes 选项卡,单击 Domains 按钮,即可打开属性域对话框。

属性域对话框包括以下三部分内容:

(1)上部分的表格内容是属性域名称(Domain Name)及其描述(Description)。

(2)中间的表格内容是在上部分表格中选定的属性域的特征(Domain Properties),包括:字段类型,域类型,最大、最小值范围以及分割合并策略。

(3)下部分表格的内容是所选定的代码域的有效代码值以及用户描述。

4.3.2.1 创建属性域

1. 创建范围类型属性域

采用如前所述的两种方法中的任一种打开属性域对话框,单击 Domain Name(域名)栏下的第一个空白字段,输入新的属性域名;

单击新属性域的 Description(描述)字段,输入描述,在 Domain Properties 栏内单击 Field Type 项右边的下拉框,选择属性字段类型,如双精度型(Double);

单击 Domain Type 右边的下拉框,选择 Rang(范围)类型。并单击 Minimun Value(最小值)字段和 Maximun Value(最大值)字段,输入相应的最小、最大值;

单击 Split Policy(分割策略)或 Merge Policy(合并策略),选择合适的分割或合并策略,然后单击“应用”按钮(建立新的属性范围域,保留对话框)或者单击“确定”按钮(建立新的属性范围域并关闭对话框)。

2. 创建代码类型属性域

采用如前所述的两种方法中的任意一种打开属性域对话框,单击 Domain Name(域名)栏下的第一个空白字段,输入新的属性域名。单击新属性域的 Description(描述)字段,输入描述;

在 Domain Properties 栏内单击 Field Type 项右边的下拉框,选择属性字段类型,如 TEXT。单击 Domain Type 右边的下拉框,选择 Code Values(代码值)类型;

在 Coded Values 选项卡,单击 Code 列第一个空白字段,输入新代码值,然后单击其右侧的 Description(描述)字段,输入代码值描述,直到所有有效代码值及其描述都被输入;

单击 Split Policy(分割策略)或 Merge Policy(合并策略),选择合适的分割或合并策略。然后单击“应用”按钮(建立新的属性范围域,保留对话框)或者单击“确定”按钮(建立新的属性范围域并关闭对话框)。

4.3.2.2 修改属性域

建立属性域的用户将被记录在数据库中,属性域的拥有者在属性域对话框中,可以对属性域进行属性域删除或修改,包括更改名称、类型、有效值等。属性域还可以与要素类、表、子类型的特定字段关联。当一个属性被一个要素类、表或子类型应用时,就不能被删除和修改。

4.3.2.3 关联属性域

如果你建立了一个属性域,那么就可以将其默认值与表或要素类的字段关联起来。属性域同一个要素类或表建立关联后,就在 Geodatabase 中建立了一个属性有效规则。同一个属性域可以与同一个表、要素类或子类型的多个字段关联,也可以与多个要素类或多个表的多个字段关联。

鼠标放在需要关联属性域的表或要素类上,单击右键,选择 Properties 命令,打开 Feature Class Properties 对话框,展开 Fields 选项卡。

在 Field Name 栏,单击需要建立默认值并与属性域进行关联的字段。

如果需要,可以在 Field Properties 栏,单击 Default value 右边的单元格输入默认值。

如果不需要,可以直接单击 Domain 右侧的下拉框,选择想应用于该字段的属性域(仅仅可以用于该字段类型的属性域才显示在下拉列表中)。

单击“应用”按钮(建立新的属性范围域,保留对话框)或者单击“确定”按钮(建立新的属性范围域并关闭对话框)。

4.3.3 子类型

虽然在一个要素类或表中的所有对象必须具有相同的行为和属性,但是并不是所有对象都使用相同的属性域。例如,在河流网中,可能只有 transmission 河道才具有 40 ~ 100psi 的压力,而 distribution 河道仅具有 50 ~ 75psi 的压力。你可以使用不同的属性域来实现这一限制约定。为了实现这种合法的规则,你可以不为不同的河道建立不同的要素类,但是为了区分这些具有不同属性域和默认值的河道,需要使用子类型。当一个要素类或表中的对象使用不同的属性域时,使用不同属性域的对象就构成要素类或表的子类型。一个对象的子类型是由其子类型代码值决定的。子类型代码以整型字段存储在要素类或表中,每个子类型在给定的字段可以有它自己的默认值集合和属性域,并关联有不同的连接规则。

在进行地理数据库的设计时,需要决定在什么地方适合使用子类型和在什么地方需要添加要素类。当需要通过默认值(default values)、属性域(attribute domains)、连接规则(connectivity rules)和关系规则(relationship rules)区分对象时,就需要对单一的要素类或表建立不同的子类型。当根据不同的行为(behaviors)、属性(attributes)、访问权限(access privileges)或对象的多版本(multiversioned)来区分对象时,则需要建立另外的要素类。

4.3.3.1　建立子类型

用 ArcCatalog 打开"Chapter4\02"中的 Geodatabase 数据库,在要素类 Parcels 上单击右键弹出属性表,选择 Properties 命令,打开 Feature Class Properties 对话框。单击 Subtypes 选项卡,进入 Subtypes 窗口。在 Subtypes Field 窗口的下拉菜单中会列出要素类或表的字段类型为整型的字段,从中选择一个需要区分子类型的字段。

单击 Code 栏下的第一个空白字段,输入新的子类型代码(整数型)。单击 Description 字段,输入新建子类型的描述。对于新建子类型的每一个字段,在 Default Values 下面的单元格输入默认值。单击 Domain 下拉框,从列表中选择一个属性域(将子类型的字段关联到一个属性域)。

重复以上步骤,添加其他子类型。你可以在任何时候,从 Default Subtypes 下拉框中选择子类型名作为默认子类型名。选择默认子类型名后,你可以单击对话框左下方的 Use Defaults 按钮,让新建子类型名采用默认子类型的所有默认值和属性域。

单击"应用"按钮(建立新子类型,保留对话框),或者单击"确定"按钮(建立新子类型,关闭对话框)。

4.3.3.2　修改子类型

修改和删除子类型同建立一个子类型的方法相似,是借助地理数据库的要素类或表属性对话框,在 ArcCatalog 环境下进行的,具体操作如下:

鼠标放在需要修改子类型的地理数据库上,单击右键,单击 Properties 命令,打开 Feature Class Properties 对话框。单击 Subtypes 选项卡,进入 Subtypes 对话框。

在 Subtypes 栏下确定要删除的子类型,单击子类型名签名的标签,按 Delete 键,删除所标示的子类型。

若是要进行修改的话,同新建子类型类似,可以在属性对话框中对其进行编辑。

单击"应用"按钮(建立新子类型,保留对话框),或者单击"确定"按钮(建立新子类型,关闭对话框)。

4.3.4　关系类

在 Geodatabase 中,对象(空间对象,非空间对象)之间的关联称为关系(Relationship)。关系以关系类存储于 Geodatabase 中。

关系类具有一个明显特征就是基数。基数(Cardinality)描述有多少个 A 类型对象与 B 类型对象相关,可分为一对一(1-1)、一对多(1-M)、多对一(M-1)和多对多(M-N)四种。对象之间的关系是通过关键字段(Key Field)的属性值(Attribute)来维护的。关系类可以有属性,任何有属性的关系类在数据库中作为一个表存储,并且有一对外键(外关键字)引用了该关系类的源类(Origin Class)和目标类(Destination Class)。这时,每一个关系存储为关系类表中的一行。多对多的关系类需要在数据库中建立一个新表存储来自于源类和目标类的外关键字。

Geodatabase 支持两种关系:简单关系(Simple Relationship)和复合关系(Composite Relationship)。简单关系是 Geodatabase 中的两个或多个对象之间的关系,对象之间是独立存在的。如果对象 A 和对象 B 之间是简单关系,当对象 A 从数据库中被删除后,对象 B 继续存在。然而,如果两个对象之间存在的是复合关系,那么当一个对象被删除,相关的对象也会被删除,一个对象的生命周期受另一个对象生命周期控制。复合关系总是一对多的,但也可以通过关系规则限制到一对一。

关系类有路径标注,描述了关系从一个对象关联到另一个对象的路径关系。向前(Forward)、向后(Backward)这两种关系路径标注分别描述了从源类到目标类和从目标类到源类的关系。

关系类一旦被建立,就不能对其修改,只可以删除、重命名关系类,或添加、删除、修改关系规则。关系规则就是控制源类中的哪些对象子类型可以同目标类中的对象子类型相关联,也可以用于指定所有允许的子类型的有效基数范围。同时需要我们注意的是,在修改关系类、关系规则、重命名或删除关系时,需要在关系上设置一个排外锁(exclusive lock),进行模式锁定。

练习数据见"Chapter4\02",以如何建立地块(Parcel)要素类和所有者表(Owners)之间的关系为例说明如何创建简单关系类。假定一个地块可以被唯一的所有者拥有,一个所有者只能拥有唯一的地块,这就是一对一的关系。

在 ArcCatalog 中右键点击 Geodatabase 数据库 Montgomery,选择 New(新建)命令,单击 Relationship Class。打开 New Relationship Class 对话框。在 Name of relationship 文本框,输入新关系名——ParcelOwners,在 Select the table/feature 窗口单击"确定"选择源表——Owners,在 Destination 窗口,单击"确定"选择目标要素类——Parcels。

继续下一步,在选择关系类型对话框中,选择 Simple(peer to peer) relationship 单选按钮,建立简单关系类。

再继续下一步,在确定关系属性对话框中,输入从源要素类到目标要素类的标注——Owners,输入从目标要素类到源要素类的标注——Is owned by,选择关系的消息传递方向(Forward、Backward、Both、None)。

再继续选择关系类的基数,选择 1-1(one to one),即一对一关系(如前所述,一个地块只属于一个所有者,一个所有者只有一个地块)。

下一步进入在关系类添加属性对话框中,如果需要属性,选择 Yes,下一步打开添加属性字段对话框,添加属性字段。由于该例关系类不需要属性,这里选择 No。

再下一步进入选择主关键字对话框。在主关键字对话框中,在 Select the primary key field in the origin table/feature class 下拉框中查看源要素类或表的字段列表,为要素类或表选择主关键字。在 Select the foreign key field in the destination table/frame 下拉框中查看目标要素类或表的字段列表(只有与上一步所选择字段类型相同的字段才被列出),选择上一步所选的主关键字的外关键字。这里主键选择 PROPERTY_ID,外键选择 PROPERTY_I。

继续下一步,进入关系类总结信息框如图 4-4 所示,检查所建立的新关系是否符合需要,如果需要修改,单击"上一步"可返回修改。检查确定后,单击 Finish,完成一个简单关系类的创建。

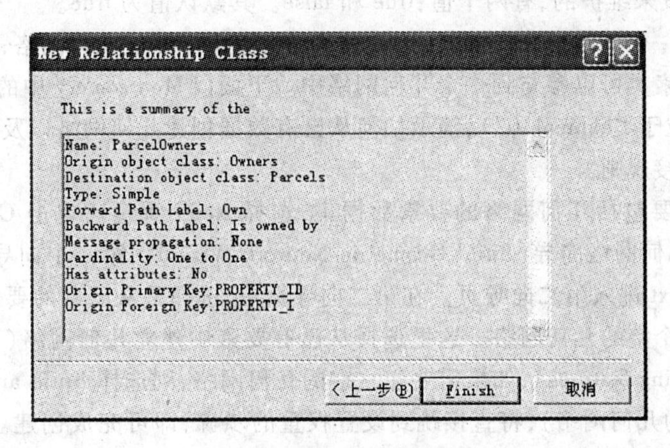

图 4-4 建立新关系信息框

4.3.5 几何网络

人的流动、货物和信息的传递、资源和能量的传输、信息的交流等都是通过确定的网络系统来进行的。在 Geodatabase 中,网络被构建成一维的非平面图(nonplanar graph)或者由要素组成的几何网络(geometry network)。这些要素被限制只能存在于网络内,作为网络要素(network feature)。Geodatabase 能自动维护几何网络中网络要素之间的基于集合的一致性拓扑关系。

一个几何网络有对应的逻辑网络。几何网络是由一系列实际存在网络要素构成的。而逻辑网络是网络连接性的虚拟表示。逻辑网络中的每一个元素(element)都与几何网络中的要素相对应。

几何网络由边网络要素(edge network feature)和连接网络要素(junction network feature)构成。例如,电线就是边网络要素而电线杆就是连接网络要素。一个边要素必须通过连接要素与其他的边连接。在几何网络中的边要素与逻辑网络中的边元素(edge element)相关,连接要素与逻辑网中的连接元素(junction element)相关。有两个主要的网络要素类型:简单网络要素和复杂网络要素。简单网络要素对应逻辑网络中一个单一的网络元素,复杂网络要素对应着逻辑网络中至少一个网络元素。

网络通常是对现实世界中物质、人员和信息等具有方向性流动系统的建模。网络中的方向是从源点(sources)到汇点(sinks)的。在几何网络中的连接要素可以当作源点或者汇点。当在一个网络中建立一个新要素的时候,可以指定该要素在网络中表现为源、汇或者两者都不是。如果定义该要素为源或者汇,一个名为 AncillaryRole 的要素被添加到要素类中,来记录网络要素类是否为源、汇或者两者都不是。

网络也可以有权重集合与它相关联。权重是一个元素在网络中穿过的费用,权重是基于每个要素的一些属性来计算的。一个网络可以由任意多的权重与它相关联,事实上,在属性和网络权重之间有多对零或者多对一的关系。

在几何网络中任何边或连接要素在逻辑网络中都可能是可运行(enabled)或不可运行(disabled)的。在逻辑网络中不能运行的要素表现为网络中的障碍(Barrier)。当网络被追踪的时候,追踪将在它遇到任何障碍时停止。一个网络要素的可运行与不可运行状态是由名为 Enabled 字段来维护的,有两个值:true 和 false。其默认值为 true。

你可以新建一个空白的几何网络,也可以从已有数据中建立几何网络,储存在同一个要素数据集中的要素类可以参与到一个几何网络中。下面以 Montgomery 中的 Water 要素数据集为例(该数据位于 Chapter4\02),演示如何从已有数据创建几何网络以及如何定义网络中各要素之间的连接规则。

右键单击将要包括几何网络的要素数据集,选择 New(新建),单击 Geometric Network 命令,打开建立几何网络向导(Build Geometric Network Wizard),第一个向导页为介绍信息,阅读完后单击 Next 进入第二向导页。在第二向导页中,选择是从已有的要素类创建几何网络或者是创建一个空的几何网络。这里选择从已有要素中建立几何网络(Build a geometric network from existing features),如果需要建立空的几何网络,则选择 Build an empty geometric network(建立空的几何网络),将直接跳到设置权重的步骤,即可完成创建。单击 Next 进入第三个向导页,选择需要参与到几何网络构建的要素类,并命名为几何网络。这里选择全部要素,新建网络名称为 Water_Net,如图 4-5 所示,单击 Next 进入下一页。

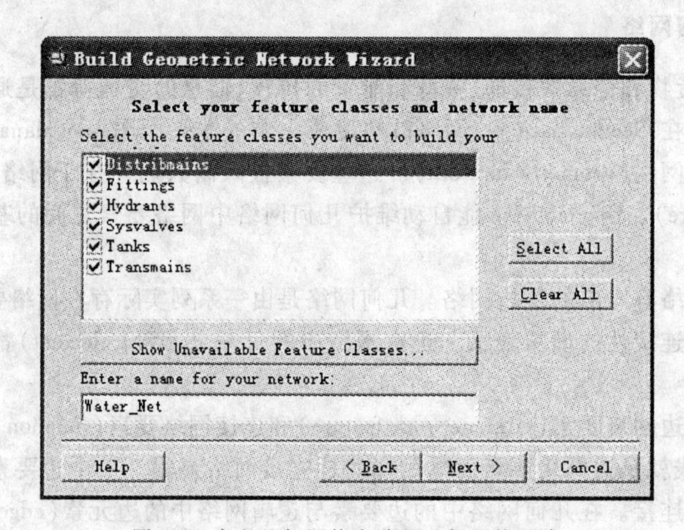

图 4-5 定义几何网络名称和选择网络要素

向导页提示选择是否保留原要素类中的 enable 字段。选择 Yes,则保留原有的 enable 字段,但是将该字段的值重置为 true;选择 No,则使得所有要素类在几何网络中是可运行的,将不再考虑名为 enable 字段中的值。这里选择 No,这样所有的要素类都能参与到几何网络的构建中来。单击 Next 进入下一页。

接下来确定哪些线要素类在几何网络中将成为复杂边要素类。默认值 No 是所有的线要素类将会成为简单边要素类。这里选择 Yes,并选择将要组成复杂边要素类的要素类,没有被选择的将会成为简单要素类,这里将所有参与的边要素作为复杂边要素,单击 Next。

如果希望输入的要素类中的某些要素在建立几何网络的过程中,能够自动调整或移动对齐,选择 Yes,设置默认的移动对齐容差(Default snap tolerance),并选择需要自动调整的要素类。如果不需要则选择 No,单击 Next,跳过这一步。在这里,选择 Yes,设置容差为 0.1,并选择所有要素类,单击 Next。

在这里将定义是否需要连接要素类在网络中作为源点或者汇点,即确定网络中流动的方向。选择 No,就说明该网络没有方向性,单击 Next 进入下一步;选择 Yes,说明网络具有方向性,并选择你想用来储存源或者汇的连接要素。这里选中 Tanks,单击 Next。

接下来,配置网络的权重。如果几何网络不需要权重值,选择缺省值 No;如果需要权重,则选择 Yes,输入新建权重名,并确定其数据类型,如图 4-6 所示。如果有多个权重值,则依次新建。完成后,单击 Next,进入下一步。

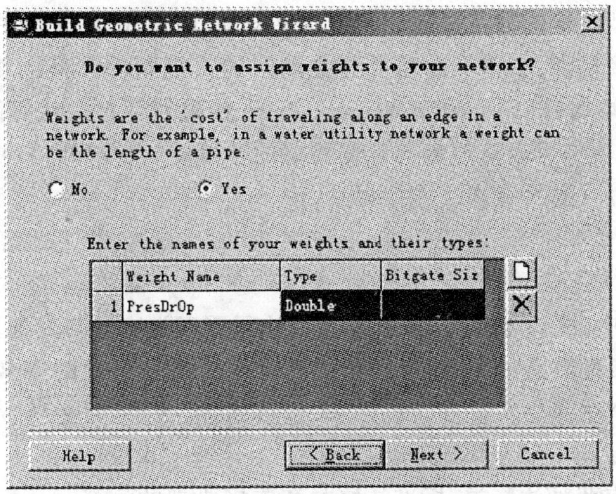

图 4-6 定义权重

在 Available network 下拉框中选择你想要配置的刚刚新建的权重,选择你想与权重关联的要素类,并从下拉框中选择关联字段,直到所有权重都配置完毕。这里只有一个权重 PresDrop,它与要素类 Transmains 的 RECORDED_LENGTH 属性关联,如图 4-7 所示,配置完毕,单击 Next。

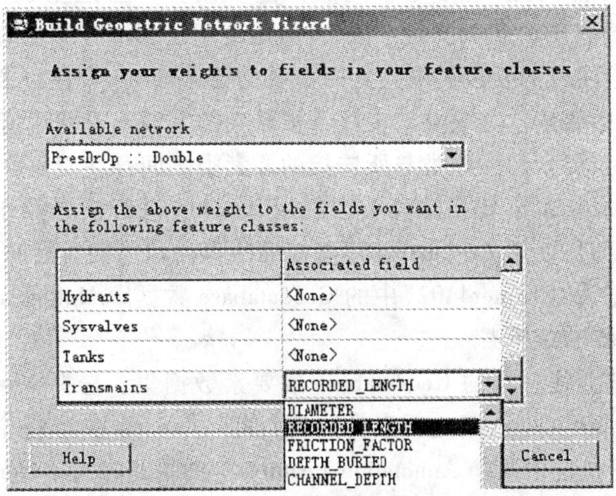

图 4-7 关联权重要素属性

最后出现的是一个概要页面,可以检查刚刚建立的几何网络是否符合需求。如果不正确，可以单击 Back，返回重新配置。检查完毕无误后，单击 Finish，即完成从已有数据新建几何网络的工作。

除了从现有 Geodatabase 的快捷菜单中可以打开建立几何网络向导外，从 ArcToolbox→Geodatabase→Build Geometric Network Wizard 也可以，过程与上述类似，只是需要在开始时选择配置建立几何网络的要素类。

连接规则限制了能与某种特定类型的要素连接的要素的类型，以及能与另一种类型要素连接的某特定类型要素的数量。通过建立这些规则，可以在数据库中维护网络连接的完整性。若要建立连接规则，右键单击需要建立网络连接规则的几何网络，选择 Properties 命令，单击打开几何网络属性（Geometric Network Properties）对话框。从对话框中，通过 General 选项卡和 Weights 选项卡可以知道参与几何网络的要素类，以及网络权重。利用 connectivity 选项卡内容，可以添加、删除和修改连接规则。

4.3.6 注释类

在 Geodatabase 中，注释（Annotation）存储在注释要素类中。与其他要素类相似，在注释要素类中的所有要素都具有地理位置和属性，可以作为一个单独的要素类或者在同一个要素数据集内部。每个注释要素有自己的符号，包括字体、大小、颜色等。注释不一定完全是文本，可以包括图形。

Geodatabase 中有两种注释类：标准注释类和连接要素的注释类。标准注释类是按照地理空间放置的文本，在 Geodatabase 中不与要素相关联。连接要素注释类与 Geodatabase 中的一个要素类的特定要素相关联，反映了其所关联要素的一个字段值。注释要素类与所注释的要素类之间存在复合关系，注释要素类在关系中是目标类，被注释要素类是源类，要素类控制着其注释要素类的位置和生命周期。

ArcCatalog 具有建立标准注释类和连接要素的注释类两种功能。在建立连接要素的注释类时又有两个选项。其一是基于注释制定源要素类的字段；其二是用高级方法从多个字段派生注释，并为不同的要素组指定不同的标注规则。一旦建立了注释类，就可以借助 ArcMap从所连接的要素类中获取属性字段，或应用绘图工具进行交互编辑。

当在一个有连接注释的要素类中建立一个新的要素时，一个注释要素在注释类中自动生成，并连接到新建的要素。如果要素在注释被派生的字段上有默认值，其文本将被自动产生和放置。可见，连接要素的注释类与所连接的要素类之间存在着复合关系。

同时也可以借助 ArcMap 转换注释类。利用 ArcMap 进行注释操作的部分在第二章已有介绍，这里仅介绍如何使用 ArcCatalog 建立标准注释类和连接要素的注释类。

本节的例子数据为“Chapter4\02”中的 Geodatabase 数据库 Montgomery。

4.3.6.1 建立标准注释类

右键单击需要建立注释类的 Geodatabase 或要素数据集。选择 New，单击 Feature Class 命令。打开 New Feature Class（新建要素类）对话框。在 Name 文本框中输入新建注释类名称，在 Type（类型）下拉框中选择 Annotation Features。如果是在 Geodatabase 上新建注释类，则默认为建立标准注释类，连接要素选项为灰色，不用选择是否连接要素，但是需要选择空间参考系与投影。若是在要素数据集中新建注释类，则保持 link 单选框为默认状态，即不选择连接要素。后续依次设置 XY 容限，设置显示注释字体大小的参考比例，选择制图单位（Map Units）等，最后完成标准注释类的创建。具体步骤可以在 ArcCatalog 中进行实践。

4.3.6.2 建立连接要素的注释类

该类型的注释类必须要在要素集中创建。右键单击想要创建连接要素注释类的要素数据集，选择 New(新建)，单击 Feature Class 命令，打开 New Feature Class(新建要素类)对话框。在 Name 文本框中输入新建注释类名称，在 Alias 文本框中输入注释类别名。在 Type(类型)下拉框中选择 Annotation Features，选中 Link the annotation to the following feature class，并在下面的下拉框中选择要与新建注释类相关联的要素类，如图 4-8 所示。

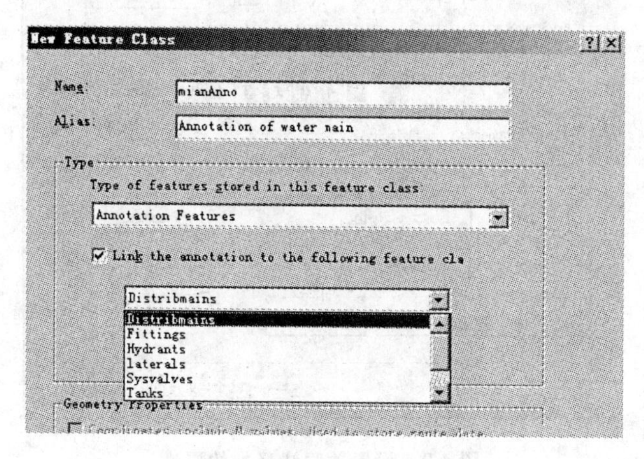

图 4-8 建立连接注释类

这里新建注释类的空间参考系和投影都将采用所在要素数据集所具有的空间参考系和投影。从 Reference Scale 下拉框中选择输入显示注释字体大小的参考比例，在 Map Units 下拉框中选择比例数据的单位，并为新注释要素设置编辑行为。

继续下一步，可以对第一个注释类进行重命名，也可以新增一个注释类。单击 New 可以重新生成一个注释类。单击 Delete 可以删除列表中选中的注释类。如果有多个注释类，对于选中的注释类可以在 Label Field 下拉框中选择与之关联的要素类作为标签的字段，或者点击 Expression 设置多个字段。在 Text Symbol(文字符号)和 Placement Property(位置属性)框内，可以设置注释的各属性，在这里可以单独对每个属性进行设置，也可以直接单击 Label Style(标签风格)选用加载已有标签风格(Label Style)，如图 4-9 所示。

最后可以对字段进行编辑和查看，检查完毕后，点击 finish，完成标准注释类的创建。

4.3.7 索引

在对表或要素类创建属性索引后，可以提高查询速度。空间索引可以加快对空间要素的图形查询速度。属性索引是在 DBMS 中用于查询表中记录的可变更路径(alternate path)。

4.3.7.1 创建属性索引

在 ArcCatalog 浏览"Chapter4\03"目录下数据库 Montgomery 中的数据集 Landbase，在要素类 Parcels 上单击右键，在弹出菜单中选择 Properties 命令，打开 Feature Class Properties 对话框，点击进入 Indexes(索引)选项卡。单击 Add(添加按钮)，打开 Add Attribute Index(添加属性索引)对话框，如图 4-10 所示。在 Name 文本框中输入新建属性索引名称——Index-Property。如果索引的字段值是唯一的，选中 Unique 复选框；如果创建的索引需要升序排

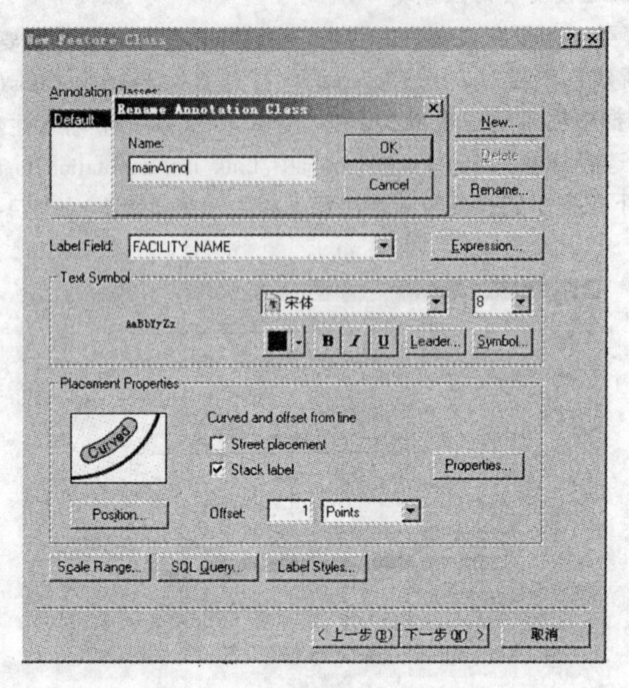

图 4-9　设置关联注释类的属性

列,选中 Ascending 复选框。在 Fields available(可用字段)列表中单击想要创建索引的字段 PROPERTY_I,单击右箭头,把选中字段移到 Fields selected 列表中。单击上下箭头按钮,改变选择字段在索引中的顺序。单击向左箭头可以移除已选择字段。单击 OK 按钮,关闭 Add Attribute Index(添加属性索引)对话框。返回 Feature Class Properties 对话框,单击“应用”或“确定”按钮,完成属性索引建立。

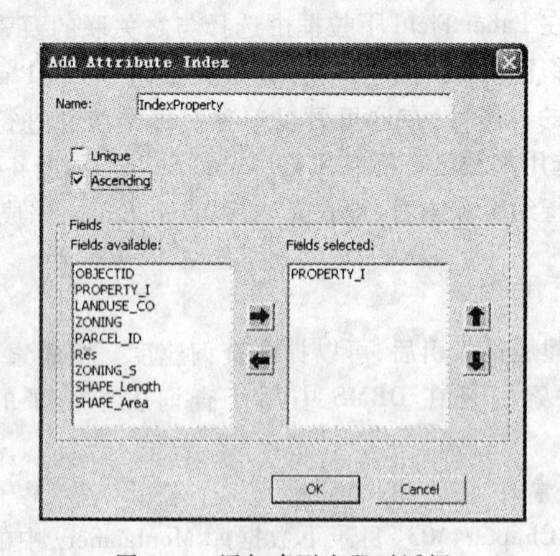

图 4-10　添加索引字段对话框

4.3.7.2　修改空间索引

如同建立属性索引一样,进入 Indexes(索引)选项卡,在 Spatial Index 面板中(见图

4-11)，点击 Recalculate，系统自动计算空间索引网格大小，点击 Delete 删除已有索引，点击 Edit 弹出编辑框(见图 4-12)，设置新的格网参数。

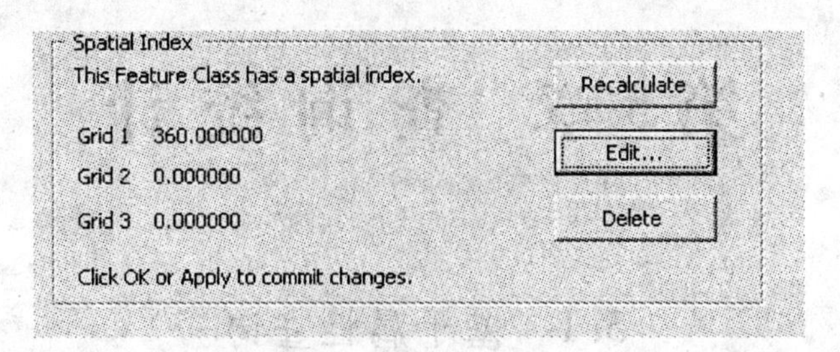

图 4-11　空间索引面板

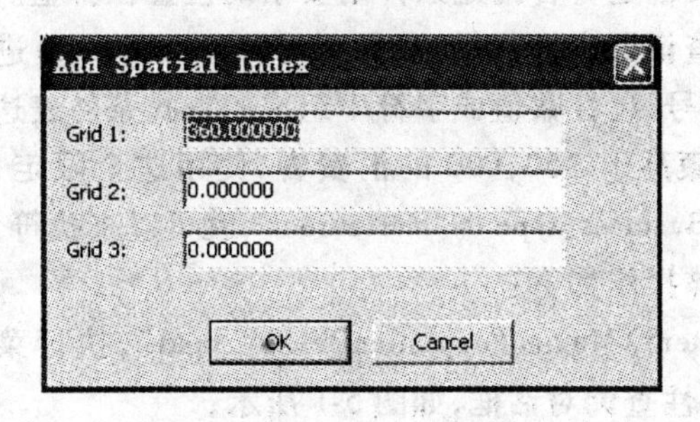

图 4-12　空间索引编辑对话框

最后点击"应用"或"确定"按钮，完成空间索引的修改。

第5章 查询统计

5.1 基于属性查询

基于属性的查询是要确定符合给定条件的要素的位置在哪里。基于属性的查询可以通过关系数据库的结构化查询语言SQL(Structured Query Language)进行查询。SQL是由属性字段、逻辑或算术运算符号、属性数值或字符串组成的查找条件表达式。例如你想查找行业类型是餐馆并且消费金额高于$50,000的消费者,使用这个限定条件创建一个查询表达式:Sales > 50000 AND Business_type ='Restaurant',就可以查找符合查询限定条件的要素。

基于属性的查询具体操作如下:

(1)打开地图"Chapter5\MexicoPopulationDensity.mxd",执行菜单命令 Selection/Selection By Attributes,弹出属性查询对话框,如图5-1所示;

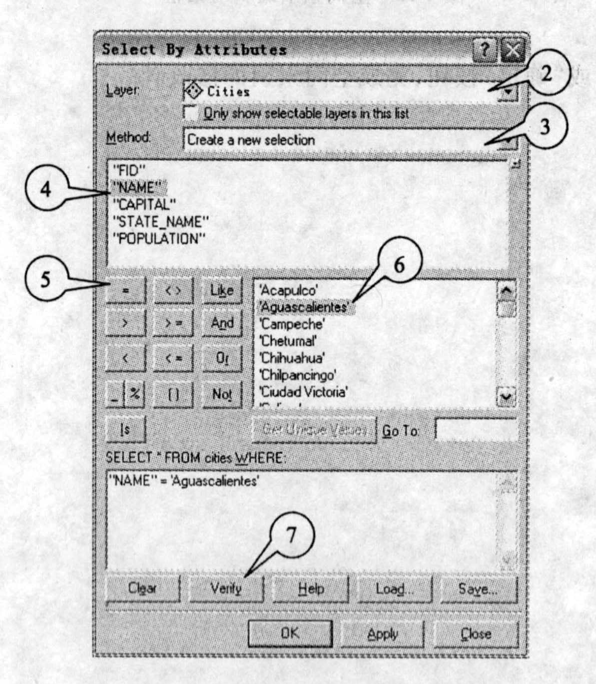

图5-1 Select By Attributes 对话框

(2)在图层(Layer)下拉菜单里,选择包含所要查询要素的图层,这里选择了Cities图层;

(3)在方法(Method)下拉菜单中,选择一种方法,这里选择的是:Create a new selection。

下拉菜单中包含的方法为：

Create a new selection：新建一个选择集

Add to current selection：向当前的选择集中添加查询到的要素

Remove from current selection：从现有的选择集中删除

Select from current selection：在现有的选择集中选中要素

(4)在字段列表中双击一个字段，这个字段就显示在表达式中，这里双击了NAME字段；

(5)单击符号列表中的符号，这个符号也显示在查询表达式中，这里单击了"="号；

(6)单击Get Unique Values可以看到所选择字段取值，双击所需要的值，就把这个数值也添加到了查询表达式中；

(7)点击Verify检查查询表达式有没有错误，这个表达式的意思即为查询名为Aguascalientes的城市；

(8)表达式没有错误则点击OK按钮；

(9)单击Apply按钮，被选中的要素就在图上高亮显示了；

(10)完成查询，单击Close按钮。

5.2 基于位置查询

要解决查找一些与别的要素相关的要素这些涉及空间查询的问题，需要用上基于位置的查询。基于位置的查询就是通过同一数据层之间各种要素的空间关系或者是不同数据层的不同要素之间的空间关系，采用各种判断方法来查找图形要素。例如，你想查找有多少房子受洪水影响，可以先标定洪水的范围，然后查询在这个区域内的所有房子。

利用基于位置查询对话框，你可以查询和其他要素相关的要素。ArcMap提供了多种空间关系表达式方法来进行查询，下面对这些方法进行简单的介绍：

Are crossed by the outline of

这个方法是查找被另一个图层的要素覆盖的要素。例如进行这样的查询：wilderness areas are crossed by the outline of roads，则与道路发生覆盖关系的荒地都被查询出来。

Intersect

这个查询方法查找与参考要素相交的要素，与Are crossed by the outline of有些类似，但是它还包括以参考要素为边界的要素。例如用Wilderness Intersect roads，所有包含道路的荒地都被查询出来，包含以道路为边界的荒地。

Are within a distance of

这个方法查询与参考要素邻近的要素。例如，你可以查找距离一个污染源一定距离之内的农场。

Have their center in

这个方法查询中心在参考要素中的要素，参考要素在另一个图层中。

Are completely within

这个方法查询被另一个图层的参考要素完全包围的要素。例如，你可以利用lakes are completely within forest查询结果为完全在森林中的湖泊。你也可以设置一个缓冲距离，这样查询的结果是完全被一个区域包围并且距离这个区域的边界还有一定距离的要素。

Completely contain

这个方法查询包含另一个图层中的参考要素的多边形要素。例如进行查询 forest completely contains lake,查询结果是包含完整湖泊的森林。你也可以设置一个缓冲距离,则查询结果为完全包含参考要素的多边形,并且多边形距离参考要素还有一定距离。

Share a line segment with

查找那些与其他要素具有公共边线(segments)、节点(verties)或者端点(nodes)的要素。

Are identical to

查找那些与另一个图层中的参考要素有相同几何特性(Geometry)的要素,所查找的要素和参考要素的特征类型(feature types)必须是一致的。参考要素是点要素,查找到的要素也要是点要素;参考要素是多边形要素,查找到的要素也要是多边形要素。

Contain

查找一个数据层中的要素,这个要素包含另一个数据层的指定要素。该命令与 are completely within 类似,区别在于所查找的要素既包括完全包含的要素,也包括部分包含的要素。

Are contained by

查找被另一个数据层的指定多边形参考要素所包含的任何图形要素。

Touch the boundary of

查找与另一个数据层的参考要素边界(boundary)具有相接(touch)关系的图形要素。

基于位置查询具体操作如下:

(1)执行菜单命令 Selection→Selection By Location,弹出基于位置查询对话框,如图 5-2 所示;

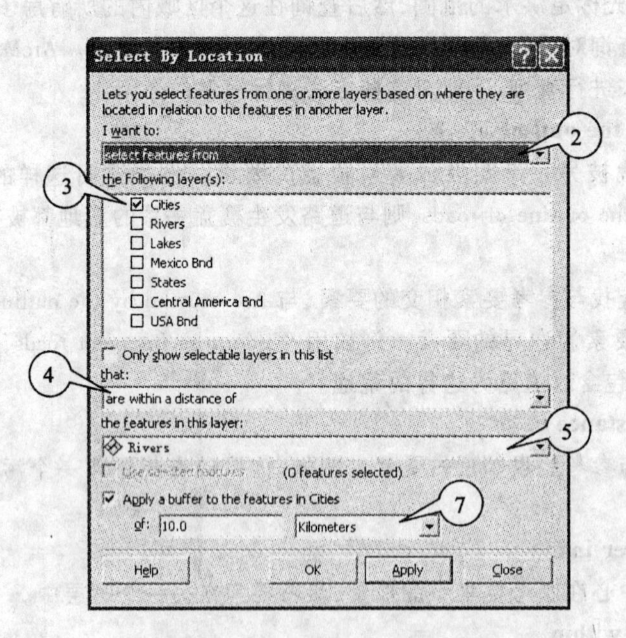

图 5-2 Select By Location 对话框

(2)在 I want to 下拉菜单中,选择一种方法,这里选择了 select features from;

(3)在所要查询要素的图层前打勾,这里选择 Cities;

(4)在 That 方法下拉菜单中选择一种查询方法,这里选择了 are within a distance of 查询方法;

(5)基于位置的要素查询要利用到其他要素,选择参考要素所在的图层;

(6)如果使用已选择的要素进行查询,在 Use selected features 前打勾;

(7)在 Apply a buffer to the features in Cities 前打勾,对要素进行缓冲区操作,缓冲距离设为 10 千米。形成如下的一个表达式:"我想要从图层 Cities 中选择要素,这些要素位于距图层 Rivers 中(被选中的)要素 10 千米的区域内";

(8)单击 Apply 按钮,则被选择的要素高亮显示在图上;

(9)完成查询,单击退出按钮。

5.3 其他查询

你可以直接用鼠标单击或者拖曳一个矩形框进行要素的查询,但在进行查询之前必须确定所要查询的要素所在的图层。你还可以通过点击属性表中的记录来进行要素的查询,当你点击了属性表中的记录,要素就会在图上高亮显示。

在查询之前,要先使图层的选择标签可视。

操作步骤如下:

(1)执行菜单命令 Tools→Options,打开 Options 对话框;

(2)打开 Table of Contents 属性页,勾选 Selection。

5.3.1 鼠标点击查询

这里仍以地图"Chapter5\MexicoPopulationDensity. mxd"为例,在 ArcMap 中打开此地图,用鼠标单击进行查询的步骤如下:

(1)在目录表(TOC)中选择 Selection 视图,勾选要查询要素图层,这里选择了 Cities,如图 5-3 所示;

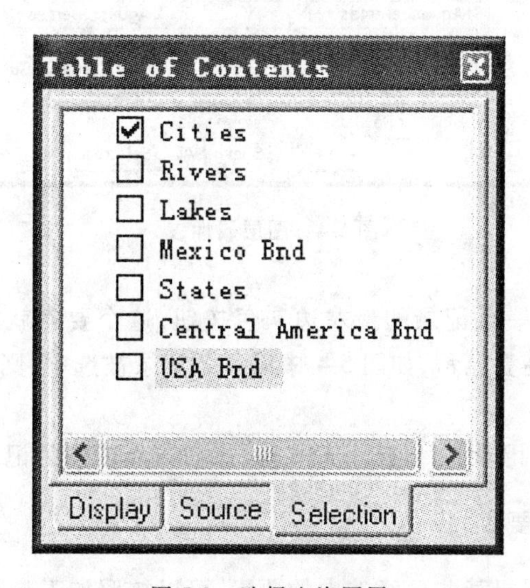

图 5-3 选择查询图层

(2)执行菜单命令 Selection→Interactive Selection Method→Create a new selection；

(3)在工具栏中点击选择要素工具；

(4)用鼠标在地图上点击感兴趣的要素，该要素就会高亮显示，要选择多个要素可以按住 Shift 键，再点击别的要素。

5.3.2 拖曳矩形框进行查询

拖曳矩形框进行查询的步骤如下(前三步和用鼠标点击进行要素选择是一样的)：

(1)在目录表(TOC)中选择 Selection 视图，并在要查询要素所属图层上打勾；

(2)执行菜单命令 Selection→Interactive Selection Method→Create a new selection；

(3)点击选择要素工具；

(4)按下鼠标在感兴趣的区域拖曳出一个矩形框，则矩形框内的要素就高亮显示了。

5.3.3 点击属性表进行查询

点击属性表进行要素查询的步骤如下：

(1)用鼠标右键单击所要查询要素所属图层，在弹出菜单中点击 Open Attribute Table，则弹出该图层的属性表，如图 5-4 所示；

Attributes of Cities

FID	Shape *	NAME	CAPITAL	STATE_NAME
0	Point	Monterrey	Y	Nuevo Leon
1	Point	Mazatlan	N	Sinaloa
2	Point	Guadalajara	Y	Jalisco
3	Point	Tampico	N	Tamaulipas
4	Point	Mexico City	C	Distrito Federal
5	Point	Puebla de Zaragoza	Y	Puebla
6	Point	Veracruz	N	Veracruz-Llave
7	Point	Oaxaca	Y	Oaxaca
8	Point	Merida	Y	Yucatan
9	Point	Mexicali	Y	Baja California Norte
10	Point	Aguascalientes	Y	Aguascalientes
11	Point	Campeche	Y	Campeche
12	Point	La Paz	Y	Baja California Sur
13	Point	Tuxtla Gutierrez	Y	Chiapas

Record: 4 Show: All Selected Records (1

图 5-4 图层属性表

(2)点击属性表中的一条记录的最左边灰色按钮，这个要素就在表上被选择，相应地，在地图上这个要素也被高亮显示，如图 5-4 中第 6 条记录被选中，则相应的城市 Veracruz 被高亮显示；

(3)要同时选择几条记录，可以按下 Ctrl 键，然后再点击别的记录。

5.3.4 删除选中的要素

有时候你可能不再需要某些已经选中的要素，可以按照如下步骤删除选中要素：

(1)执行菜单命令 Selection→Interactive Selection Method→Remove From Current

Selection；

(2)用鼠标点击你要删除的要素，则该要素不再高亮显示，被删除了；

(3)如果要删除所有选择要素，可以执行菜单命令 Selection→Clear Selected Features。

5.3.5 高亮显示选中要素颜色配置

选中的要素在图上会高亮显示，你可以选择选中要素高亮显示的颜色和符号。

(1)执行菜单命令 Selection→Options，打开 Selection Options 对话框；

(2)在 Selection Color 颜色选择框中，选择你需要的颜色，对于面状要素，只会用你选择的颜色高亮显示这些要素的边缘；

(3)点击 OK，则所有图层选中的要素都会更改高亮显示的颜色。

要想以特殊高亮显示某个特定图层中选择的要素，可以按照以下步骤进行设置：

(1)右键单击要素所在图层，选择 Properties，打开 Layer Properties 对话框；

(2)在 Layer Properties 对话框中，选择 Selection 选项卡；

(3)选择符号；

(4)选择颜色；

(5)点击确定，再点击应用。

5.3.6 查看选中要素的信息

(1)要在地图上以合适的比例尺查看已选中的要素，可以右键单击要素所在图层，选择 Selection→Zoom To Selected Features；

(2)也可以在属性表中查看已选中的要素信息。首先打开选中要素所在图层的要素表，点击 Selected，则表中只显示已选中的信息。

5.4 生成统计图

5.4.1 创建统计图

统计图能直观地表达地图要素和地图要素之间的关系。图表可以显示地图上要素的附加信息，或者是能把地图上要素信息以另一种方式显示出来。统计图使地图更加完善，因为它更直观地传递一些在地图上看需要花更多时间整理和理解的信息。例如，利用统计图，你可以快速地比较几种要素的某些属性的大小。

你可以在几种不同的图表类型中选择，包括柱形图、饼图、散点图、折线图等，这些图表有二维的也有三维的，你可以根据自己的需要进行选择。你可以选择所要的要素信息进行制图，也可以选择其中一些要素。

生成统计图的步骤如下：

(1)选择菜单命令 Tools→Graphs→Create，打开了统计图创建向导 Create Graph Wizard，如图 5-5 所示；

(2)在图表类型 Graph type 下拉菜单中点击选择你所需要的图表类型，这里选择了 Vertical Bar；

(3)在 Layer/Table 下拉框中，选择要进行绘图的要素所在的图层，这里选择了 Cities；

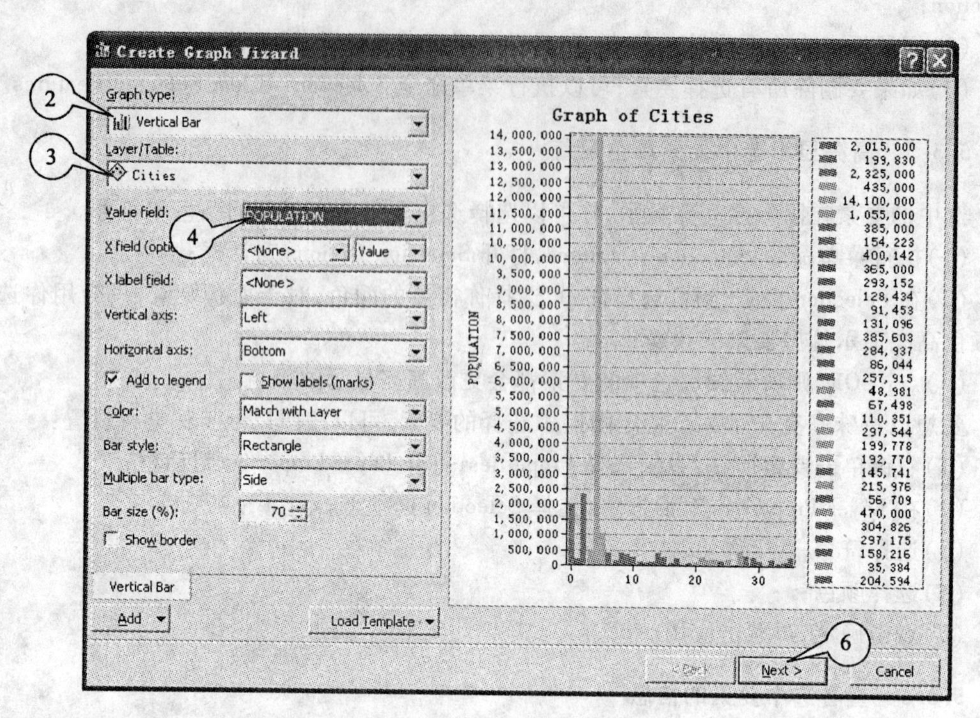

图 5-5 统计图创建向导

(4)在 Value field 选项框中,选择要生成统计图的字段;

(5)进行一些图表的外观的设置,例如 x 轴、y 轴的标签等;

(6)点击 Next 按钮进入下一页,选择在图表上显示所有记录或者只显示之前已选择的记录,在 Title 输入图表的名字,完成后点击 Finish 按钮,关闭 Create Graph Wizard 对话框,这样就创建了一幅统计图,如图 5-6 所示。

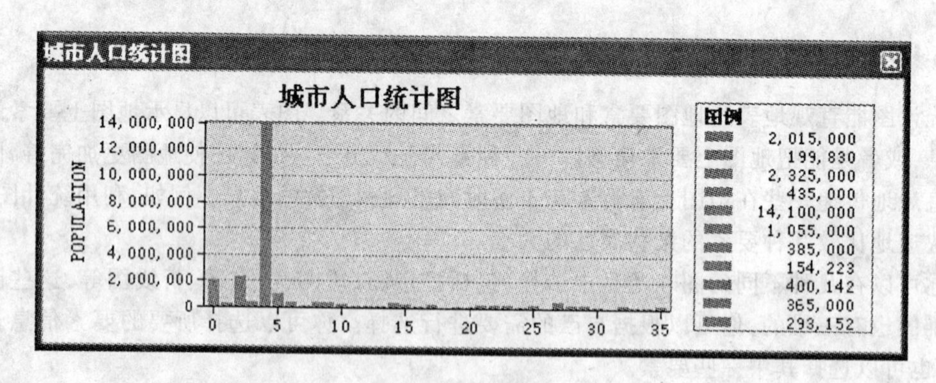

图 5-6 统计图窗口

5.4.2 统计图编辑

1. 将统计图添加到输出(Layout)版式

可以将生成的图表添加到输出(Layout)版式,操作的过程就是在统计图上点击右键,选择 Add to Layout。

2. 改变统计图的类型和标题

创建了统计图之后,可以根据需要改变统计图的类型,例如由柱状图变为饼图,也可以改变统计图的标题,操作如下:

(1)在统计图的标题栏上点击右键,在弹出菜单中选择 Properties。

(2)在属性窗口中选择 Series 选项卡,在 Graph type 下拉菜单中选择需要的类型。

(3)要改变统计图的标题,选择 Appearance 选项卡,在 Title 中键入新的名字。

5.4.3 管理统计图

有时一幅地图中会包含多幅统计图,我们可以用 Graph Manager 来管理它们。通过这个工具箱我们可以对统计图进行打开、重命名、删除等操作。

(1) 选择菜单命令 Tools→Graphs→Manage;

(2) 打开 Graph Manager 工具箱,工具箱里面显示了这个地图中所有的统计图,右键单击需要修改的统计图,在弹出的窗口上进行选择即可进行相应的操作。

5.5 生成报表

报表以表格的形式更有效更直观地显示地图要素的属性信息。报表中显示的数据直接来源于地理数据中的属性信息,来源于地图中的属性表。你可以在属性表中选择你需要的字段(fields)和它们在报表上显示的格式。报表创建以后,你可以把它加载到地图的输出版式,也可以另存为文件,例如,可以储存为 PDF 格式的文件。你可以根据需要创建不同类型的报表。

5.5.1 创建报表

创建一个简单的表格式报表的步骤如下:

(1)选择菜单命令 Tools→Reports→Create Report,打开 Report Properties 对话框。

(2)在 Report Properties 对话框中,选择 Fields 选项卡,如图 5-7 所示。在 Layer/Table 下拉框中,选择你创建报表数据来源的图层或属性表。

(3)在可选择字段列表(Available Fields)中,双击你要添加到报表中的字段,所双击的字段会出现在右边的 Report Fields 中。

(4)如果你希望在报表中只显示已选择的要素信息,在 Use Selected Set 前打勾。

(5)可以点击 Report Fields 框旁边的箭头来对所选择的字段进行排序。

(6)点击 Sorting 选项卡,如图 5-8 所示。

(7)点击某一字段的 Sort 那一列,可以选择使这个字段升序(Ascending)、降序(Descending)排列或者无序排列(None)。

(8)点击 Display 选项卡,如图 5-9 所示。

(9)在 Settings 选项框中选择 Elements 选项。

(10)在 Elements 下的 Title 前打勾。

(11)点击 Text 的 Value 列,在框中键入报表的标题,这里输入了人口统计表。

(12)点击 Font,设置标题的字体、大小等属性。

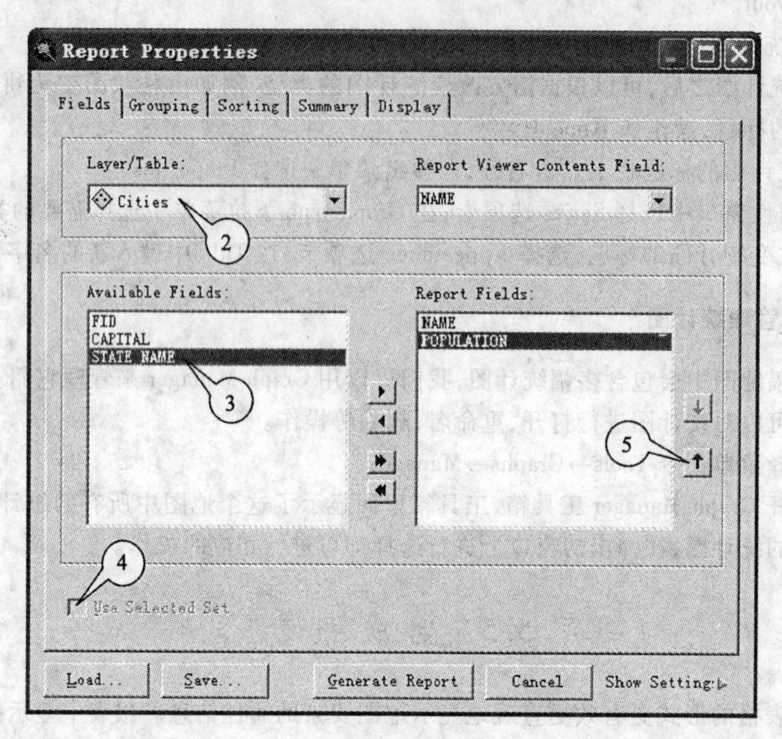

图 5-7　Report Properties 对话框 Fields 选项卡

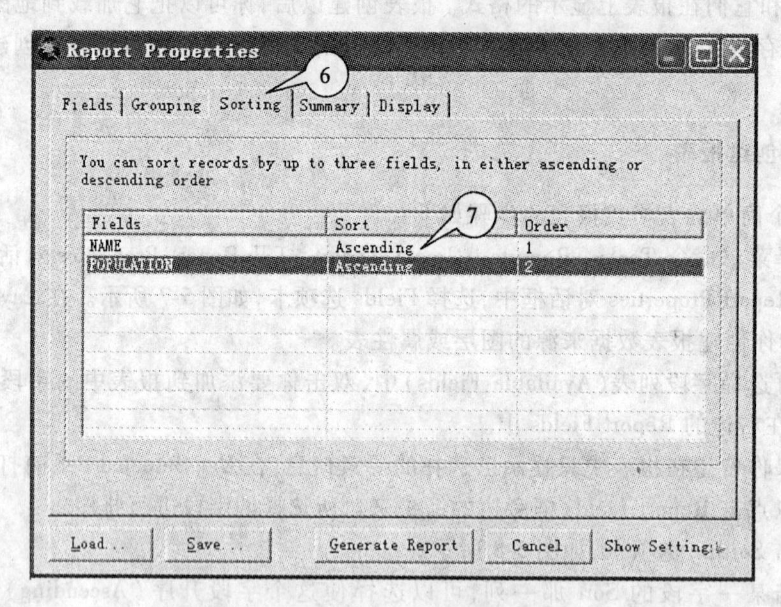

图 5-8　Report Properties 对话框 Sorting 选项卡

(13)点击 Show Setting 按钮,对报表进行预览。

(14)点击 Generate Report,即生成了报表。

(15)点击报表标题栏中的 Add...按钮,可以把报表加到地图的输出版式中去。报表是作为一个图形元素加入到输出版式中去的,报表的每一页作为一个独立的图形元素。

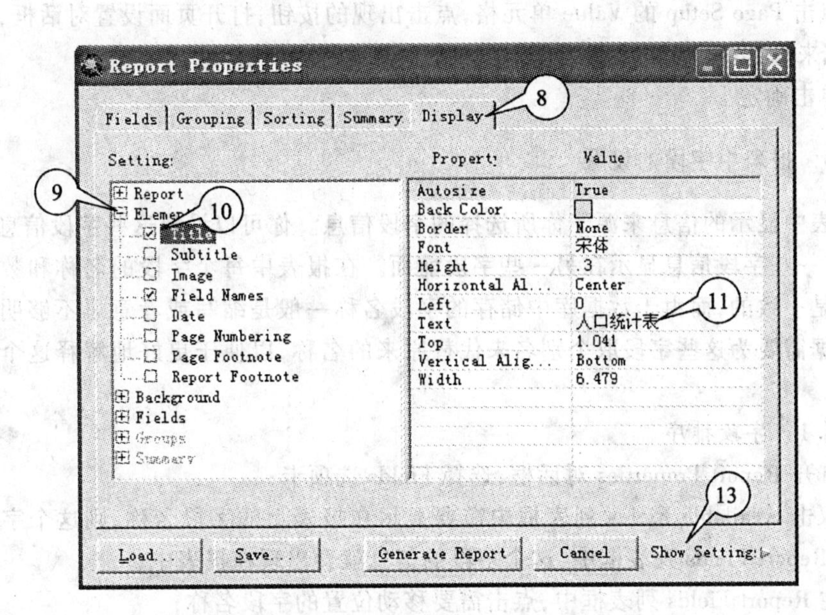

图 5-9 Report Properties 对话框 Display 选项卡(Element)

5.5.2 设置报表类型

ArcMap 提供了两种不同类型的报表:表格式(Tabular)和列排式(Columnar)。表格式报表以表格形式表达数据,其中行表示属性数据的记录,列表示属性数据的字段。列排式报表以竖行的方式排列属性数据的字段名称和数值。在列排式报表中,你可以指定要显示的列数。你可以根据需要选择你需要的类型。

设置报表的类型具体操作如下:

(1)选择菜单命令 Tools→Reports→Create Report,打开 Report Properties 对话框;

(2)在 Report Properties 对话框中选择 Display 选项卡;

(3)在 Setting 下点击 Report;

(4)在右边的列表框中单击 Style 对应的 Value 单元格,选择报表的类型 Tabular 或者 Columnar;

(5)如果选择了列排式报表,要进一步设置列排式报表的参数:报告行数(Column Count)和行排格式(Column Style)。

5.5.3 报表页面设置

根据你的需要,你可以设置报表的页面大小、报表的宽度和高度等,使得报表最符合你的需求。

设置报表页面的具体操作步骤如下:

(1)选择菜单命令 Tools→Reports→Create Report,打开 Report Properties 对话框;

(2)在 Report Properties 对话框中选择 Display 选项卡;

(3)在 Setting 下点击 Report;

(4)单击 Width 的 Value 单元格,输入需要的宽度值(以英寸为单位);

(5)点击 Page Setup 的 Value 单元格，点击出现的按钮，打开页面设置对话框，以此设置纸张大小、来源、方向、页边距等参数；

(6)单击确定。

5.5.4 报表中字段的设置

在报表中显示的信息来源于你所选择的字段信息。你可以设定这些字段信息的先后排列顺序，使一些字段信息显示在另一些字段前面。在报表中每个字段的名称和数据库中的字段名称是一致的，而由于数据库中储存的字段名称一般是缩写或者意思不够明确，这时，你可以根据需要为这些字段取个别名来代替原来的名称，以便于更好地解释这个字段所代表的内容。

5.5.4.1 字段排序

(1)打开 Report Properties 对话框，选择 Fields 选项卡；

(2)双击 Available Fields 列表框中需要显示在报表上的字段名称，则这个字段名称就会出现在 Report Fields 列表框中，这个字段的信息就会出现在报表中；

(3)在 Report Fields 列表框中，点击需要移动位置的字段名称；

(4)再点击 Report Fields 列表框右边的向上或者向下的箭头，这个字段就会向上或者是向下移动位置。

5.5.4.2 显示字段名称

(1)打开 Report Properties 对话框，点击 Display 选项卡；

(2)点击 Elements；

(3)点击 Field Names 前的小方框，这样字段的名称都会显示在报表中，在表格式报表中，字段名称被放置在每一列的最上方，在列排式报表中，被放置在最左边；

(4)点击 Selection 在下拉菜单中选择 Top of Report 或者 Top of Each Page。Top of Report 只在首页显示字段的名称，Top of Each Page 在每一页都显示字段的名称。这个属性只对表格式报表有效。

5.5.4.3 设置字段别名和字段显示宽度

(1)打开 Report Properties 对话框，点击 Display 选项卡；

(2)点击 Fields，选择你要设置别名的字段，这里点击 NAME；

(3)双击 Text 属性对应的 Value 单元格，在文本框中输入别名，这个别名只显示在报表中，对数据库中的数据没有影响；

(4)ArcMap 会自动给字段设置显示宽度，你也可以根据需要自己设置，点击 Width 属性对应的 Value 单元格，输入宽度。

5.5.4.4 设置列间隔

在表格式报表中改变列之间的间隔就是改变两个字段之间的间隔，在列排式报表中则是一个字段的名称和它取值之间的间隔。设置列间隔的具体操作如下：

(1)打开 Report Properties 对话框，点击 Display 选项卡；

(2)点击 Elements；

(3)点击 Field Names 前的小方框；

(4)双击 Spacing，输入一个数值；

(5)要设置列排式报表中字段间的间隔，双击 Vertical Spacing，输入数值。

5.5.4.5 设置行间隔

(1)打开 Report Properties 对话框,点击 Display 选项卡;

(2)点击 Report;

(3)点击 Records;

(4)点击 Autosize,在下拉菜单中选择 False;

(5)双击 Height,输入想要设置的行间隔数值。

5.5.5 报表数据组织

用报表来显示数据的优势之一是报表能让你自己组织数据。你可以根据字段的取值对字段进行降序或者升序排列(前面已经介绍过),你也可以对记录进行分组或者计算记录的统计信息。例如,你可以用所属国家对城市进行分类,对城市的人口数进行求和、求平均值等计算。

5.5.5.1 对记录进行分组

(1)打开 Report Properties 对话框,点击 Grouping 选项卡;

(2)在 Report Fields 列表中双击需要进行分组的字段;

(3)单击 Grouping Intervels 单元格,在下拉菜单中选择数据分组的方法;

(4)单击 Sort 单元格,选择数据排序的方法;

(5)重复上述步骤,可以对其他字段进行分组。

5.5.5.2 计算记录的统计信息

在报表中,你可以计算数字字段的平均值、个数、最大值、最小值、总和、标准中误差这些统计信息。

(1)打开 Report Properties 对话框,点击 Summary 选项卡,如图 5-10 所示;

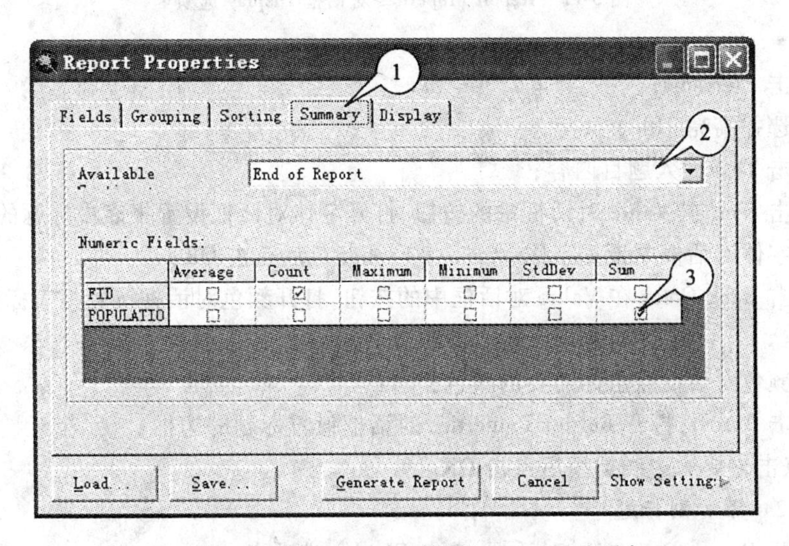

图 5-10 Report Properties 对话框 Summary 选项卡

(2)点击 Available Sections 下拉框,选择放置这些统计信息的位置;

(3)每一个数字字段都出现在下面的列表框中,在需要计算的字段的统计信息前勾选;

(4)重复上述过程,对报表的其他综合统计数据进行设置。

5.5.6 为报表添加辅助要素

为了使报表看上去更清晰、更直观，可以为报表加入一些辅助要素，如标题、副标题、页码、日期、图像（如公司标志）、脚注等。你可以设置这些辅助要素的外观，例如，你可以设置标题的大小、字体。下面描述在创建报表时如何加入这些辅助要素。

5.5.6.1 添加标题

(1)打开 Report Properties 对话框，点击 Display 选项卡，如图 5-11 所示；

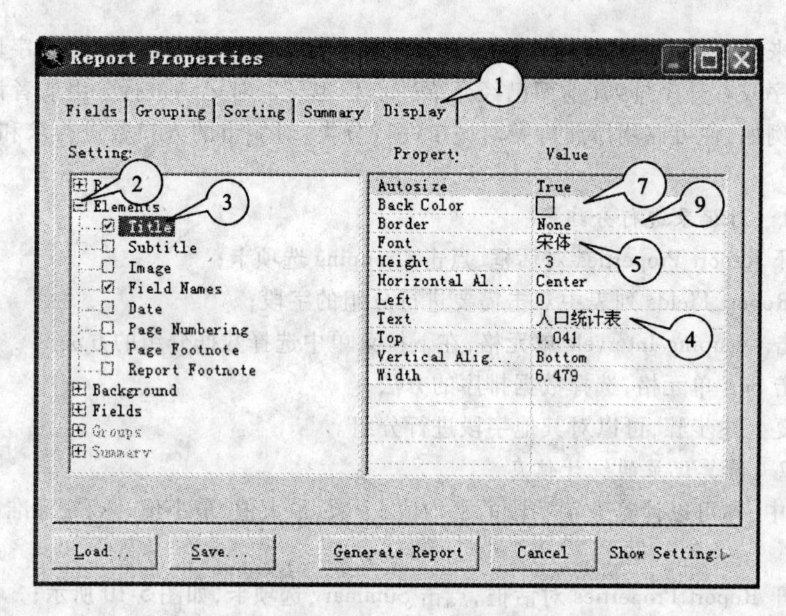

图 5-11 Report Properties 对话框 Display 选项卡

(2)点击 Elements；

(3)勾选并高亮 Title；

(4)双击 Text 键入题目内容；

(5)点击 Font 在 Value 对话框中的按钮，打开字体对话框设置报表中标题的字体；

(6)在字体对话框中设置字体、大小、字形和颜色后点击 OK；

(7)点击 Back Color 在 Value 对话框中的按钮，打开颜色对话框设置报表标题的背景颜色；

(8)在颜色对话框点击你需要的颜色；

(9)点击 Border，打开 Border Properties 对话框设置标题的边框；

(10)点击你要的边线类型后点击 OK。

5.5.6.2 添加副标题

(1)打开 Report Properties 对话框，点击 Display 选项卡；

(2)点击 Elements；

(3)点击 Subtitle，在前面打上勾；

(4)双击 Text 键入题目内容。

类似于标题的设置，可以对副标题的字体、颜色、边框等内容进行定制。

5.5.6.3 添加页码

(1)打开 Report Properties 对话框,点击 Display 选项卡;
(2)点击 Elements;
(3)点击 Page Numbering;
(4)点击 Section,在下拉菜单中选择页码放置的位置,页眉或者页脚;
(5)点击 Font 在 Value 对话框中的按钮,打开字体对话框设置页码的字体;
(6)在字体对话框中设置字体、大小、字形和颜色后点击 OK。

5.5.6.4 添加日期

(1)打开 Report Properties 对话框,点击 Display 选项卡;
(2)点击 Elements;
(3)点击 Date,在前面打上勾;
(4)点击 Section,在下拉菜单中选择日期放置的位置,页眉或者页脚;
(5)类似地,也可以设置日期的其他属性。

5.5.6.5 添加脚注

你可以把脚注添加在报表的每一页,或者添加在报表的最后。添加脚注的过程如下:
(1)打开 Report Properties 对话框,点击 Display 选项卡;
(2)点击 Elements;
(3)点击 Page Footnote,在前面打上勾;
(4)双击 Text 对应的 Value 单元格,输入脚注的文字;
(5)点击 Font 在 Value 对话框中的按钮,打开字体对话框;
(6)在字体对话框中设置字体、大小、字形和颜色后点击 OK。
类似在报表中添加日期和脚注,也可以在报表中添加图像,这里就不详细介绍了。

5.5.7 报表的保存输出

可以把报表作为一个文件保存在硬盘中,在报表作为文件保存后,这个报表的数据不会随着地图上数据的更新而更新,也不能更改,但是可以在另一个地图中使用这个报表。可以把报表导出为 PDF 文件、RTF 文件或者 TXT 文件。

5.5.7.1 保存报表

(1)在 Report Properties 对话框中点击 Save,打开 Save Report 对话框;
(2)选择储存文件的路径;
(3)键入报表文件名;
(4)点击保存。

5.5.7.2 导入报表

可以在地图中导入已经存在的报表,具体操作如下:
(1)在 Report Properties 对话框中点击 Load,打开 Load Report 对话框;
(2)找到文件存放的路径,双击文件,点击打开。

5.5.7.3 导出报表

创建了报表以后,可以根据需要把报表导出为 PDF 文件、RTF 文件或者是 TXT 文件。导出报表的步骤如下:
(1)在 Report Properties 对话框中点击 Generate Report 后,出现 Report Viewer 窗口;

(2)在出现 Report Viewer 的窗口点击 Export，出现 Export Options 对话框；

(3)选择存放导出文件的路径；

(4)输入导出文件名；

(5)在保存类型下拉菜单中选择导出文件类型，这里有 PDF、RTF 和 TXT 三种文件类型可选；

(6)点击保存。

第6章 空间分析

6.1 缓冲区分析

缓冲区分析是邻近分析(Proximity Analysis)中的一种。它主要用于确定某个要素(点、线、面)的影响范围或指定距离的区域。比如,确定家离学校很远(比如1公里)的所有学生来安排他们上下学的交通。

在ArcGIS中,也可以指定一系列不同的距离来生成多环缓冲区(Multi-ring area),这样要素附近的区域可以按距离的远近来进行分类。不管是一般的缓冲区分析还是多环缓冲区,缓冲区的距离有两种指定方式:固定距离(Fixed distance)和按照字段(From field)。固定距离主要是指定某个固定的距离。按照值域是指按照要素的一个数字型字段来指定距离。如图6-1和图6-2所示。

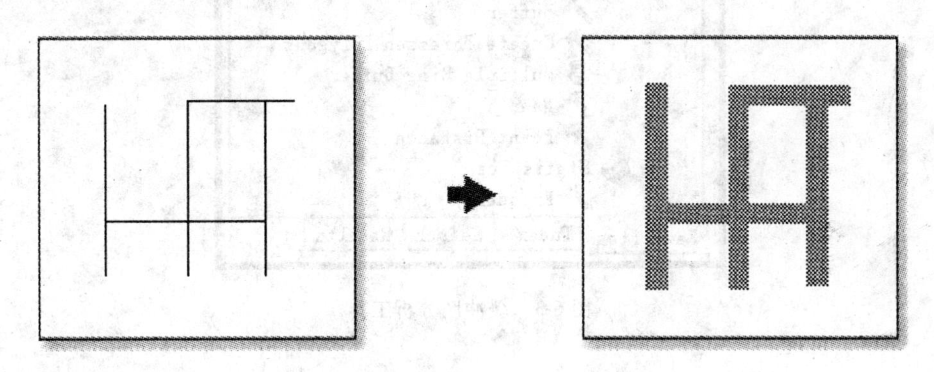

图6-1 指定固定距离的缓冲区示例

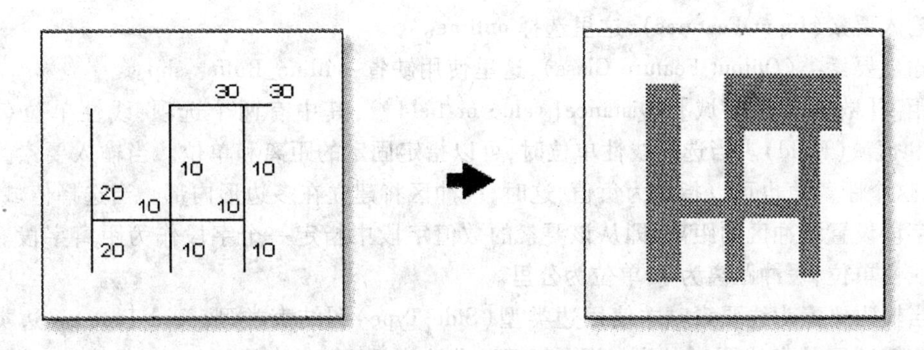

图6-2 按照字段指定缓冲区距离的缓冲区示例

在图 6-1 中，线要素的缓冲区距离为 20，所有要素的缓冲区距离是固定的。

在图 6-2 中，线要素的缓冲区距离的值域为 10、20、30 这几个数值，因为缓冲区距离取决于字段的值，所以可以有多个缓冲区距离。

在 ArcGIS 中，缓冲区分析可以应用缓冲区（Buffer）工具集和缓冲区向导（Buffer Wizard）进行。下面使用例子数据，分别对上述两种方法展开叙述。

6.1.1 使用缓冲区工具

打开 ArcMap，加载"Chapter4\01\outline.shp"。如果没有打开工具箱（ArcToolbox），则点击工具栏上的 Show/Hide ArcToolbox window（显示/隐藏 ArcToolbox 窗口）按钮打开工具箱。

展开分析工具箱（Analysis Tools）下的邻近（Proximity）工具集。如图 6-3 所示，工具集下的缓冲区（Buffer）和多环缓冲区（Multiple Ring Buffer）都是用于缓冲区分析的工具。

图 6-3　缓冲区分析工具

双击缓冲区（Buffer）工具，打开缓冲区工具对话框，如图 6-4 所示。

进行以下设置：

输入要素（Input Features），这里选择 outline。

输出要素类（Output Feature Class），这里使用缺省：outline_Buffer.shp。

距离[数值或者值域]（Distance[value or field]），其中有两个选项：线性单位（Linear unit）和值域（Field）。当选择线性单位时，可以指定固定的距离和单位。当输入要素为多边形时，这个距离值也可以指定为负值，这时，缓冲区将建立在多边形内部。当选择值域时，为按照字段设置缓冲区的距离，即从该要素的数值字段中指定一个字段作为距离字段。这里选用线性单位，缓冲距离为 3，单位为公里。

当输入要素为线要素时才使用边类型（Side Type）和结束类型（End Type）。边类型主要指定缓冲区是在线要素的哪一侧（LEFT（左边）、RIGHT（右边）、ALL（左右））建立缓冲区。结束类型主要指定线要素的端点的样式（FLAT（平的）或 ROUND（圆的））。

融合类型（Dissolve Type）用于指定要素是否融合在一起。它有三种指定方式。当选择

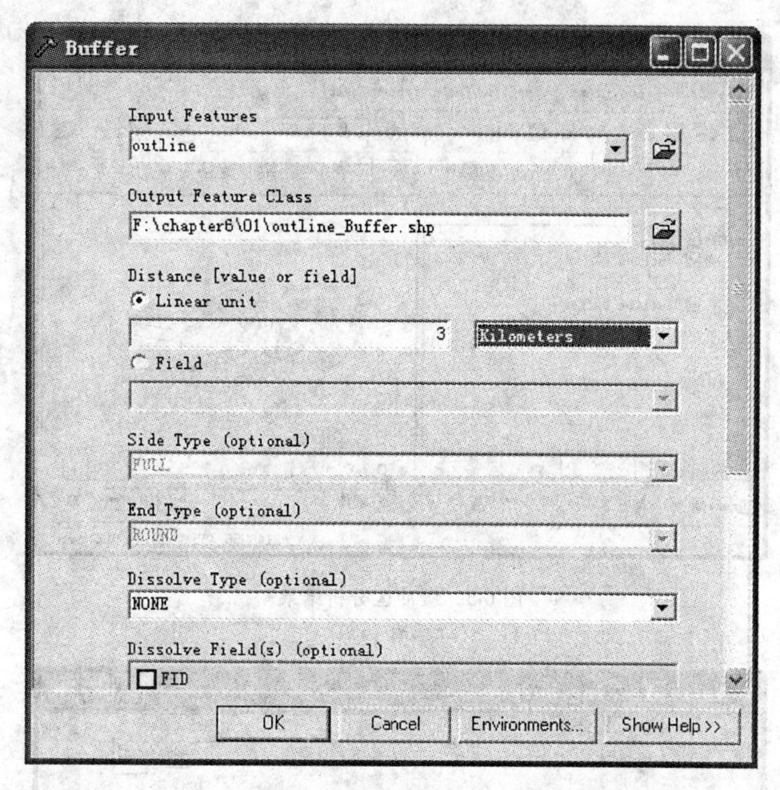

图 6-4　Buffer 工具对话框

全部(ALL)时,所有的缓冲区多边形将融合为一个多部分多边形要素(a single multipart polygon feature);当选择列表(LIST)时,可以选择融合的字段使相关要素的缓冲区融合。这里选用非融合(NONE)。

点击 OK 处理完成后,输出要素层 outline_Buffer 直接添加到了图层管理器中。在图层管理器中将 outline 移动到 outline_Buffer 的上面,这样结果就能很清晰地显示出来,如图 6-5 所示。其中内侧为原多边形要素(outline 要素层),外侧为新生成的缓冲区要素层(outline_buffer)。

也可以使用多环缓冲区工具建立缓冲区环。双击 Multiple Ring Buffer(多环缓冲区)工具,打开多环缓冲区对话框,配置如图 6-6 所示。

输入要素(Input Features):这里选择 outline。

输出要素类(Output Feature Class):将输出要素名设为 outline_ring_buffer. shp。

距离 (Distance):分别输入 1、2、4 三个距离,使用添加按钮(+)分别将其加入距离列表中,单位为公里。

点击 OK,输出要素层 outline_ring_buffer. shp 将自动添加到图层管理器中。将 outline 移到所有图层的上面,显示效果如图 6-7 所示。

6.1.2　使用缓冲区向导

使用缓冲区向导(Buffer Wizard)既可以进行一般的缓冲区分析,也可以生成多环缓冲区,并且步骤很相似,这里主要以多环缓冲区为示例。

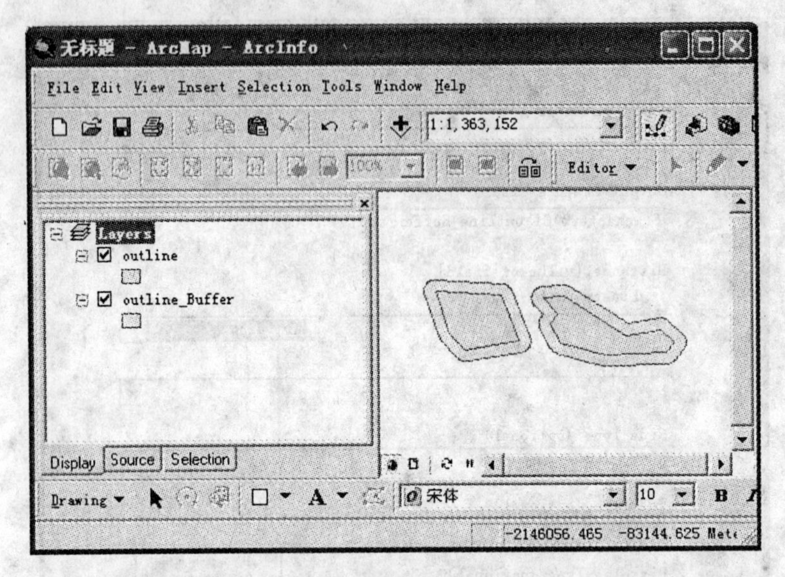

图 6-5　缓冲区分析结果

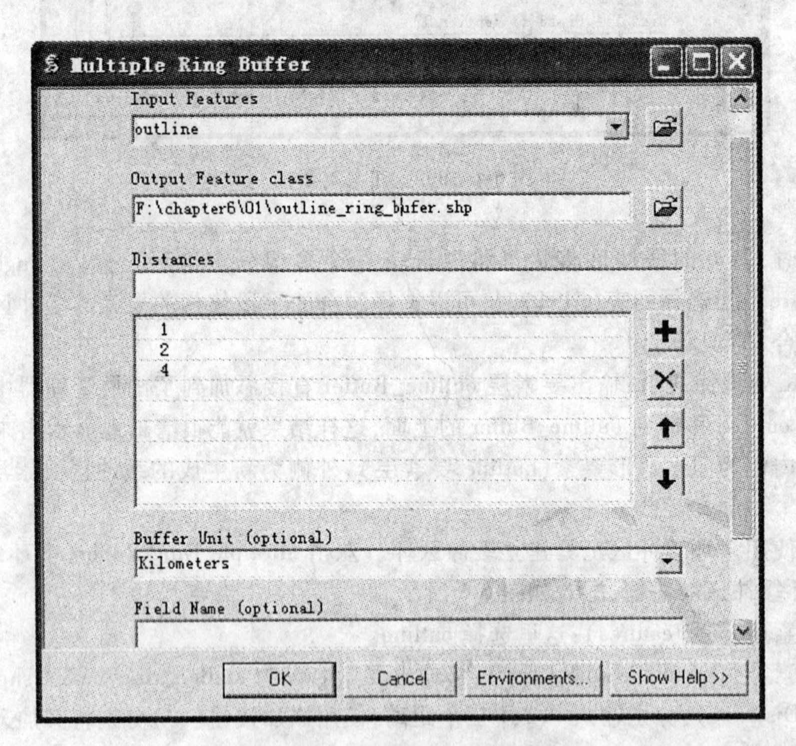

图 6-6　Multiple Ring Buffer 对话框

(1)打开 ArcMap,加载"Chapter6\01\outline.shp"数据层。

(2)点击菜单 Tools→Customize,弹出 Customize 对话框(见图 6-8)。

(3)选中 Commands 标签,在 Categorie 列表中选中 Tools 项,然后在 Commands 列表用左键选中并长按左键将 Buffer Wizard 工具拖到 ArcMap 的工具栏中。点击 Close,关闭对话框。

(4)点击添加到工具栏上的缓冲向导(Buffer Wizard)工具,即可进行缓冲区分析的参数

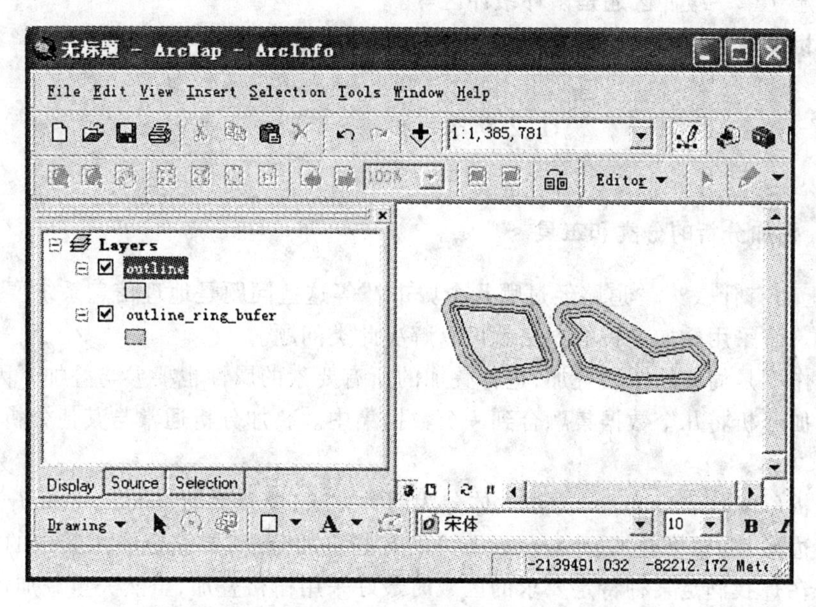

图 6-7　多环缓冲区结果

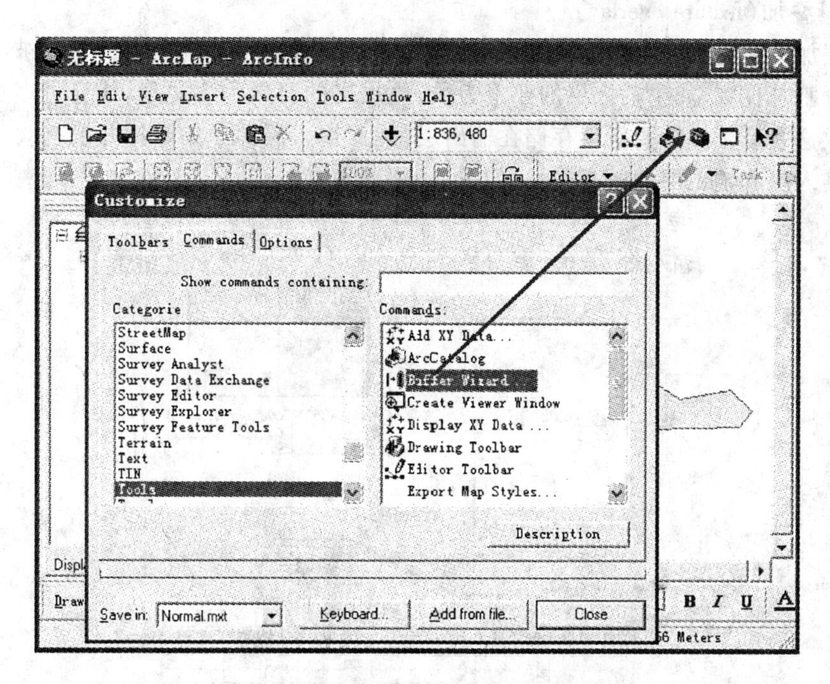

图 6-8　将 Buffer Wizard 拖到工具栏中

设置。可设置内容包括：

建立缓冲区的图层；

设置缓冲区的形式，如是以固定距离还是属性字段来确定距离，是在多边形的外侧还是内侧；

设置是建立单一缓冲区还是多环缓冲区等。

设置好相关参数后按“完成”按钮,即可生成缓冲区。

6.2 叠加分析

6.2.1 叠加分析的分类和工具

“它的上面有什么?”、“道路经过哪几个城市?”等这些问题是地理信息系统要解决的一个基本问题。而采用叠加分析的方法就可以解决此类问题。

叠加操作不是简单的图层叠加,进行叠加的所有要素的属性也要参与叠加。因而,我们可以利用叠加分析将几个数据集融合到一个数据集中。叠加分析通常与其他分析方法一起使用。

叠加分析(Overlay Analysis)方法大体分为两种方法:要素叠加(feature overlay)(包括叠加点、线、多边形)和栅格叠加(raster overlay)。有些叠加分析,要综合应用其中的一种甚至多种方法。在查找满足某种特定要求的区域时最好采用栅格叠加,虽然矢量叠加也可以做。当然,这取决于你的数据是以栅格还是以矢量的格式存储的。将数据从一种格式转换成另一种格式然后再进行分析处理也是值得的。

1. 矢量叠加(feature overlay)

矢量叠加主要包括输入层、叠加层、输出层。通过叠加函数,输入层的要素被叠加的叠加层要素分割。比如,如果输入层的要素为线,叠加层的要素为多边形,线穿过多边形被分割成几段。这些新生成的要素就存储在输出层(然而输入层的原始数据并没有改变)中,并且分配了输入层和输出层的所有属性,如图 6-9 所示。

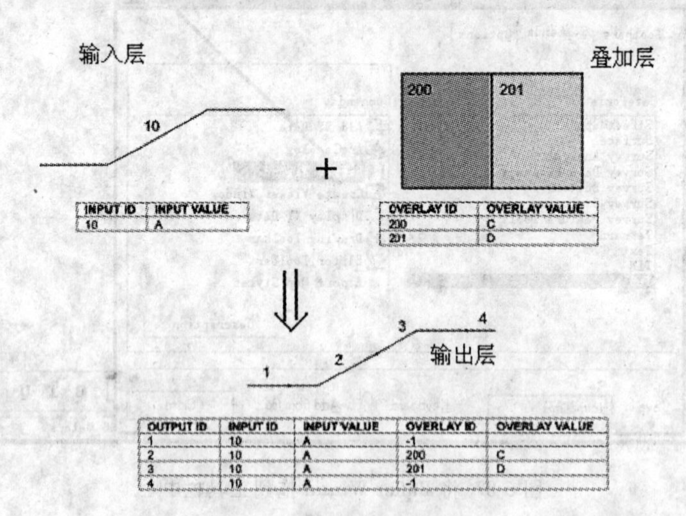

图 6-9 线要素与多边形叠加

矢量叠加工具在分析工具箱(Analysis Tools)的叠加(Overlay)工具集中。基本上,这些工具是相似的。该工具集中包括的常用的工具有识别(Identity)、相交(Intersect)、对称差(Symmetrical Difference)、联合(Union)、更新(Update)。表 6-1 中演示了这些工具的功能。

2. 栅格叠加(raster overlay)

在栅格叠加中,每层的对应单元都有相同的地理位置。因而,可以将多个层的特性叠加到一个数据层中。通常,特性值都分配了固定的数字值,栅格叠加时,可以直接通过代数叠加的方法将多个图层合并成一个输出图层,并且为每个单元赋予新的数值。

叠加常用工具示例如表 6-1 所示。

表 6-1 **Overlay(叠加)常用工具示例**

输入要素	叠加要素	工具	输出结果
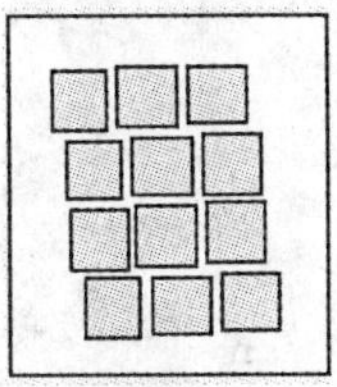	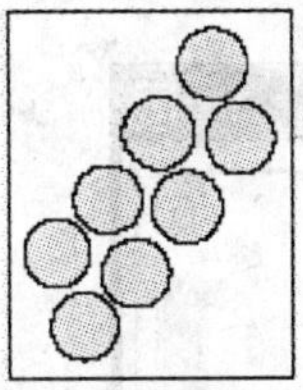	Identity(识别)	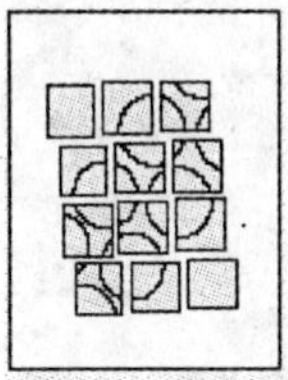
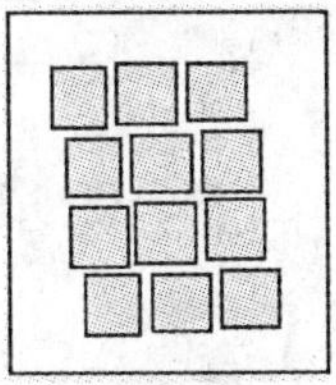	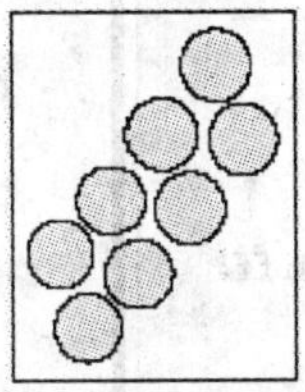	Intersect(相交)	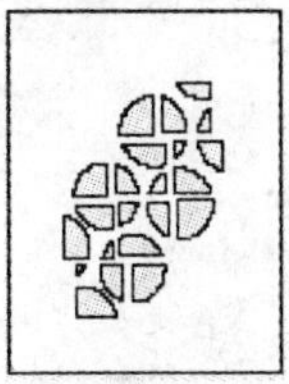
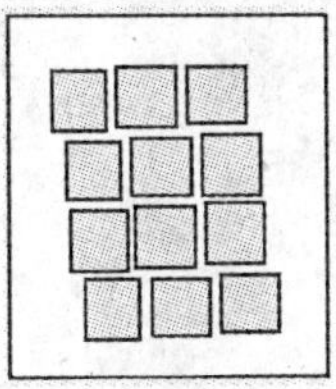	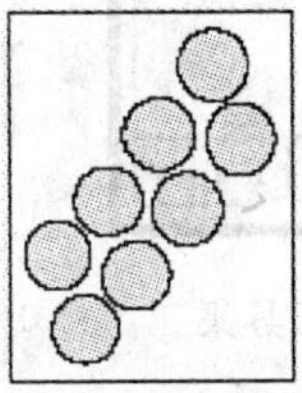	Symmetrical Difference(对称差)	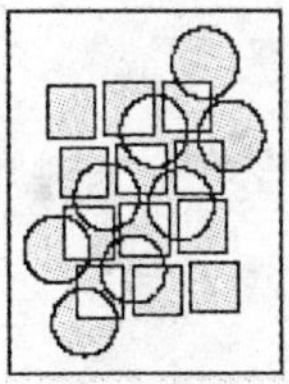
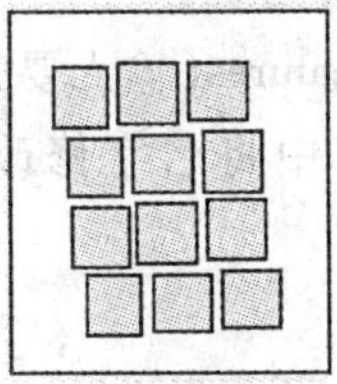	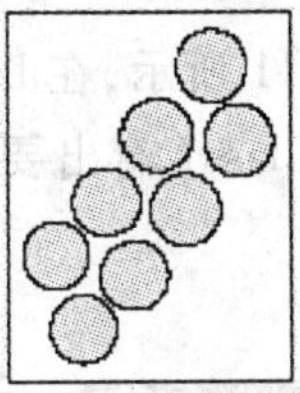	Union(联合)	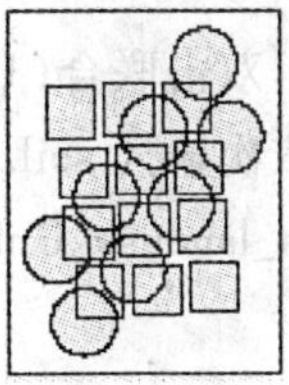
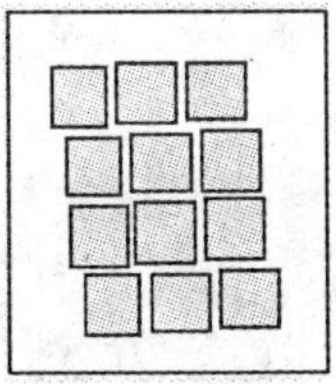	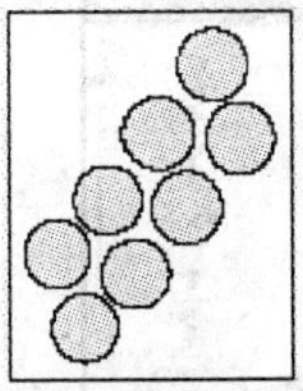	Update(更新)	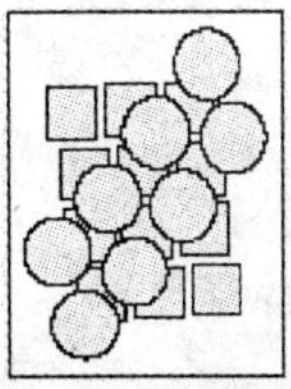

当各个输入图层对输出图层的影响不一样时,我们可以按照各个输入图层对输出图层的影响生成权值。在叠加时,输出图层的单元的属性就赋予各个单元乘以权值生成的值的总和。

栅格叠加工具在 Spatial Analyst(空间分析)工具箱的几个工具集中。只有安装了空间分析的许可证(Spatial Analyst License)和空间分析扩展(Spatial Analyst Extension)才能使用。

6.2.2 叠加分析工具(Union、Intersect)的使用示例

常用的叠加分析工具有 Union(联合)和 Intersect(相交),下面示例这两个工具。

1. 联合(Union)

打开 ArcMap,加载“Chapter6\02\landuse. shp”和“Chapter6\02\soils. shp”。如果没有打开 ArcToolbox,则点击工具栏上的 Show/Hide ArcToolbox window(显示/隐藏 ArcToolbox 窗口)按钮打开 ArcToolbox。展开分析工具箱(Analysis Tools)下的叠加(Overlay)工具集。如图 6-10 所示。

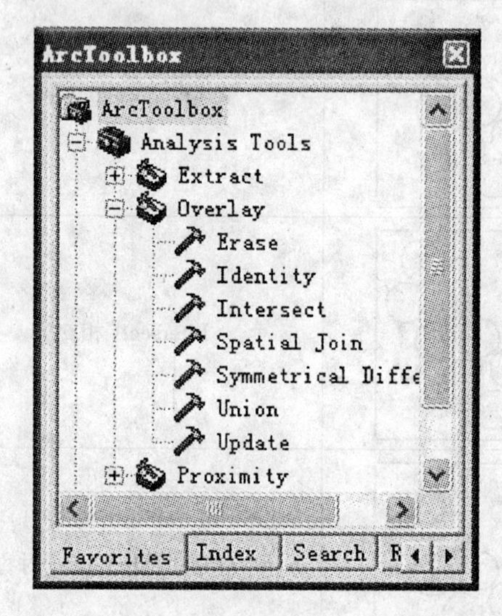

图 6-10 叠加(Overlay)工具集

双击联合(Union)工具,打开联合对话框。如图 6-11 所示,在 Input Features(输入要素)中依次输入 soil. shp、landuse. shp。在 Output Feature Class(输出要素类)中将名字修改为 soils_landuse_Union. shp。

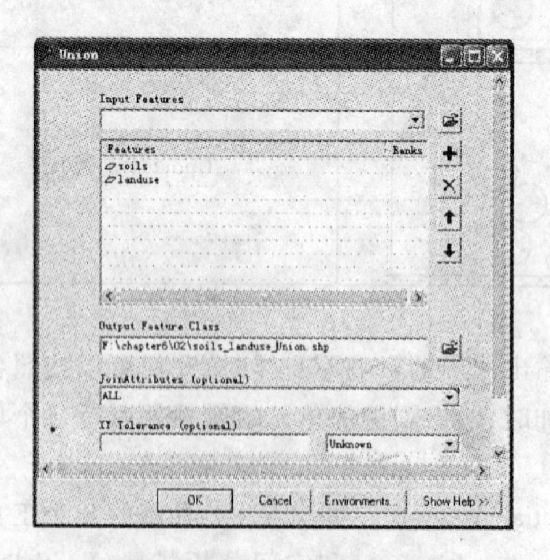

图 6-11 联合(Union)操作对话框

点击 OK,输出要素 soils_landuse_Union. shp 将自动添加到 ArcMap 的图层管理器中。为了查看联合操作后的效果,可以打开 soils_landuse_Union. shp 图层的属性表,可以看到已将 soils 和 landuse 两个图层的属性联合到了一起,如图 6-12 所示。

Attributes of soils_landuse_Union

PERIMETER	SOILS_	SOILS_ID	SOILCODE	SUIT	FID_landus	AREA_1	PERIMETE_1	LANDUSE_
1162.17	24	22	Ns1	2	-1	0	0	0
1849.827	26	27	Sg	3	-1	0	0	0
1558	38	36	Ns3	1	-1	0	0	0
6980.822	2	43		0	0	1567150	10974.85	2
6980.822	2	43		0	1	13372.21	1375.324	3
6980.822	2	43		0	4	35642.02	1094.834	6
6980.822	2	43		0	6	13834.89	1373.367	8
6980.822	2	43		0	11	36578.04	1211.132	13
6980.822	2	43		0	12	13033.17	1208.2	14
6980.822	2	43		0	17	47310.93	1787.968	19
6980.822	2	43		0	25	4447.275	298.6344	27
6980.822	2	43		0	26	349215.9	7082.024	28
105.2439	3	1	Id3	1	0	1567150	10974.85	2
105.2439	3	1	Id3	1	1	13372.21	1375.324	3

Record: 1 Show: All Selected Records (0 out of 265 Selected) Options

图 6-12　合并后的效果

相应的图形效果如图 6-13 所示。

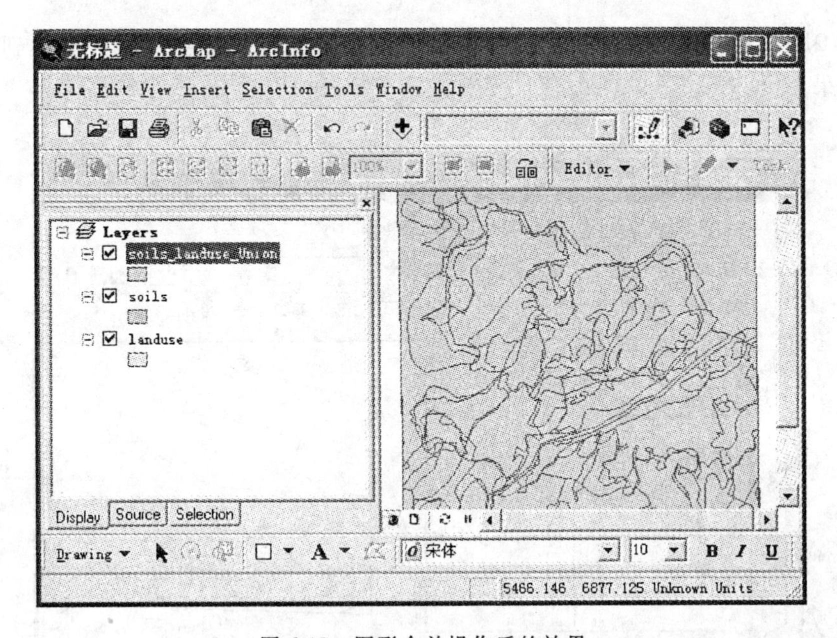

图 6-13　图形合并操作后的效果

2. 相交(Intersect)

打开 ArcMap,加载“Chapter6 \03 \landuse. shp”和“Chapter6 \03 \soils. shp”。双击叠加(Overlay)工具集下的相交(Intersect)工具,打开相交(Intersect)对话框。如图 6-14 所示,在输入要素(Input Features)中依次输入 soils. shp、landuse. shp。在输出要素类(Output Feature

Class)中将名字修改为 Intersect. shp。

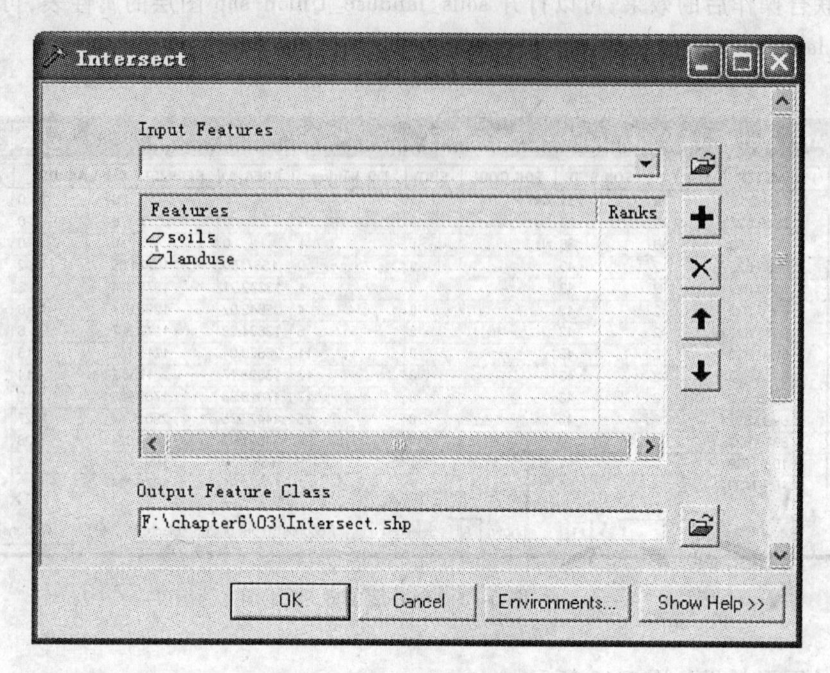

图 6-14 Intersect 对话框

点击 OK,输出要素 Intersect. shp 自动添加到 ArcMap 的图层管理器中,得到如图 6-15 所示的效果。

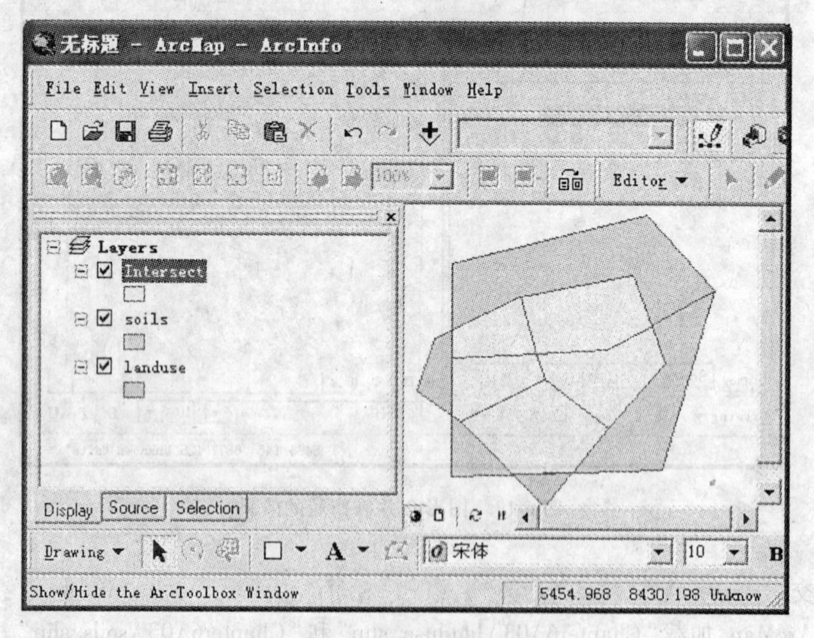

图 6-15 相交(Intersect)输出效果

6.3 地形分析

6.3.1 地形分析工具(Terrain Analysis Tools)

地形分析工具包括坡度(Slope)、坡向(Aspect)、山体阴影(Hillshade)、曲率(Curvature)工具。

坡度(Slope)工具计算相邻单元之间高度变化最大的比率,其主要用来描述地形的陡峭;坡向(Aspect)工具计算坡度的方向,坡向直接影响表面接受光照的多少;山体阴影(Hillshade)工具显示当光源放在指定位置时,表面所能接收到的光照;曲率(Curvature)计算坡度的坡度。

地形分析工具要用到 ArcGIS 的三维空间分析扩展模块,如果没有加载该模块,则使用菜单 Tools→Extensions,在弹出对话框中勾选 3D Analyst 以加载该模块,如图 6-16 所示。

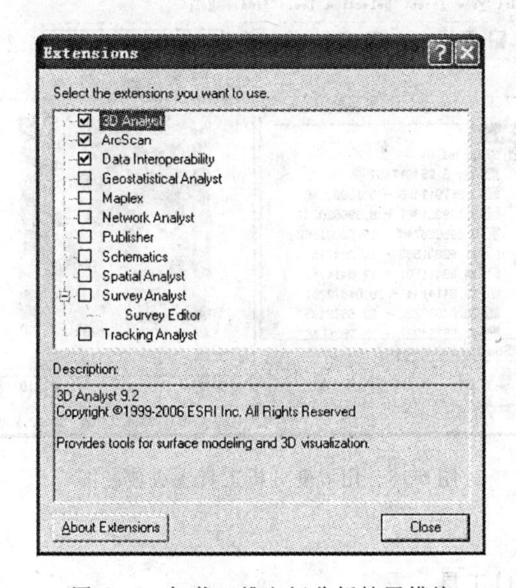

图 6-16 加载三维空间分析扩展模块

6.3.2 坡度(Slope)工具

(1)打开 ArcMap,加载"Chapter6\04"中的数据。

(2)点击 Spatial Analyst 工具条中的 Spatial Analyst 下拉框,在下拉菜单项 Surface Analysis 中可以找到等高线(Contour)、坡度(Slope)、坡向(Aspect)、山体阴影(Hillshade)等工具。

(3)点击坡度(Slope),出现坡度分析对话框,在输入栅格(Input surface)下拉框中选择需要生成坡度的 DEM:04。根据需要选择输出数据的计量单位(Output measurement)、Z 方向的比例系数、输出栅格大小(Output cell size)等,这里都使用缺省值。在输出栅格(Output raster)中选择目录,缺省为 Temporary,可以将栅格作为临时存储,或者直接选择保存路径。如图 6-17 所示。

(4)点击 OK,在图层管理器中生成了 Slope of 04 图层并自动添加到图层管理器中,如图 6-18 所示。

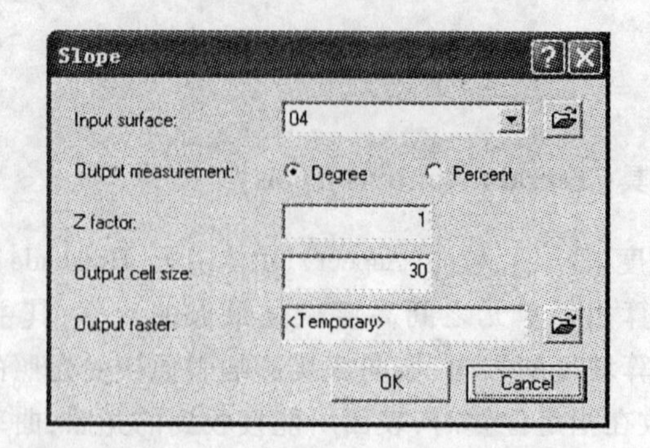

图 6-17　生成坡度对话框

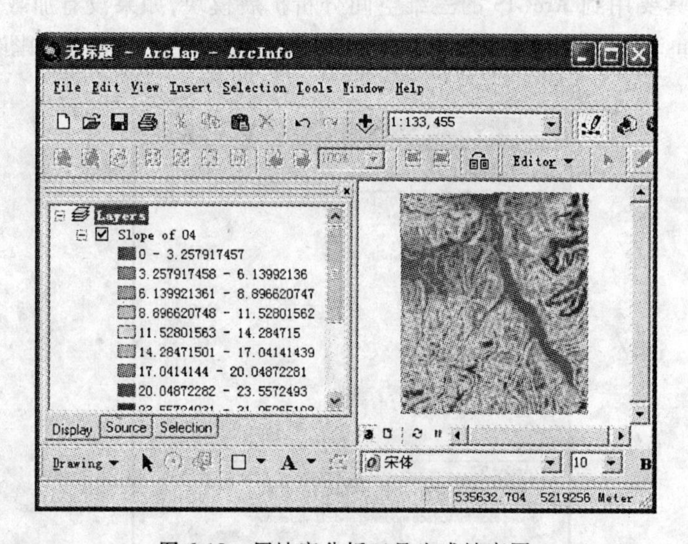

图 6-18　用坡度分析工具生成坡度图

6.3.3　坡向(Aspect)工具

(1)点击坡向(Aspect)工具。打开坡向分析对话框,在输入栅格(Input surface)下拉框中选择需要生成坡向的 DEM:04;设置输出栅格大小(Output cell size),这里使用缺省值 30;在输出栅格(Output raster)中,输入新生成坡向栅格数据的名称和存储位置,或者选定默认的 Temporary 设置,临时存储。如图 6-19 所示。

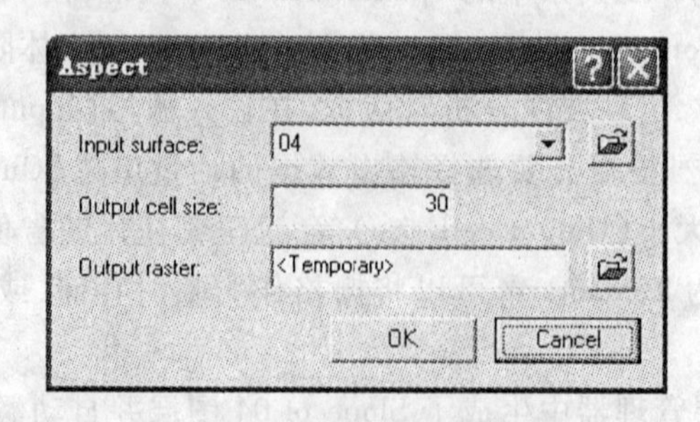

图 6-19　坡向分析对话框

(2)完成设置后，单击 OK。生成名为 Aspect of 04 的坡向图层，它将添加到图层管理器中，如图 6-20 所示。

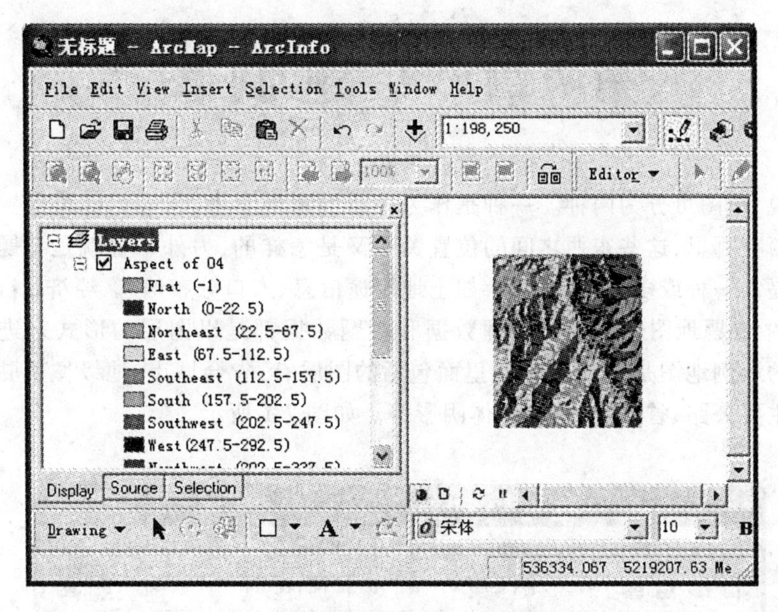

图 6-20 坡向栅格结果图

6.4 网络分析

在 ArcGIS 中，应用网络分析扩展(Network Analyst Extension)可以建立网络数据集并且在该数据集上进行分析操作。网络分析扩展模块主要由三部分构成：建立网络数据集的向导(在 ArcCatalog 中)、网络分析窗口(Network Analyst Window，在 ArcMap 中)、网络分析工具条(Network Analyst Toolbar，在 ArcMap 中)。

在使用网络分析前，必须要加载网络分析扩展模块，则使用菜单 Tools→Extensions，在弹出对话框中勾选 Network Analyst 以加载该模块。关于网络分析的具体实验过程，参见第 10 章。

第7章 专题制图

一般来说,地图可分为两种。一种是作为一般的地理参考,向人们提供位置信息,告诉人们什么东西在哪里,这些东西之间的位置关系又是怎样的;另外一种就是专题地图,这种地图向人们提供一种或多种主题信息,如土地用途信息、人口分布信息、经济状况信息等。

ArcMap 中专题地图中的基础地理数据和专题数据都是以图层的形式来进行管理的。本章所使用的示例地图是 China. mxd,里面包括的图层有:省会城市、地级城市驻地、线状省界、国界线、主要公路、省级行政区、山体阴影等。如图 7-1 所示。

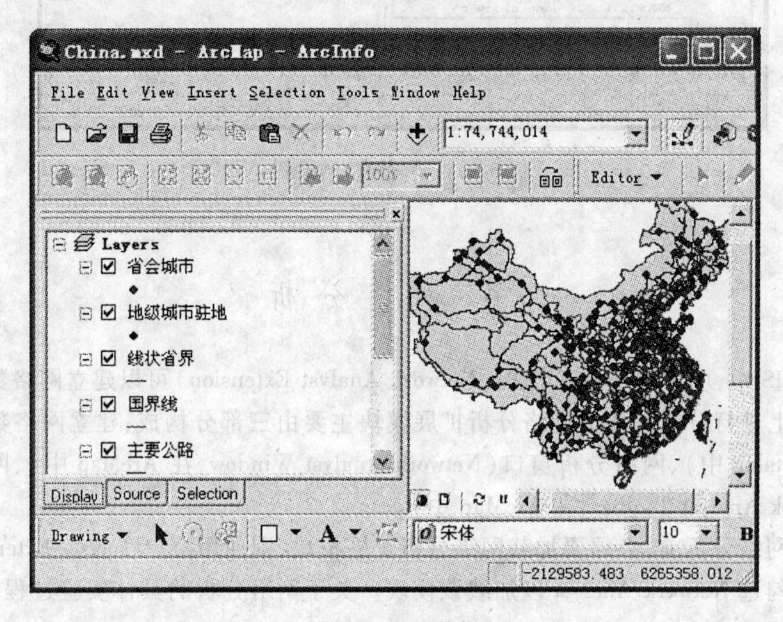

图 7-1 地图数据

7.1 图层控制

对于图层的控制,可以通过在图层属性对话框(Layer Properties)中设置各属性参数来实现。你可以决定图层的绘制方式、图层的数据源、在图层上是否显示属性标注以及该图层使用的数据哪些字段属性有效等。不同格式的地理数据会有些不同的属性,因此表现在属性对话框上,也会有些不同。

在图层管理器中右键单击"省级行政区"图层,在弹出的快捷菜单中点击"属性"(Properties)按钮,会弹出图层属性对话框,如图 7-2 所示。你也可以在图层管理器中通过双击图层的名称"省级行政区"得到这个对话框。

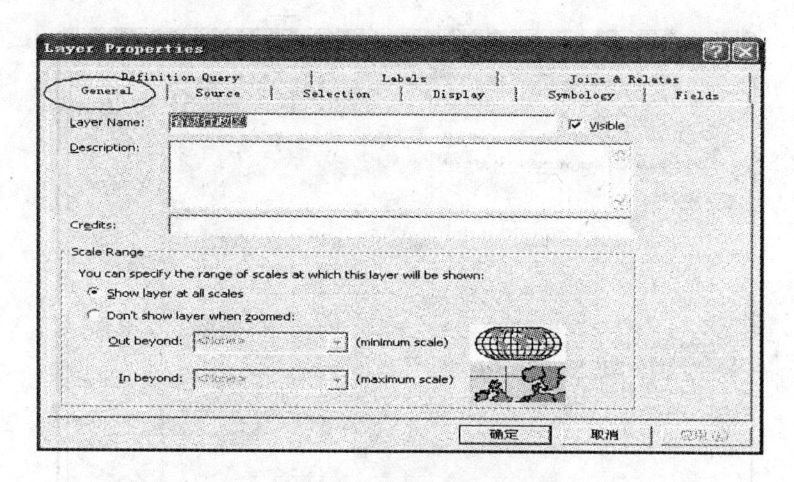

图 7-2　图层属性对话框

图层的属性对话框上有很多选项卡,每个选项卡下都有很多控制项,现在简单介绍一下每个选项卡具有的功能。

(1)General, 可以让你更改图层的名称、添加对图层的描述信息以及控制图层随着比例尺的改变是否被显示;

(2)Source, 显示数据源的坐标系统、外包矩形、数据来源等信息以及更改数据源;

(3)Display, 控制数据在图层静态和动态缩放过程中的显示方式,包括控制图层的透明度、是否显示小提示(MapTips)、超链接标志和恢复之前被排除在外没有显示的数据;

(4)Symbology, 提供描述数据的方法,即进行符号设计;

(5)Fields, 提供了属性字段的特征,你可以更改别名(Alias)和数据的显示格式(Number Format),决定在属性表中显示哪些字段、不显示那些字段,还可以设置首要显示字段(Primary Field),这对 Display 选项卡中的显示小提示 MapTips 非常有用;

(6)Definition Query,可以显示图层数据中满足某种查询条件的数据子集;

(7)Labels,可以开启图层属性标注的功能,在这里可以定制被标注的属性的表达方式;

(8)Selection,设置图层中被选中要素的显示方式;

(9)Joints & Relates,将数据连接到图层的属性表。

下面就专题地图制作中,经常用到的几个图层显示控制操作进行介绍。

7.1.1　显示(Display)

打开"省级行政区"图层的属性对话框,点击字段(Fields)选项卡。在基本显示字段(Primary Display Field)的下拉框中选择 Name 字段后,即将 Name 字段定义为基本显示字段,点击"应用"。然后在该属性对话框中展开显示(Display)选项卡,勾选用基本显示字段显示地图提示(Show MapTips...),将透明度(Transparent)的值设置为 50%。如图 7-3 所示。

点击"确定"按钮,应用设置并退出图层属性对话框。在地图窗口可以看到修改图层属性后的效果,如图 7-4 所示。将鼠标移动到在某个行政区的上方,会以提示的形式显示这个行政区域的名字,如"青海"。之前没有显示出来的图层——"山体阴影"层现在也显示出来了。

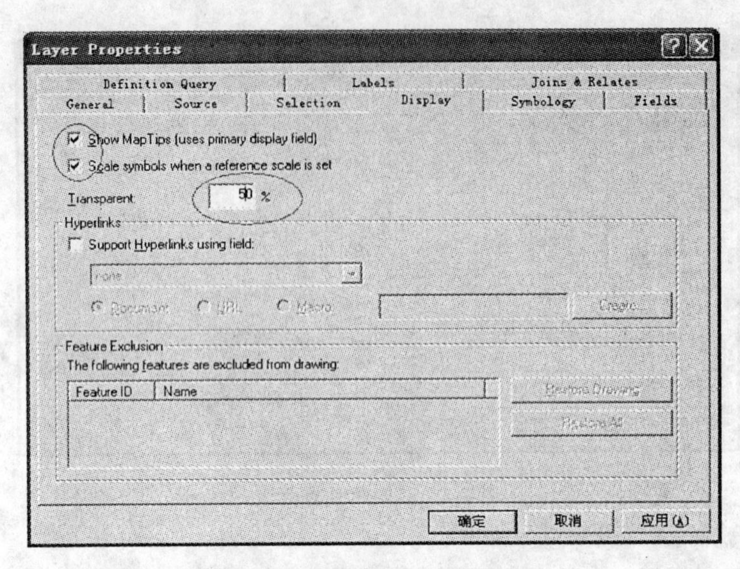

图 7-3　图层的显示设置

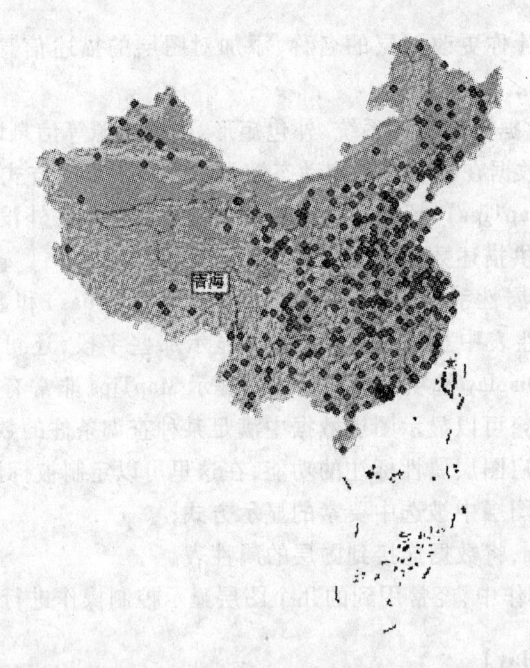

图 7-4　图层提示和半透明显示

双击“省会城市”图层打开属性对话框，展开显示(Display)选项卡，勾选设定参考比例的时候符号也随着一起缩放(Scale symbols...)前面的复选框，点击“确定”按钮，应用设置并退出图层属性对话框。如果在数据框架(Data Frame)属性中设定了参考比例，则可以看到省会城市的符号会随着地图的缩放而缩放。

7.1.2　标注(Lables)

再次打开图层“省级行政区”的属性对话框，展开标注(Labels)选项卡，勾选图层中标注要素(Label features…)前的复选框,在标注方法(Method)的下拉列表中选择以相同的方式标注所有的要素(Label all the features the same way)。

在文本串组合框下的标注字段(Label Field)下拉框中选中 NAME 字段,在文本符号(Text Symbol)组合框中设置文字的颜色、字体、符号等(符号设计将在 7.2 节内做详细介绍),如图 7-5 所示。

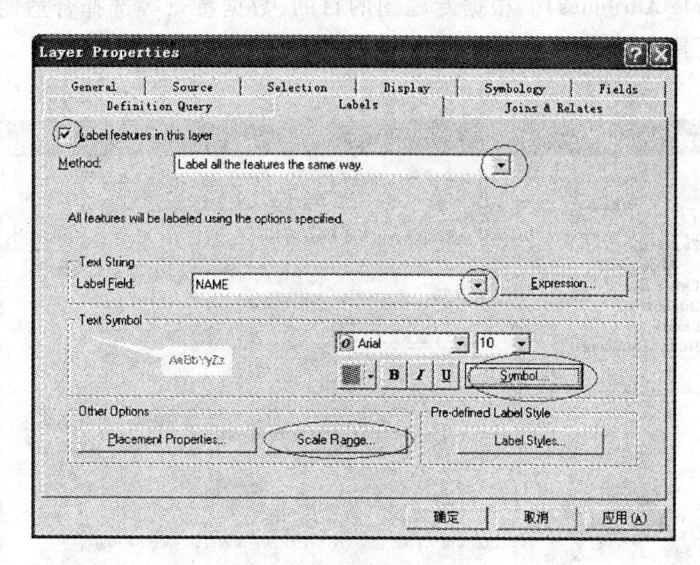

图 7-5　图层标注设置

其他选择(Other Options)组合框下可以设置标注(Labels)显示时的其他一些属性,如标注文本的放置形式、标注显示的比例范围等。设置完成后,点击"确定"按钮,退出属性对话框并应用刚才的设置,这里可以看到"省级行政区"图层中标注了省的名称,如图 7-6 所示。

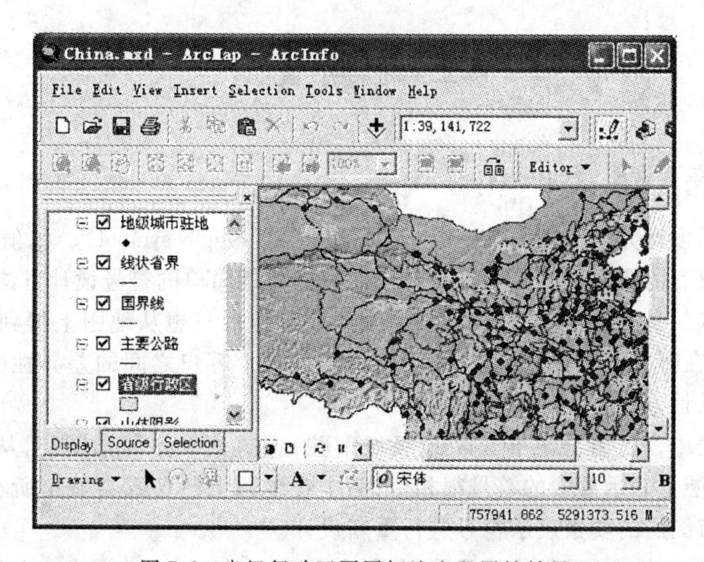

图 7-6　省级行政区图层标注字段属性效果

7.1.3 符号(Symbology)

再次打开图层“省级行政区”的属性对话框,点击 Symbology 选项卡。

如图 7-7 所示,左边的显示列表(Show)里,显示的是 ArcMap 中提供的五种符号绘制方法:简单要素图(Features)、定性分类(Categories)、定量分类(Quantities)、统计图(Charts)、多重属性(Multiple Attributes)。根据专题图的目的、数据特点等选择合适的符号绘制方法可以使得地图更具有表现力,并且可以简化许多额外的辅助表现手段。

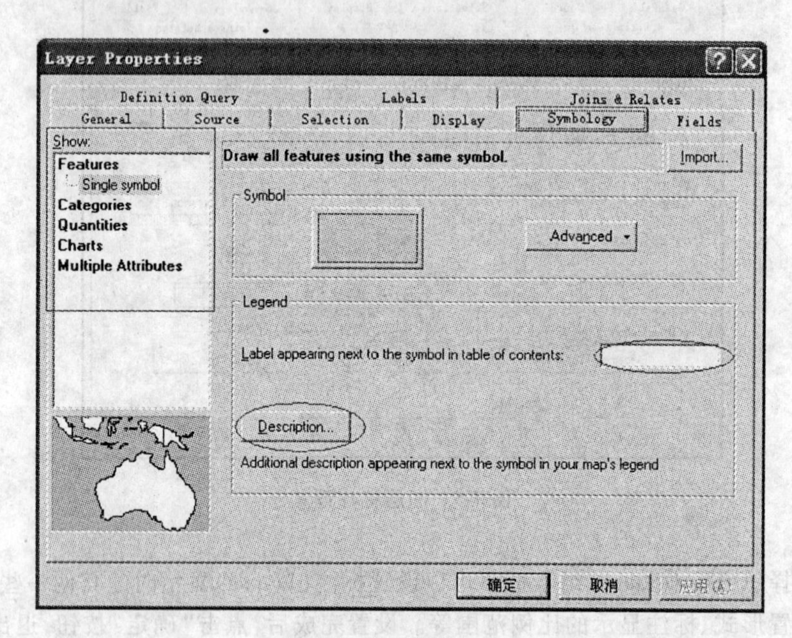

图 7-7 符号设计界面

7.2 符号设计

7.2.1 简单要素图(Features)

简单要素图设计方法下面只有一个选项:单值图(Single symbol)。单值图设计法就是将一个图层中所有的要素都用同一种符号绘制。这是最简单的符号设计方法。当用户对从要素布局上获取信息要求不高的时候,如一个商业运作者只想从地图上得到他的客户所在位置,从而决定在哪些地方投放广告,而不需要知道各个客户之间的差异性的时候,就可以采用这种符号设计方法。

在示例数据中,有“省会城市”和“地级城市驻地”这两个点要素图层,从图 7-1 中可以看出,这两个图层上表示要素的符号很相似,为了在地图上凸显省会城市所在的位置,我们可以对省会城市图层的要素表示符号进行重新设计。

首先,打开“省会城市”图层的属性对话框,展开 Symbology 选项卡。如图 7-8 所示,符号(Symbol)组合框中的大按钮上显示的是该图层的要素类型符号。这里是点图层,所以显示的是点符号,如果是线图层会显示线符号,面图层会显示面符号。点击这个按钮,会出现符号选择器(Symbol Selector)对话框,如图7-9所示。你也可以更快捷地获取这个对话框:单击图层管理器中图层下面的点、线、面符号。

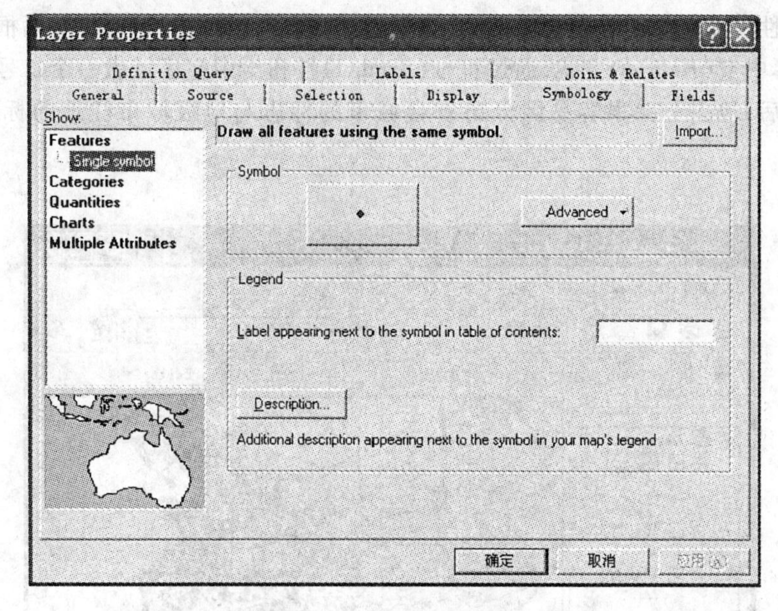

图7-8 单值图符号设计

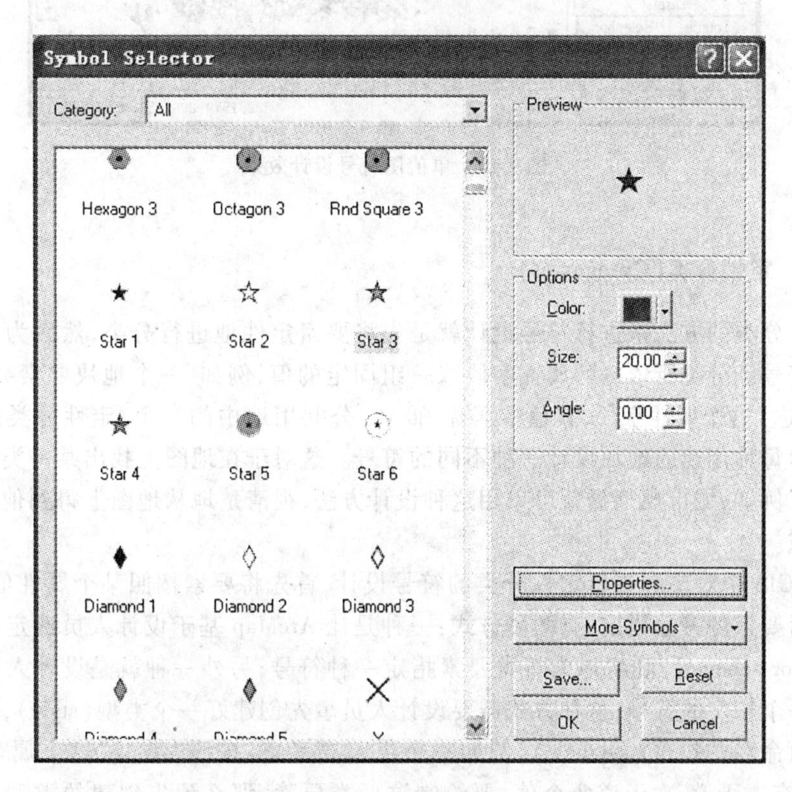

图7-9 符号选择器

符号列表框里，有很多形状可供选择，如果你觉得还不够，可以点击"更多符号"(More Symbols)按钮为其添加更多类型。在这里，我们就选择一个五角星符号，然后对它的颜色(Color)、大小(Size)、角度(Angle)进行设计。

点击属性(Properties)按钮，弹出属性编辑器(Symbol Property Editor)对话框，点击 Mask 选项卡，选择中空(Halo)的方式，通过符号(Symbol)按钮给中空区域做一个符号设计。

设计完后，地图上就很容易区分出省会城市的标志与地级城市驻地的标志了。如图7-10所示。

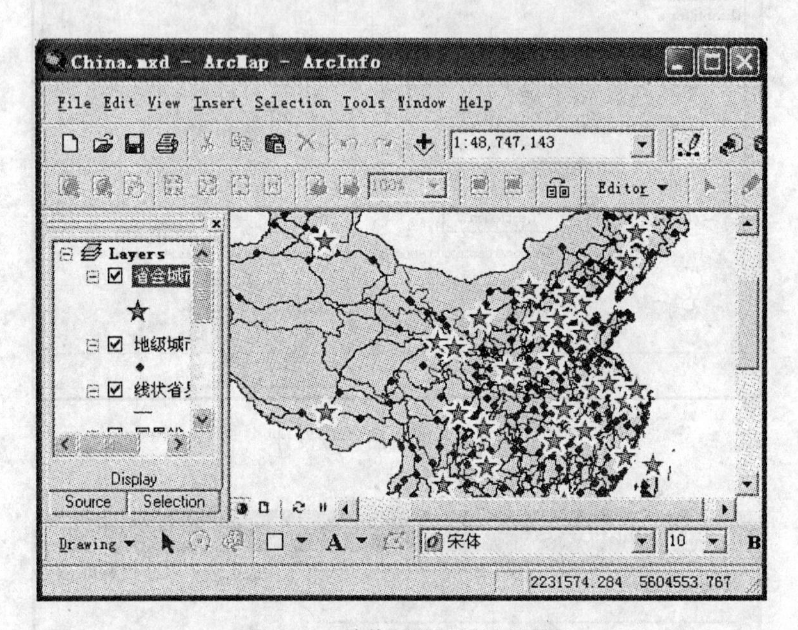

图 7-10 单值图符号设计效果

7.2.2 定性分类(Categories)

用定性分类的方法来进行符号设计就是先将要素定性地进行分类，然后为每一类要素设计一个符号。分类所依据的属性字段取一组固定的值，例如，一个地块要素数据表，包含有"土地用途"这个属性字段，其值取居住、商业、公共用地中的一个，定性分类的符号设计方法可以为每种用途的地块设计一种不同的符号。这对于在地图上找出某一类要素是非常有意义的。例如，城市规划局就可以用这种设计方法，很清楚地从地图上得到他们需要重建的目标区域。

在 ArcGIS 中对要素进行定性分类的符号设计，首先将要素按照某个属性值进行分类，对于分类后要素的符号指定，有两种方式：一种是让 ArcMap 基于设计人员选定的一个颜色配置器(color schema)，随机地为每类要素指定一种符号；另外一种就是设计人员为每一类要素指定一个特定的符号，这种方式需要设计人员事先创建好一个类型(style)，这个类型包含以属性值命名的符号(symbols)，例如一个道路要素集，按照"类型"这个属性分类，"类型"属性下有主干道、次干道两个值，要绘制这两类要素，那么预先创建的类型(style)就必须包含命名分别为"主干道"、"次干道"的符号(symbols)。

首先我们来看看第一种方式的操作过程。本节中我们使用的数据是某城市地块用途数据，它位于“Chapter7\02”目录中。在 ArcMap 中打开地图文档“Chapter7\02\parcels. mxd”，如图 7-11 所示，从图中可以看出，由于缺省采用的是简单要素图符号方式，所有地块都采用相同的颜色表示。

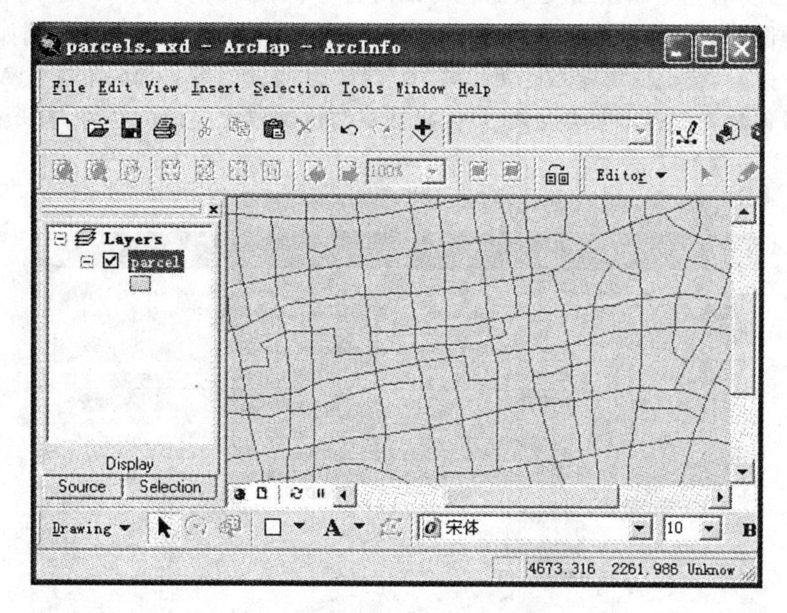

图 7-11　地块的简单要素图表示

右键单击“parcel”图层，打开该图层的属性表，可以看到其中有一个“LANDUSE”字段，该字段表示的是地块土地用途(见表 7-1)。下面将以此字段为依据，根据地块的不同土地用途采用不同的分类符号表示。

表 7-1　　　　地块部分属性数据

Attributes of parcel

FID	Shape*	AREA	PERIMETER	PARCEL_	PARCEL_ID	LANDUSE
0	Polygon	48503.13	873.9432	2	71	M
1	Polygon	95909.09	1470.604	3	72	M
2	Polygon	232985.4	1936.87	4	69	M
3	Polygon	77973.7	1171.29	5	73	M
4	Polygon	49775.3	967.923	6	74	M
5	Polygon	70170.55	1387.345	7	75	M
6	Polygon	55195.72	1486.421	8	70	C
7	Polygon	95813.88	1233.503	9	16	R2
8	Polygon	72514.71	1187.956	10	18	R2
9	Polygon	72184.99	1285.914	11	76	M
10	Polygon	87539.24	1189.641	12	15	R2
11	Polygon	72186.95	1080.551	13	14	R2

Record: 0　Show: All Selected　Records (0 out

关闭图层属性表，打开图层“parcel”属性对话框，展开符号 (Symbology)选项卡，点击显示栏(Show)下的定性分类(Categories)，选用“单一值”(Unique values)选项，在字段(Value Field)下拉框中选择分类依据的属性“LANDUSE”(地块用途)，在 Color Ramp 下拉框中选择一种颜色条,不要勾选 all other values 前面的复选框,然后点击 Add All Values,将该字段中的所有值进行符号化,在符号(Symbol)列表框下出现了 ArcMap 为各种用途土地指定的符号。

点击"应用"按钮重新绘制要素。也可以对符号(Symbol)列表框下的 Lable 值进行修改,以便在地图布局上显示地图图例的时候,显示你想要看到的文字说明。例如,你可以将"LANDUSE"修改成"土地用途",也可以将"C"修改为"农业"等。如果不满意 ArcMap 指定的符号,或者你想要更突出某类要素,可以直接双击这类要素前面的符号,打开符号选择器来进行修改。如图 7-12 所示。

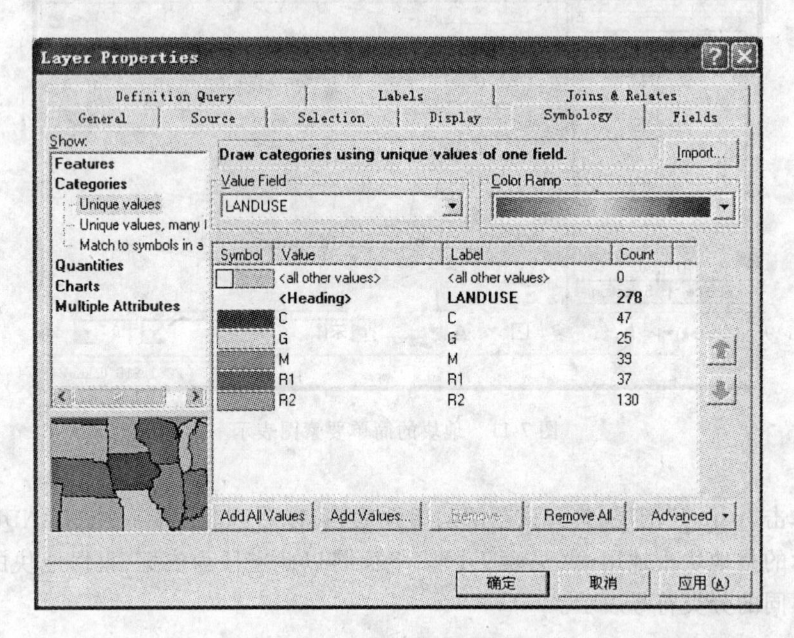

图 7-12 单一值的分类符号化设计

单一值多字段(Unique values,many fields)的符号设计与单一值(Unique values)符号设计方法本质上是一致的,只是对要素的分类标准不同。前者是依据要素的多个属性字段值进行分类;后者是依据要素的一个属性字段值进行分类。

下面讨论匹配某种类型符号(Match to symbols in a style)的要素符号设计过程。

在此之前,先要在将要使用的类型(style)中添加符号(symbols)。选择菜单"Tools→Styles→Style Manager",在弹出的对话框中选中左边的一个文件夹符号,它代表了你将要添加的符号所在的类型(style)文件。

展开左侧文件夹,选择要设计的符号类型。地块要素是面要素,因此,选中填充符号(Fill Symbols),在右边出现的是选中的类型(style)中的符号类型,初始如果没有设计符号,右侧应该为空。在右侧单击右键,在弹出菜单中选择"New→Fill Symbols"菜单,出现符号属性编辑(Symbol Property Editor)对话框如图 7-13 所示。可以改变 Type 下拉框中选择符号的填充形式,这里选用线型来填充面状符号(Line Fill Symbol),通过 Color 按钮选择符号颜色,使用 Line 按钮选择填充的线形等。

通过符号编辑器,可以分别为"parcel"图层中所使用的用地类型 C、G、M、R1 和 R2 设计填充符号,设计完成后按 OK 键返回到符号类型管理器,如图 7-14 所示。

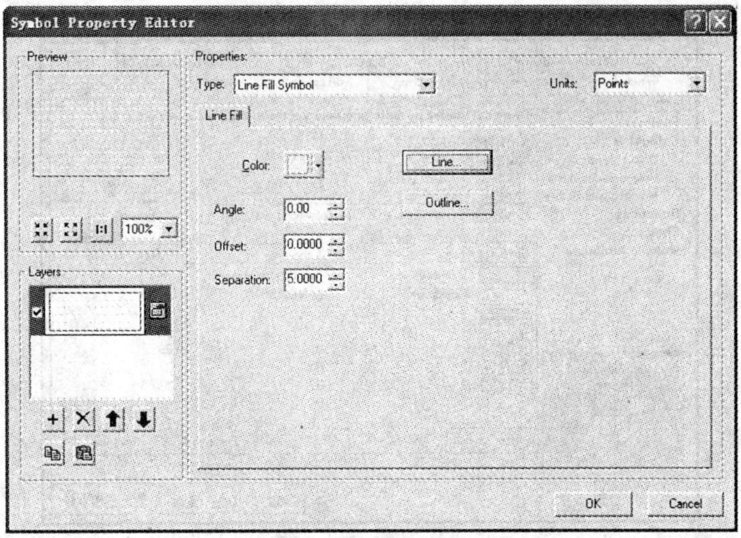

图 7-13　填充符号编辑器

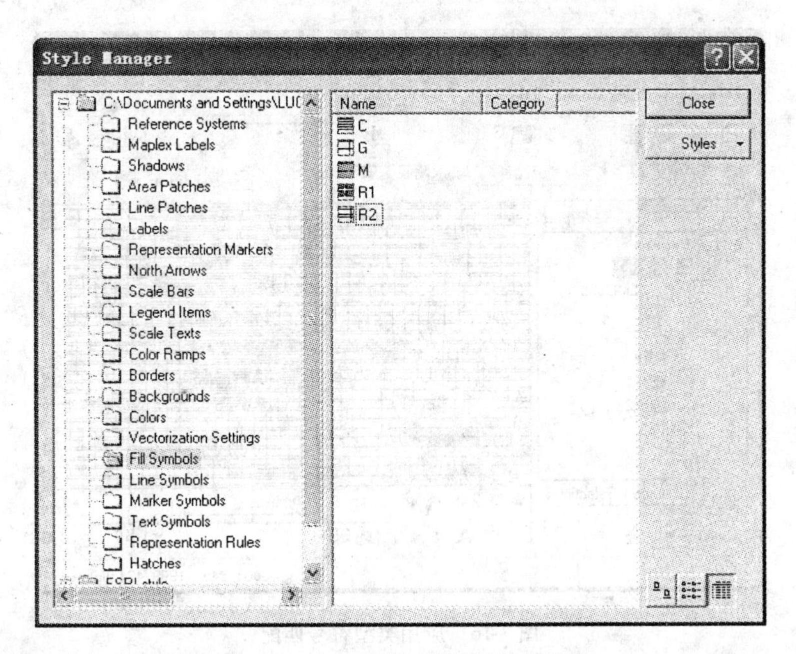

图 7-14　为用地类型设计的填充符号

退出符号类型管理器(Style Manager),进入图层"parcel"的属性对话框,选中符号(Symbology)选项卡,点击 Show 选中匹配某种类型符号(Match to symbols in a style),出现对话框,如图 7-15 所示。

在值字段(Value Field)域依然选择"LANDUSE",在匹配符号类型文件(Match to symbols in a style)下选择刚刚创建的符号(symbols)所在的类型(style)文件,点击匹配符号(Match Symbols)按钮,则出现了刚才设计的符号并和相应的土地类型进行了匹配,点击"确定"按钮退出图层属性并应用新的符号表示,如图 7-16 所示。

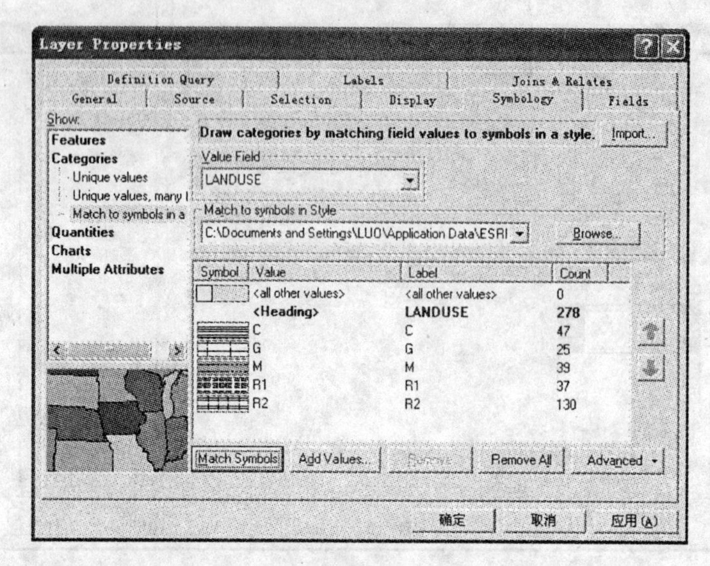

图 7-15　与类型的符号进行匹配

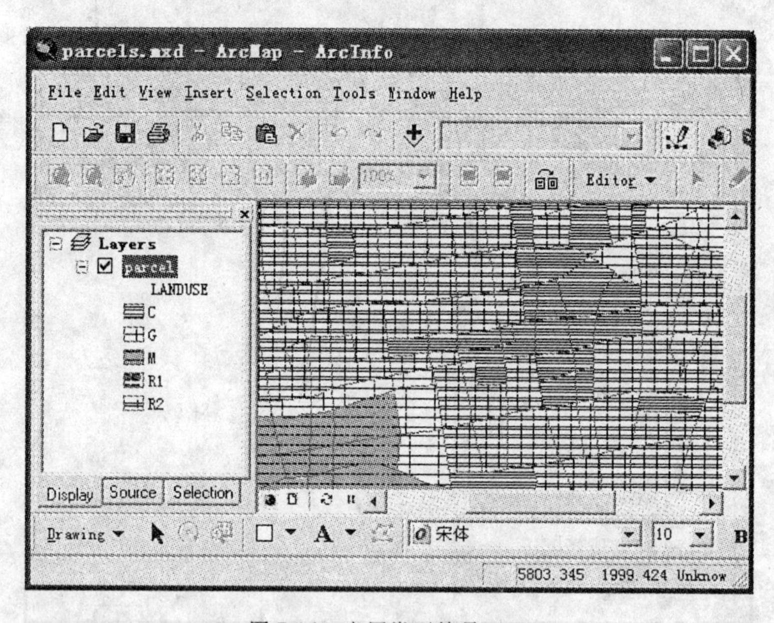

图 7-16　应用类型符号匹配

7.2.3　定量分类(Quantities)

定量分类的符号设计方法就是将要素进行定量分类,然后为每一类要素设计一种符号。将要素进行定量分类依据的是表示要素规模、数量的属性字段值,这些值一般用来描述数量、比例、等级。像人口分布、各种经济指标占 GDP 的比例、环境的适宜居住指数等都可以进行量化分类,用符号在地图上表示出来。

在对要素进行量化分类的时候,制图者根据制图目的和想表达的信息,会选择不同的数据类型作为分类的标准。一般来说有以下三种情况:

(1)在地图上向用户提供直接的观测值,这种情况下直接用要素的某个属性字段的值作为分类依据;

(2)在地图上向用户提供将各要素的差异最小化的比例数据。这种情况下,用直接观测值除以某一参考值得到的结果作为分类依据。如要在地图上表达某地区各个年龄层次的人数分布情况,可以用该地区各个年龄段的人口值除以总的人口得到的值作为要素绘制分类基础,在 ArcGIS 中,这也叫做规格化数据;

(3)如果地图的使用者并不关心上面两种情况中使用的直接观测数据和规格化的数据值,那么可以采用第三种分类方法,即等级分类。这种情况只需要知道等级的高、中、低,而不在乎每个等级之间具体相差的数值。

对要素进行定量分类,最特殊的情况就是将每个要素分为一类,给每个要素设计一种表示符号。这种方式适用于需要绘制的要素数量很少,而你又不知道该把哪些要素归为一类的情况。更多情况下,需要绘制的要素数量是很大的,需要你按照一定的规则来对它们进行分类,然后再给每一类要素设计一个表示符号。在 ArcMap 中提供六种分类规则:等间隔分类(Equal interval)、按指定间隔分类(Defined interval)、分位数分类(Quantile)、自然分类(Natural breaks)、几何间隔分类(Geometrical interval)、标准差分类(Standard deviation)。

我们仍以"Chapter7\01\China. mxd"为例,在 ArcMap 中打开该地图文档,打开图层"省级行政区"的属性表(见表 7-2),可以看到如属性字段"Pop_1990"表示的是各省级行政区在1990 年的人口数据。现在要将各省级行政区 1990 年的人口数据分布情况绘制到地图上。

表 7-2　　省级行政区图层部分属性数据

Attributes of 省级行政区

Pop_1990 (	Pop_65Plus	Pop_Female	Pop_Han (1	Pop_Male (	Pop_Min
3521	200	1803	3504	1886	
1516	87	929	782	996	
2876	204	1591	3287	1706	
466	25	274	368	288	
220	12	129	16	133	
8439	729	4483	9017	4596	

Record: 1　Show: All Selected　Records (0 out of

右键单击图层"省级行政区",打开图层属性(Layer Properties)对话框,展开符号(Symbology)选项卡,点击 Show 显示框下的定量(Quantities),如图 7-17 所示。定量分类符号设计具有四种形式:渐变颜色(Graduated colors)、渐变大小(Graduated symbols)、比例符号(Proportional symbols)和点密度(Dot density)。

ArcMap 默认选中的是渐变颜色(Graduated colors)设计方法,首先通过颜色梯度(Color Ramp)下拉框中的暂变色选择色条,在字段(Fields)组合框内,值域(Value)选择"Pop_1990"作为分类依据的属性字段;规格化(Normalization)下拉框中选中的字段,是作为除数,对 Value 下拉框选中的字段进行规格化的,在这里不作考虑。分类依据选择好了,接下来要确定如何进行分类。分类的实施规则可以在分类(Classification)组合框内来实现,在分类(Classes)下拉框中选择要将要素分成多少类;点击分类方法(Classify...)按钮选择分类方

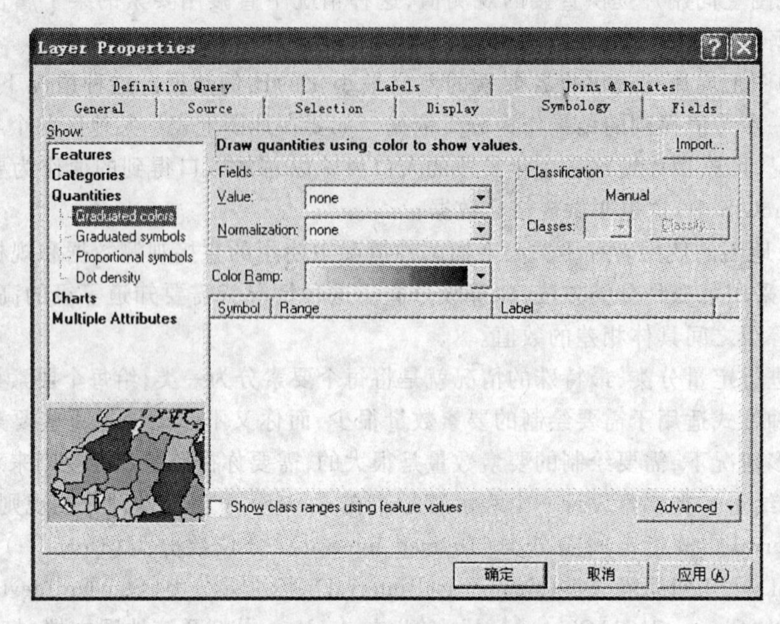

图 7-17　定量符号设计

法。这里使用缺省值,点“确定”按钮退出属性对话框并对所作的设置进行应用,在地图窗口中可以看到如图 7-18 所示的显示效果。

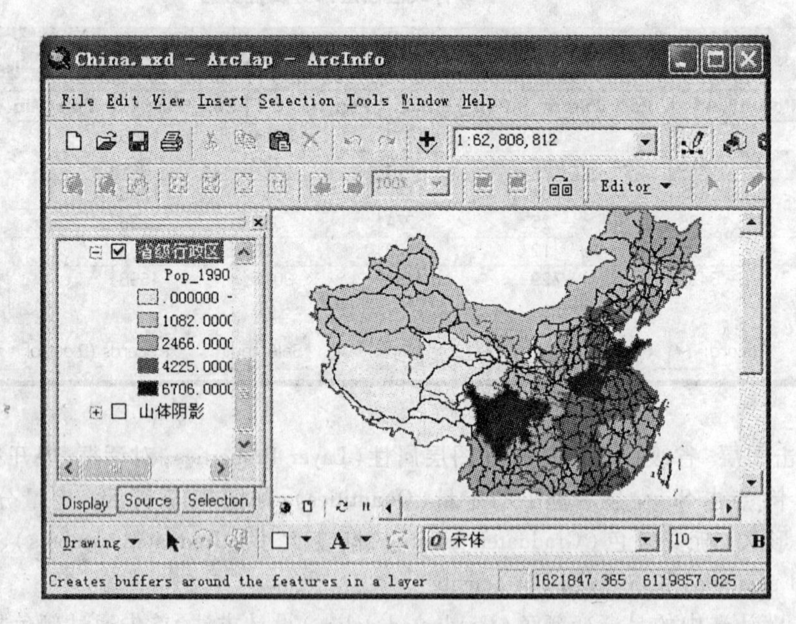

图 7-18　渐变颜色法符号表示效果

如果不选择渐变颜色(Graduated colors)符号表示法,而选择渐变大小(Graduated symbols)表示法,各配置参数仍使用缺省值,大小分为 5 级,则应用后图层的显示效果如图 7-19 所示。

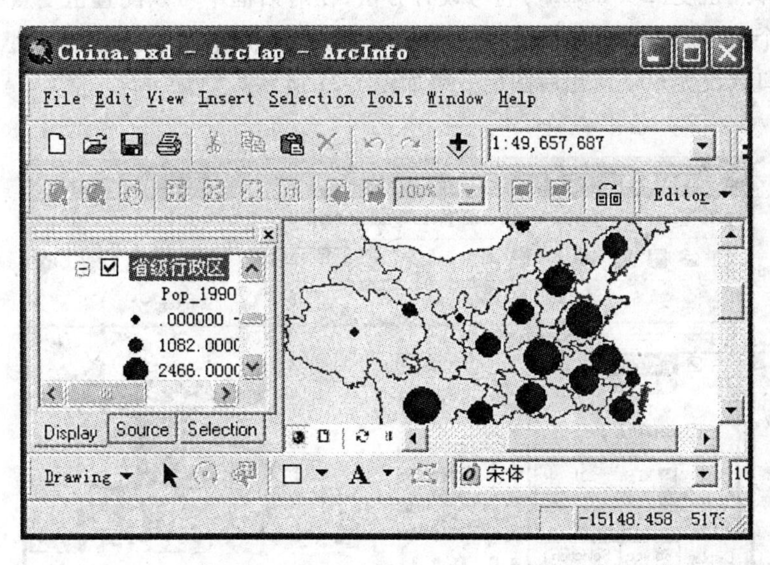

图 7-19　渐变大小法符号表示效果

如果选择比例符号(Proportional symbols)设计方法，系统将根据字段按比例分类，在参数配置中可以设定最小符号的大小、要素的背景和符号颜色等。应用后图层效果如图 7-20 所示。

图 7-20　比例法符号表示效果

对比图 7-19 渐变法符号和图 7-20 的比例法符号，看起来效果很相似，但实际上是不同的。图 7-19 中，表示人口的符号有 5 个固定的尺寸，而图 7-20 中每个符号的尺寸可能都不一样，但是由于区别细微，肉眼很难区分出到底有几种(注意：由于在这份我国各省级行政区域图层数据中，没有统计台湾和香港地区 1990 年的人口数据，故在地图上没有显示出这两个地区的人口分布情况)。

如果选择点密度(Dot density)符号设计方法,在对话框中可以配置密度点(Dot Size)的大小和每一个密度点所代表的数量(Dot Value)等参数。在本例中,密度点大小设为2,每一点代表的人口数设为60,应用后图层效果如图7-21所示。

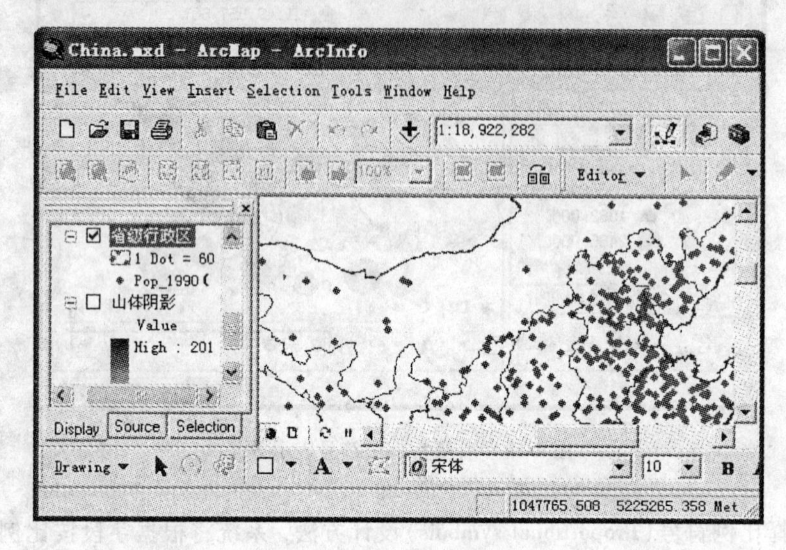

图7-21 点密度法符号表示效果

7.2.4 统计图(Charts)

统计图符号设计方法就是用图表的形式将要素的统计属性表现在地图上。ArcMap中提供了三种图表表现形式:饼状图(Pie)、柱状图(Bar/Column)、堆块图(Stacked)。饼状图适合表现总体中各个部分之间的一种对比或比例关系,如表现某地区各经济结构占总的经济产值的比例;柱状图适合表现变化趋势或者对比,如表现某个地区连续几年来经济总产值的变化;堆块图适合表现由各部分构成的总体,如某个地区连续几年来对国民生产总值作出的贡献。

在图层"省级行政区"中,有"Pop_Female"和"Pop_Male"两个属性字段分别表示各行政区内女性人口数和男性人口数。下面用饼状图来表示各行政区人口中男女的比例分布。打开图层属性对话框,在符号(Symbology)选项卡中选择统计图(Charts),ArcMap默认用饼状图(Pie)表示。将"字段选择"(Field Selection)组合框中的"Pop_Female"和"Pop_Male"这两个字段添加到右边的列表中,并对两个字段对应的符号进行设计。点击"符号大小"(Size)按钮弹出饼状图大小设计对话框,在组合框"Viriation Type"中选定"Vary size using the sum of field values",即饼状图大小依据两个字段值之和来决定;在"Symbol"组合框中将符号的大小(Size)值设为2,点击OK返回到属性对话框,点击"确定"按钮退出属性对话框并应用所作的符号设计,则图层的显示效果如图7-22所示。

类似地,可以采用柱状图和堆状图进行符号设计,这里不再赘述。

7.2.5 多重属性图(Multiple Attibute)

地理数据通常用多个不同的属性来描述它所表示的要素,而一般情况下,符号设计都是

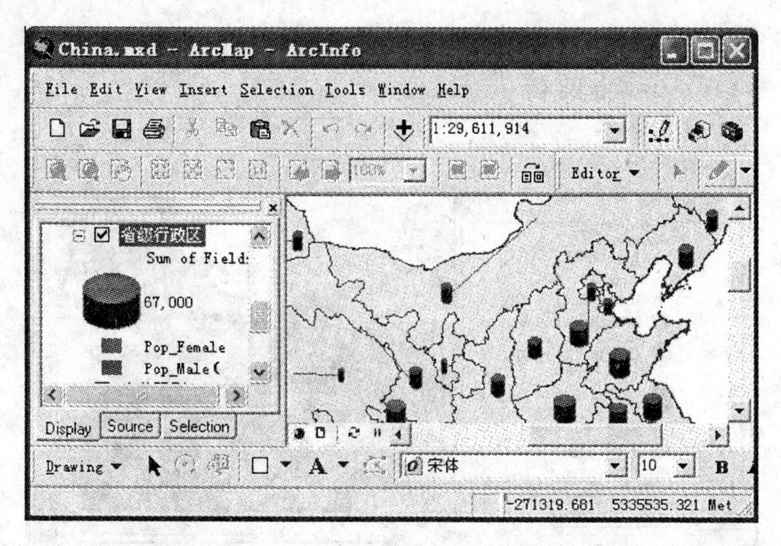

图 7-22　饼状图符号设计效果

按照一种属性来进行的，如前面提到的定性分类符号设计、定量分类符号设计，但是有些情况下，可能也会用到多种属性数据来进行符号设计。例如，用两种属性来表示一个道路网，一个属性代表道路的类型，一个属性代表道路的交通流量。你可以用不同的颜色来表示道路的类型，用线的宽度来代表这段道路的交通流量。

在 ArcMap 中用一个符号表示多个属性的时候，采用多重属性图来设计符号，其方法是通过"Layer Properties→Symbology→Show→Multiple Attributes→Quantity by category"，在对话框中设置对应参数来实现。然而多元化的显示方法会增加地图解译的难度，因此有时候将属性分开显示要比用多重属性图方式效率高。

仍采用前述例子数据，将"省级行政区"图层要素采用多重属性图来表示，各省级行政区用一个唯一的颜色来表示，相当于定性分类符号设计中的单一值（Unique values），各省级行政区内人口数用大小渐变的符号来表示，相当于定量分类符号设计中的渐变大小（Graduated symbols）。其操作步骤如下：

（1）右键点击"省级行政区"图层，在弹出菜单中选择图层属性（Layer Properties）；

（2）点击展开符号（Symbology）属性页，选择"多重属性称号"（Multiple Attributes），ArcMap 自动选定 Quantity by category 选项；

（3）在第一个"值字段"（Value Field）下拉框中选中"Name"字段，点击色彩模式"Color Scheme"下拉框选择相应的渲染色彩；

（4）点击"加入所有值"（Add All Values），将 Name 字段中的所有值加入符号化；

（5）点击"符号大小"（Symbol Size），类似于定量分类设置人口字段"Pop_1990"定量符号大小，点击"OK"返回到图层属性对话框；

（6）点击"确定"按钮退出图层对话框并应用前述的设置，则"省级行政区"图层以多重属性图的方式显示，如图 7-23 所示。

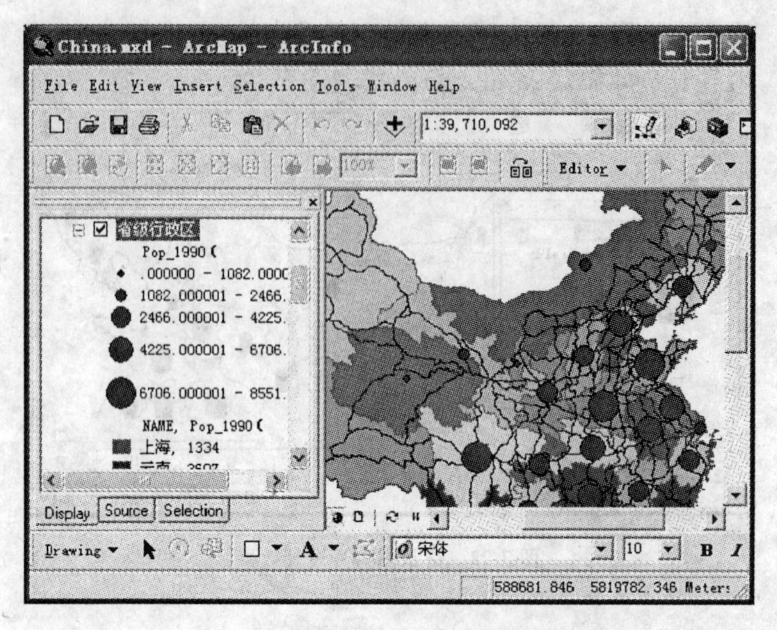

图 7-23　多重属性符号设计效果

7.3　地 图 布 局

在 ArcMap 中将视图切换到布局视图，通过菜单上“View→Layout View”或者地图窗口下的按钮来进行切换。

7.3.1　地图布局(Layout)和打印(Printing)设置

通过菜单“File→Page and Print Setup…”打开页面和打印设置，在该页面中可以设置打印机、打印纸大小及方向等参数。

在地图布局窗口内，单击右键弹出菜单，选择“属性”(Properties)菜单，即弹出数据框属性设置(Data Frame Properties)对话框，在该对话框中，可以对地图的页面大小进行精确设置(如图 7-24 所示)，你也可以通过用鼠标拖动地图布局中的数据框架锚点的方式大致地来调整数据框的大小和位置。在数据框架对话框中，也可对地图页面的边框形式进行设计。

通过标准工具栏上的按钮，可以对地图布局页面中数据框内的数据显示进行缩放、移动，以控制打印的地图范围，如只打印中国地图的某一部分。

7.3.2　添加地图要素(Element)

除了数据框架，大部分地图都包含有一个或多个地图元素，如标题、指北针、图例、缩放条、缩放文本、图形、报告、文本标记、表格等。专题制图中，往往会添加多个地图要素以对地图上的专题数据进行更好地说明，因此怎样对这些要素在地图上进行布局、让地图看起来美观易用是一个很大的挑战。ArcMap 包含可调整的标尺(rulers)、向导(guides)、网格(grids)来帮助你精确地将地图要素布置到你想要放的位置。

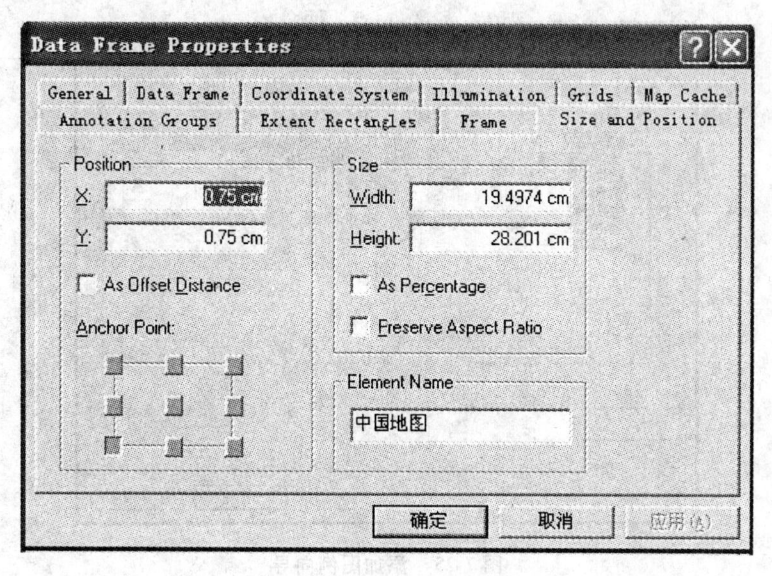

图 7-24　数据框属性设置

在地图布局模式下，可以通过 ArcMap 的“插入”（Insert）菜单，插入新的数据框架（Data Frame）、标题（Title）、文本（Text）、整饰线（Neatline）、图例（Legend）、指北针（North Arrow...）、比例尺（Scale Bar）、比例尺说明文本（Scale Text）、图片（Picture）、对象（Object）等内容。这些都可以插入到地图布局页面中，可以根据制图需要进行添加。下面介绍为“中国地图”添加一个标题和图例的操作步骤。

添加地图标题。操作菜单“Insert→Title”，在文本框中输入标题文本，如“中国地图”，左键双击该文本，则弹出文本属性对话框，在该对话框中可以对标题的字体、颜色、大小、位置进行设置。

添加地图图例。操作菜单“Insert→Legend”，出现添加图例向导。缺省情况下，向导将把数据框架中的所有具有符号表示的要素层都加入图像中，如图 7-25 所示。这里只有“省级行政区”和“省会城市”图例，所以把右侧“图例项”（Legend Items）中的其他条目使用移除键（<）删除，点击“下一步”进入向导的第二页。

向导的第二页用于设置图像标题，这里设定标题为“图例”，并在该页中对标题的字体、大小、颜色等进行设置，点击“下一步”进入向导后续页面。

后续可依次对图例的边框、图例符号大小等属性进行设置，最后按“完成”按钮生成图例。当图例添加到地图布局上后，若不满意效果，还可以通过鼠标右键单击图例，在图例属性中对图例进行修改。

你还可以用地图数据生成图表插入到地图布局中，通过菜单“Tools→Graphs→Create”来完成图表生成。在生成的图表上点击右键，选择“Add to Layout”，即可将图表添加到地图布局中。当图表添加到地图布局后，可通过鼠标调整位置、大小。

现在已经在地图布局中插入了一个图例和其他要素，为了更好地调整地图元素之间的相对位置，可以用前面提到的标尺（rulers）、向导（guides）、网格（grids）来辅助进行调整。在地图布局区域单击右键，看到在弹出的快捷菜单中有这三项，它们又分别有两个命令选项，第一个的作用是开启功能，第二个的作用是使地图元素在移动时吸附到网格或点上。这些

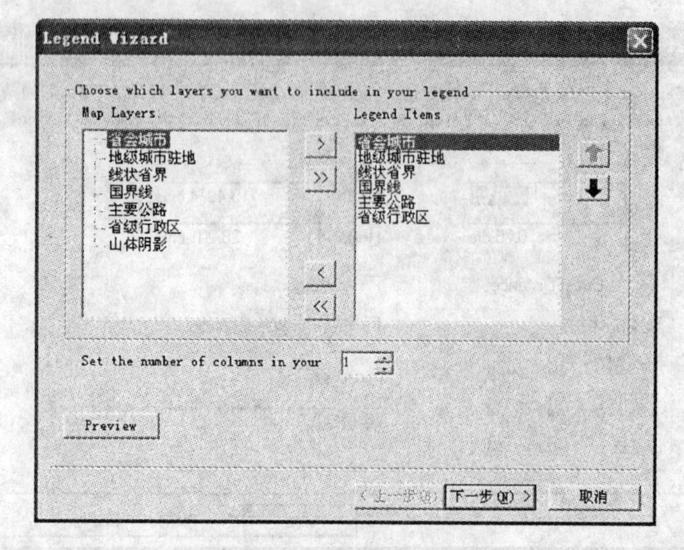

图 7-25　添加图例向导

格网线、点，只是在地图布局的虚拟页面中显示，在打印的时候是不会显示的。

添加了地图标题和图例的地图布局如图 7-26 所示。

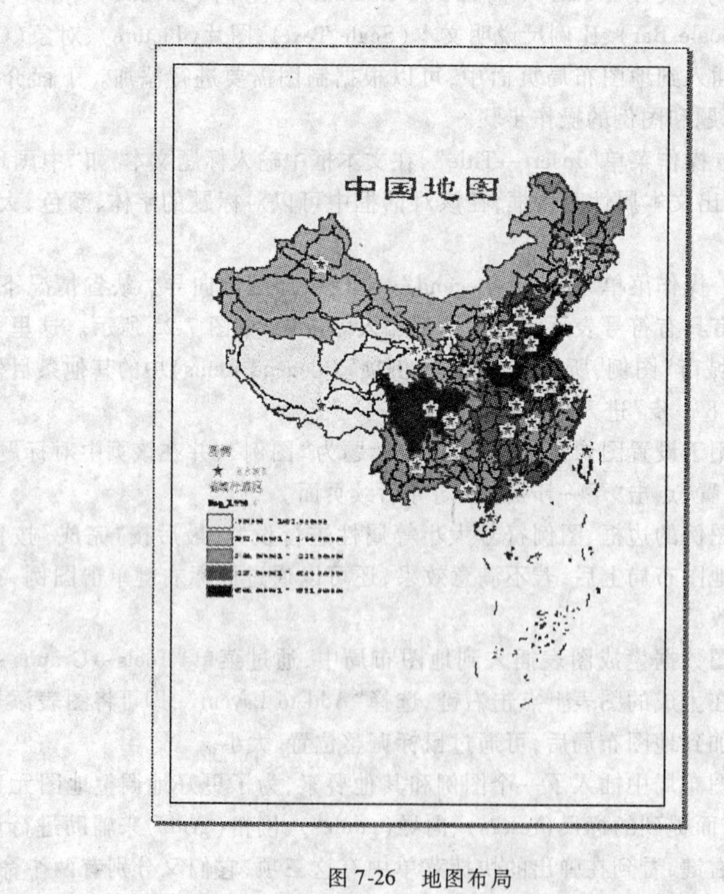

图 7-26　地图布局

第二篇

GIS 专题实践

第8章　空间数据采集及地图制作

8.1　手工数字化采集

空间数据采集及建库是空间数据管理、分析与输出的基础。空间数据采集是将纸质地图、实测成果、航空相片、遥感影像数据、数字数据、文本资料等转成计算机可以处理与接收的数字形式。空间数据采集可分为属性数据采集和图形数据采集。对于属性数据的采集经常是通过键盘直接输入或电子文件直接转入;纸质图件的数字化是目前 GIS 获取空间数据的重要来源,常用的采集方法主要有两种。

1. 手扶跟踪数字化仪输入

通过数字化仪采集图形数据虽然具有数据量小、操作简便、成本较低和数据处理的软件较完备的优点,但由于必须由作业员人工进行采集、数字化的速度比较慢、劳动强度大、自动化程度低、手扶跟踪数字化的有效性取决于数字化软件的质量和操作人员的技术熟练程度,枯燥的工作容易影响操作人员的情绪,造成数据的质量下降,目前在大批量数字化时,已基本不再采用。

2. 扫描数字化输入

(1)扫描仪简介。

扫描仪能直接把纸质地图、图像(如遥感影像、照片)扫描输入到计算机中,以像素信息的形式进行存储,生产单位通常采用专业工程型扫描仪。

(2)扫描过程。

扫描时,必须先进行扫描参数的设置,包括:

① 扫描模式的设置(分二值、灰度、36bits 彩色),对地图的扫描一般采用二值扫描或灰度扫描。对彩色航片或卫片采用彩色扫描,对黑白航片或卫片采用灰度扫描。

② 扫描分辨率的设置,对地形图的扫描一般采用 300dpi 或更高的分辨率。

③ 针对一些特殊的需要,还可以调整亮度、对比度、色调、GAMMA 曲线等。

④ 设定扫描范围。

扫描参数设置完后,即可通过扫描获得某个区域的栅格数据,一张地形图采用 300dpi 灰度扫描时其数据量约为 20M。扫描图像不可避免地存在噪声和中间色调像元的处理问题,噪声是指不属于地图内容的斑点污渍和其他模糊不清的东西形成的像元灰度值,目前还没有简单有效的方法完全消除,有的软件可以去除一些小的噪声点,但有些地图内容如小数点等和小脏点很难区分。对于中间色调像元,可以通过选择合适的阈值选用一些软件如 Photoshop 等进行初处理。

(3)扫描数字化的方法。

纸质图件扫描后得到扫描图像,它的坐标是基于扫描仪的坐标系统,没有任何地理意义,因此数字化前要先进行地理坐标配准。配准的目的是建立物理坐标与用户坐标的转换关系,配准的方法是采集一定数量的控制点,根据控制点数据格式不同,配准也有两种方式:一种是用具有地理坐标系统的图件来纠正没有地理坐标系统的图件(比如常说的用矢量图纠正栅格图);另一种是根据扫描地图上控制点的已知坐标来配准。

地图屏幕数字化是栅格图矢量化的一种常见方法,它利用数字化软件(如 R2V,ArcMap 的 ArcScan 模块等)对已经进行配准的栅格地图分层进行矢量化。

3. ArcGIS 的空间数据格式

GIS 是根据空间数据模型实现在计算机上存储、组织、处理、表示地理数据的。数据模型组织的好坏,直接影响到 GIS 系统的性能。ArcGIS 支持的数据格式比较丰富,对不同的数据格式支持的程度也有很大差异。

ArcGIS9. x 中空间数据主要有 Shapefile、Coverage 和 Geodatabase 三种文件格式。Shapefile 主要由存储空间数据的 shape 文件、存储空间数据的 dBase 表和存储空间数据与属性数据关系的 . shx 文件组成;Coverage 的空间数据存储在二进制文件中,属性数据和拓扑数据存储在 INFO 表中,目录合并了二进制文件和 INFO 表,成为 Coverage 要素类;Geodatabase 是 ArcGIS 数据模型面向对象的数据模型,能够表示要素的自然行为和要素之间的关系。

Shapefile:一种基于文件方式存储 GIS 数据的文件格式。至少由 *. shp, *. dbf, *. shx三个文件构成,分别存储空间、属性、索引信息及前两者的关系。ArcGIS 中的 ArcCatalog可对 Shapefile 进行创建、移动、删除或重命名等操作,或使用 ArcMap 对 Shapefile 进行编辑时,ArcCatalog 将自动维护数据的完整性,将所有文件同步改变。ArcGIS 支持 Shapefile 向第三代数据模型 Geodatabase 的转换。

Coverage:一种拓扑数据结构,是一个集合,它可以包含一个或多个要素类。空间信息和属性信息分别存放在两个文件夹里,所有信息都以文件夹的形式来存储。数据结构复杂的空间信息以二进制文件的形式存储在独立的文件夹中,属性信息和拓扑数据则以 INFO 表的形式存储。Coverage 将空间信息与属性信息结合起来,并存储要素间的拓扑关系。对 Coverage 进行操作,一定要在 ArcCatalog 中进行,目前 ArcGIS 中仍然有一些分析操作只能基于这种数据格式进行操作。

Geodatabase:是基于面向对象是第三代数据模型及 RDBMS 存储的一种数据格式,可以分为两种,一种是基于 Microsoft Access 的 Personal Geodatabase,另一种是基于 Oracle、SQL Server、Informix 或者 DB2 的 Enterprise Geodatabase,由于它需要中间件 ArcSDE 进行连接,所以 Enterprise Geodatabase 又称为 ArcSDE Geodatabase。

8.2 使用 ArcScan 数字化采集

ArcScan 是 ArcGIS 的扫描图预处理及矢量化模块,具有噪音消除、斑点剔除、交互式线状要素跟踪、栅格到矢量的批处理、栅格与矢量数据的一体化编辑功能,提供了从扫描图创建 GIS 矢量特征数据的栅格至矢量转换工具。

这里以 Shapefile 文件创建为例,对 ArcScan 矢量化方法进行详细介绍。配准实验数据以 ArcTutor\ Exercise Data\ Chapter8\ Exercise1 中的扫描地形图 SG. bmp 栅格数据为例,矢量化过程以 ArcTutor\ArcScan 为例,演示 ArcScan 的矢量化方法。

8.2.1 扫描地图的配准和校正

8.2.1.1 创建和打开地图

(1)打开 ArcMap,新建文档。

运行 ArcMap,选择 Start Using ArcMap With 栏中的 A New Empty Map 方式,单击“OK”;

(2)加载影像图。

将扫描地图(Chapter8\ Exercise1 \ SG. bmp)加载到 ArcMap,注意打开扫描地图 SG 基本信息 . txt 文档。如图 8-1 所示。

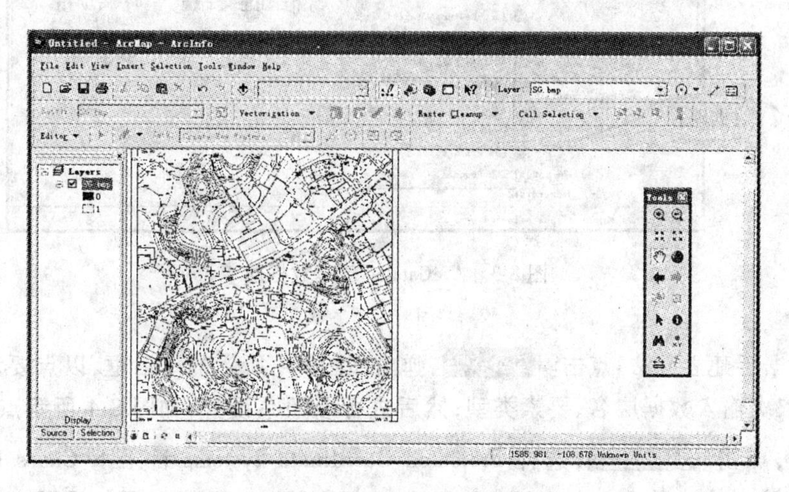

图 8-1 加载影像到 ArcMap

8.2.1.2 新建数据层并加载到 ArcMap

利用 ArcCatalog 新建数据层,之后再加载到 ArcMap 中。

(1)在 standard 工具条中选择 进入 ArcCatalog 模块。如图 8-2 所示。

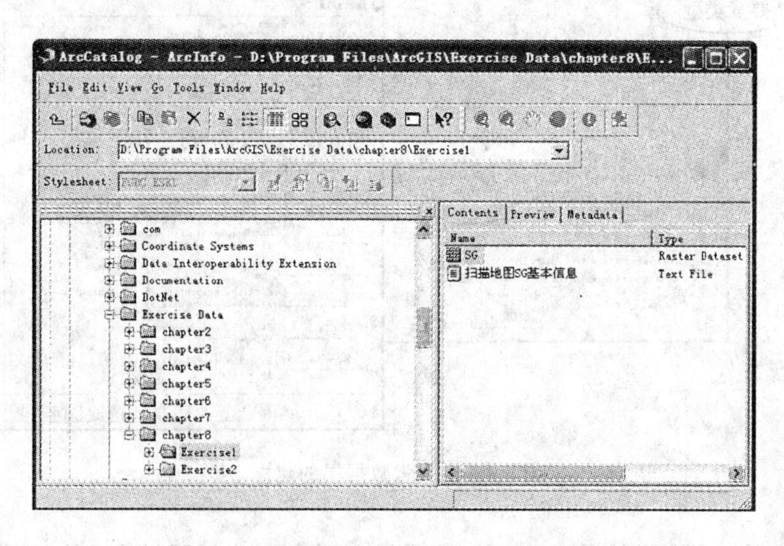

图 8-2 打开 ArcCatalog

(2)在 ArcCatalog 中选择要建立的数据层所在路径后,点击右键,选择“New”、“Shapefile”,如图 8-3 所示。

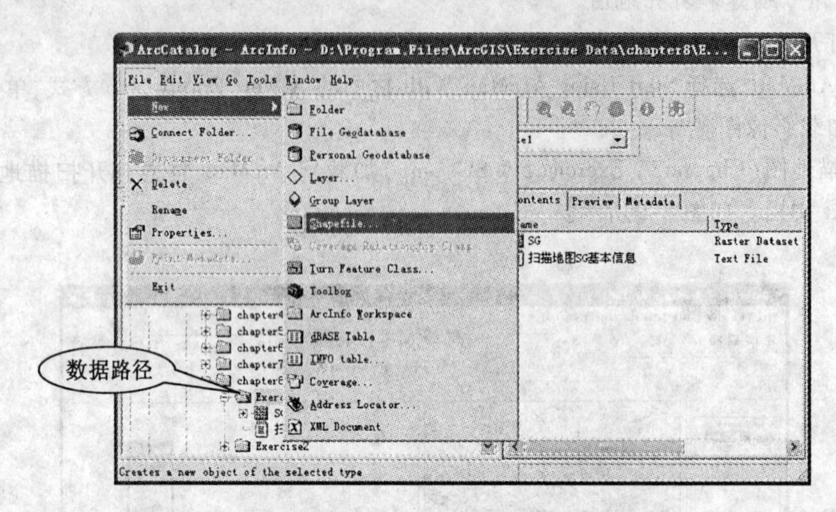

图 8-3 ArcCatalog 新建数据层

要素数据层建立方法:点击 Shapefile,弹出如图 8-4 所示的对话框,以点要素数据层的建立为例,依次输入数据层名、要素类型,然后进行参照系设置,如图 8-4 所示点击“Edit”,出现对话框,点击 Select...,选择 Projected Coordinate Systems 目录下 Gauss Kruger 中的 Beijing 1954 文件夹中的 Beijing_1954_3_Degree_GK_CM_117E. prj,添加后即完成了空间参照系的确定。建立 Polyline、Polygon 等数据层的方法依此类推。

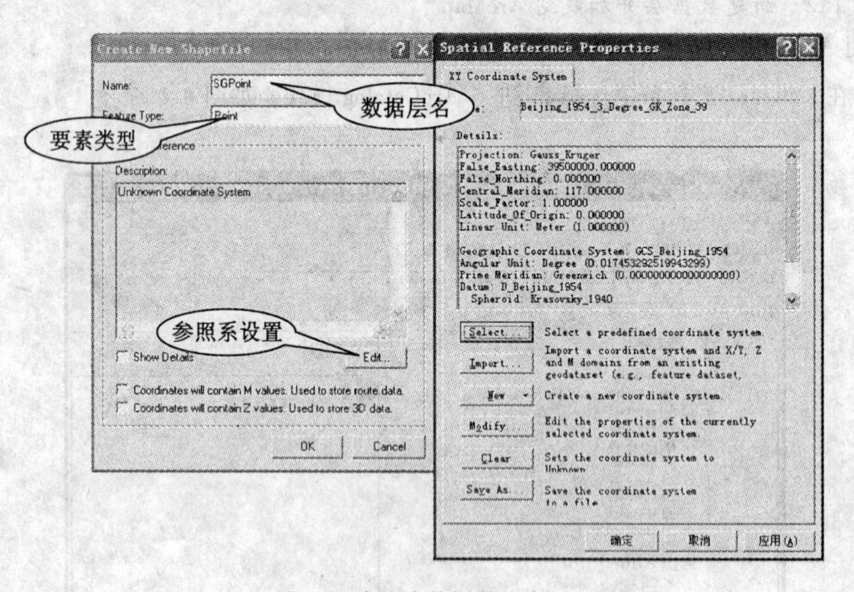

图 8-4 点要素数据层的建立

(3)创建新的 dBASE 表。在 Catalog 目录树中,右键单击需要创建 dBASE 表的文件夹,单击 New,再单击 dBASE 表,输入表名 SG,回车确定即可。

(4)Shapefile 和 dBASE 表结构修改。在 ArcCatalog 中,可根据实际需要添加新的具有合适名称和数据类型的属性项,但属性项的名称长度不得超过 10 个字符,多余的字符将被自动截去。

Shapefile 文件和 dBASE 表除 FID、Shape 和 OID 列以外,至少还要有一个属性项,该属性项是可以删除的。在添加属性项之后,必须启动 ArcMap 的编辑功能才能定义这些属性项的数值。

① 在 ArcCatalog 目录树中,右键单击需要添加属性的 Shapefile 或 dBASE 表,单击 Properties。

② 打开 Shapefile Properties 对话框,单击 Fields,如图 8-5 所示在 Filed Name 列中,输入新属性项的名称,在 Data Type 列中选择新属性项的数据类型,在下方的 Field Properties 选项卡显示的是所选数据类型的特性参数,可在其中输入合适的数据类型参数。

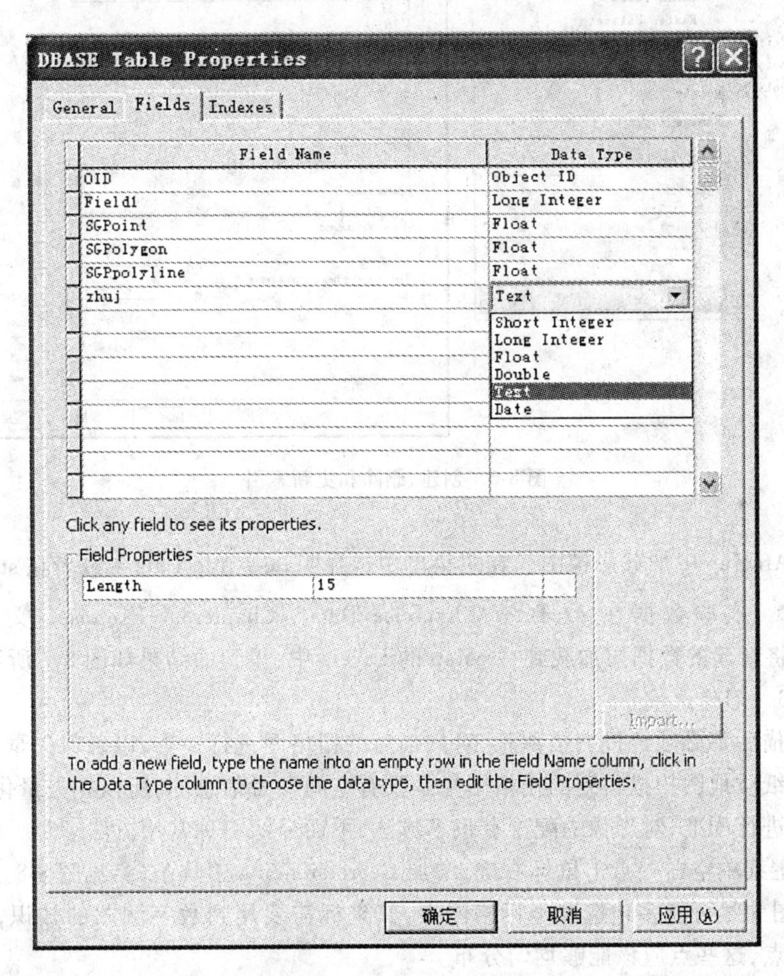

图 8-5　dBASE 表结构修改

③ 在该对话框中还可以删除不需要的属性项。选中并在键盘上按 Delete 键,删除所选属性项,单击“确定”按钮,完成属性项删除。

(5)创建和更新索引。在 Shapefile 中添加或删除一个空间要素时,ArcCatalog 创建的空间索引将自动更新。

① 创建和删除属性索引。在 Shapefile Properties 对话框中,单击 Indexes 标签,进入 Indexes 栏,选中要建立索引的属性,删除此索引只要取消属性的选中即可。

② 创建、删除、更新空间索引。选中某个空间要素文件,在 Spatial Index 选项组中单击 Add 按钮创建空间索引,如果需要删除已有的空间索引,单击 Delete 按钮。如果单击 Update 按钮,则可以更新空间索引,如图 8-6 所示。

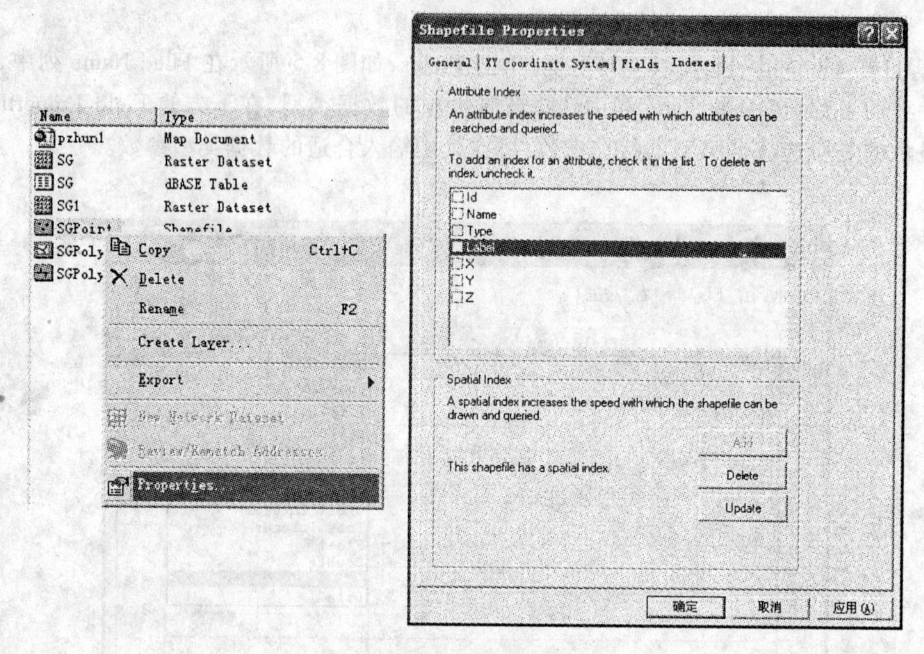

图 8-6　创建、删除和更新索引

(6)在 ArcMap 中加载影像图。在主菜单中选择"File→Add Data",或者在 standard 工具条中选择 ,实验数据在 ArcTutor \ Exercise Data \ Chapter8 \ Exercise1 文件夹,选择 SG. bmp,再将新建的数据层加载到 ArcMap 的 Layers 中,得到的结果如图 8-7 所示。

8. 2. 1. 3　影像配准

图件扫描后都必须经过扫描纠正,对扫描后的栅格图进行检查,以确保矢量化工作顺利进行。由于纸质地图扫描得到的栅格图片是没有空间参考信息的,所以在矢量化之前,需要先对栅格图进行配准,对影像的配准有很多方法,下面介绍一种常用方法。

(1)在主菜单空白处点击鼠标右键,增加 Georeferencing 工具条,参见图 8-8。

(2)从图中尽可能多地选取坐标格网点,其坐标需要用到数字测图的知识,在实际中,如果是实测点,这些点应该能够均匀分布。

(3)将 Georeferencing 工具条的 Georeferencing 菜单下的 Auto Adjust 取消选择。

(4)在 Georeferencing 工具条上,点击 按钮。

(5)将控制点图形适当放大,将光标精确对准扫描图上的坐标格网点(控制点),然后右键单击鼠标,输入该点实际坐标值,如图 8-9 所示。

(6)用相同的方法,在影像上增加多个控制点(> 7 个),输入完成后点击 View Link

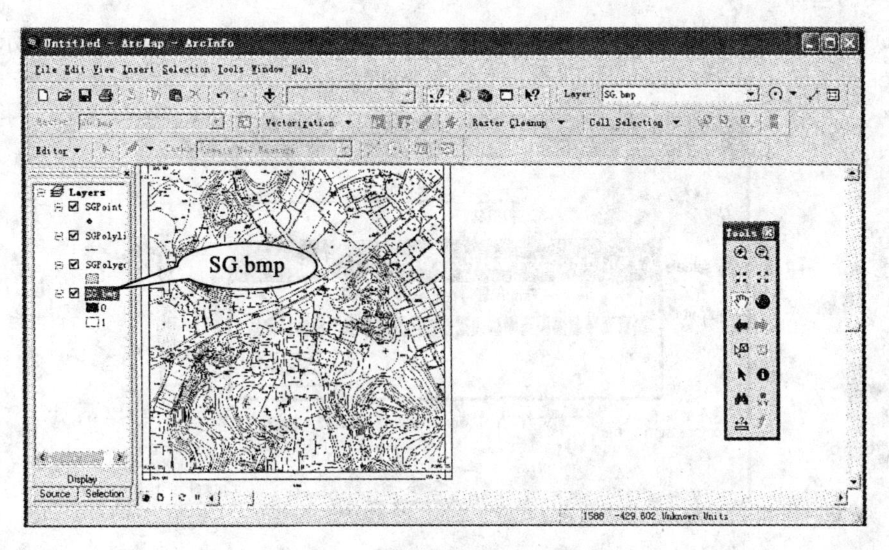

图 8-7　在 ArcMap 中加载影像图

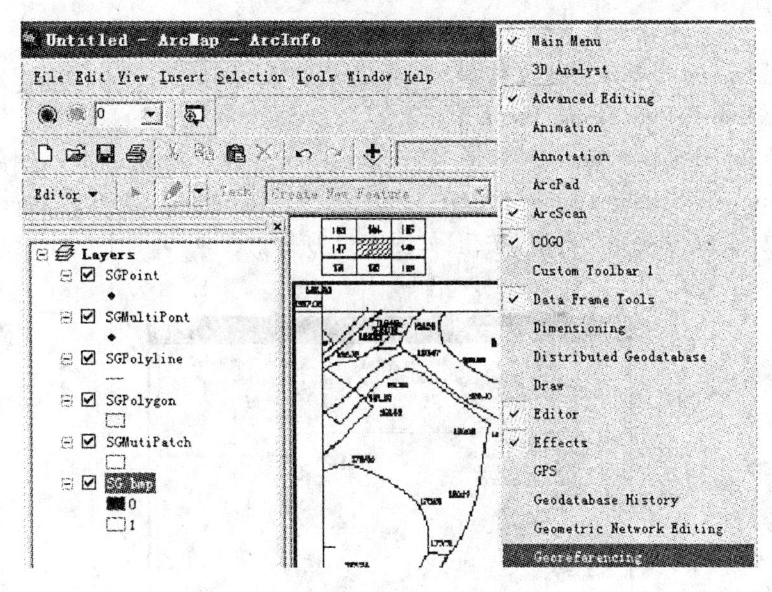

图 8-8　增加 Georeferencing 工具条

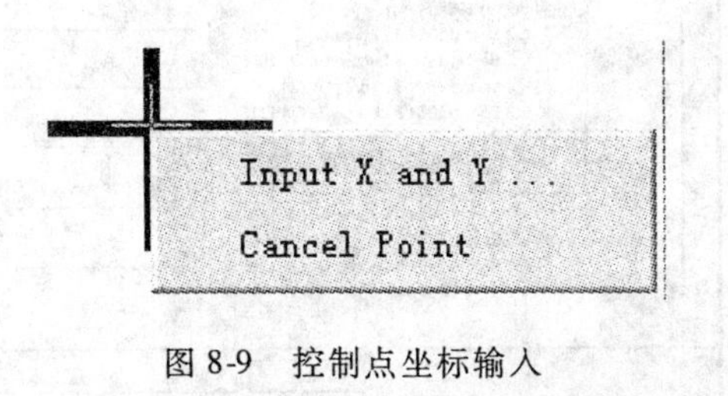

图 8-9　控制点坐标输入

Table 田，检查输入的实际坐标是否正确。

(7)控制点输入完成后，在 Georeferencing 菜单下，点击 Update Display，更新后，扫描图有了真实的坐标。

(8)在 Georeferencing 菜单下,点击 Rectify,将配准后的影像另存,如图 8-10 所示。

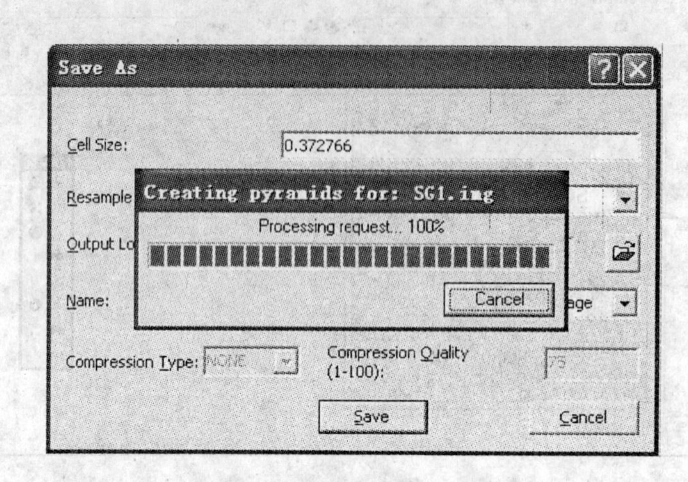

图 8-10　保存配准后的影像

8.2.1.4　选择坐标投影系统

(1)将配准后的 Rectify 存盘文件 SG1. img 加载到 ArcMap 中。

(2)执行 View→Data Frame Properties 命令。

(3)选择 Coordinate System 选项卡,在 Select a coordinate system 框中选择 Projected→Projected Coordinate System→Gauss Kruger→Beijing 1954→Beijing_1954_3_Degree_GK_CM_117E 投影坐标系统,并点击"确定"按钮,如图 8-11 所示。

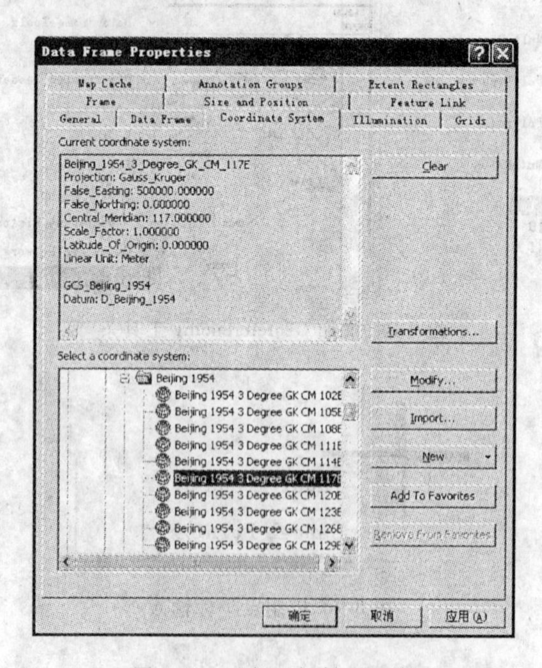

图 8-11　选择坐标投影系统

8.2.1.5 图像二值化方法

(1)采用 ArcScan 矢量化,必须对栅格图像进行二值化处理。具体方法是在 Layers 窗口选中影像图层名,右键单击鼠标,选取 Properties,在图 8-12 右边的 Display 窗口进行参数设置,如果是二值图则选 Symbolgy 标签,在 Show 中选 Classified,Classes 等于 2。

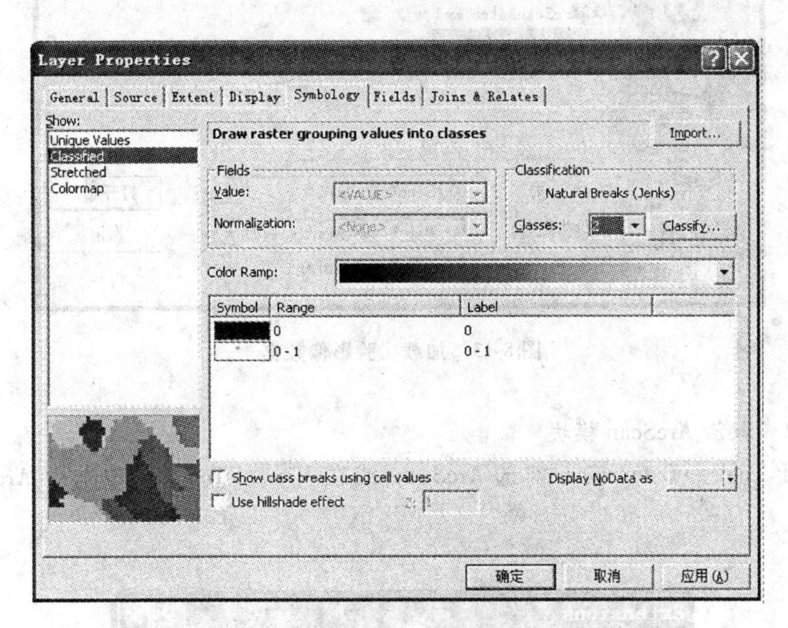

图 8-12 Properties 参数设置

(2)将要素数据层和影像文件一起加载到 ArcMap 中,另存为 pzhun1.mxd,完成了配准的工作。此时可以激活 ArcScan,对 shp 文件进行编辑,对影像图进行矢量化,本例的矢量化作为实习作业。

8.2.2 ArcScan 人工矢量化方法

ArcScan 工具可使用的几个前提:

(1)ArcScan 扩展模块必须激活;

(2)ArcMap 中添加了至少一个栅格数据和至少一个矢量数据层;

(3)栅格数据必须进行过二值化处理;

(4)Editor 必须启动。

ArcScan 进行矢量化有两种方式,一种是交互式的矢量化(raster tracing);一种是自动即批处理方式的矢量化(batch vetorization)。下面主要介绍交互式矢量化方法。

交互式矢量化可以实现半自动的矢量化,即在栅格图上分别点击某条线上的两个点,系统就会自动跟踪矢量化这两点之间的这段线。

8.2.2.1 加载实验影像数据

(1)在开始菜单中双击 ArcMap 图标启动 ArcMap。

(2)单击标准工具栏上的 Open 按钮,选择 \ ArcTutor \ ArcScan 目录下的文件 ArcScanTrace.mxd,点击 Open 即可加载实验指定的数据。如图 8-13 所示。

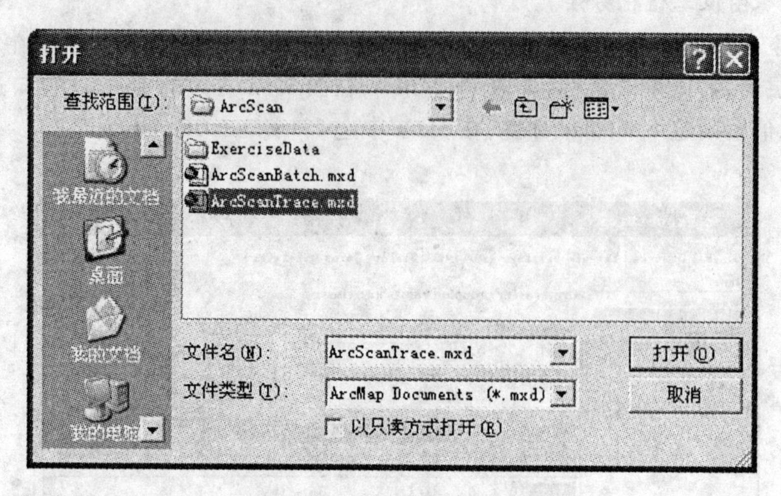

图 8-13 加载实验影像数据

8.2.2.2 激活 ArcScan 模块

(1)打开 Tools→Extensions，勾选 ArcScan，或在 View→Toolbars 中选中 ArcScan，如图 8-14所示。

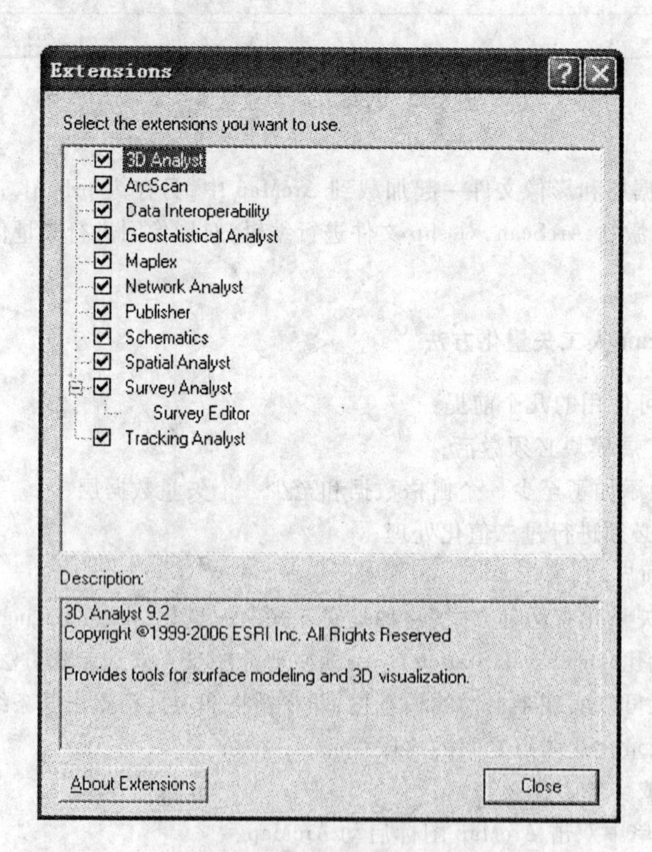

图 8-14 激活 ArcScan 模块

(2)ArcScan 工具条出现后默认是灰色的,还不具备矢量化功能。

8.2.2.3　栅格数据二值化

二值化是指将栅格图像的符号化方案设置为两种颜色分类显示,本例设置方法参见图8-11。

8.2.2.4　矢量化工具激活

ArcScan 必须在编辑状态下才能激活,方法是点击 Editor 工具栏中的 Start Editing，如图8-15 所示为 ArcScan 编辑工具栏激活后的状态。

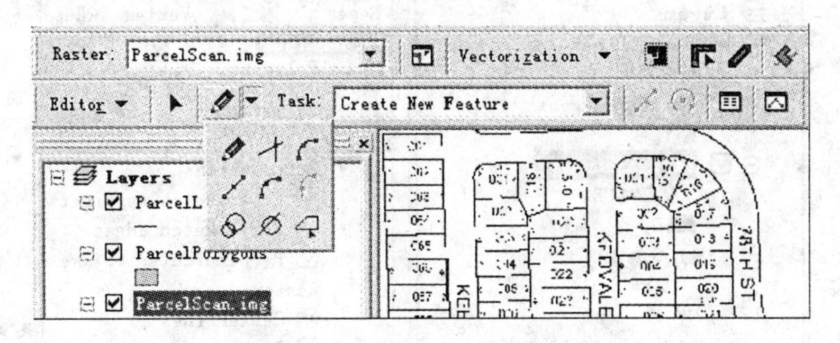

图 8-15　激活 ArcScan 矢量化工具

8.2.2.5　栅格捕捉选项设置

(1)在 Raster 工具栏中点击按钮,在 Raster Snapping Options 对话框中将 Maximum width 设置为 7,如图 8-16 所示。

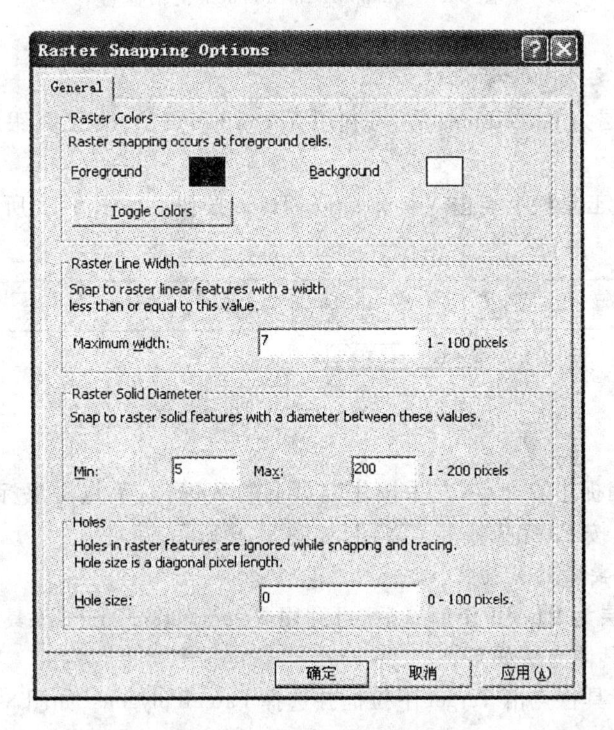

图 8-16　捕捉边界参数设置

(2)点击“应用”按钮确定。

(3)点击 Editor 工具栏中的 Snapping 打开 Snapping Environment 对话框。

(4)点击“+”号展开并选中 Edit Sketch 及 Topology Elements，对于线要素选择 Centerlines 和 Intersection 来进行捕捉，如图 8-17 所示。

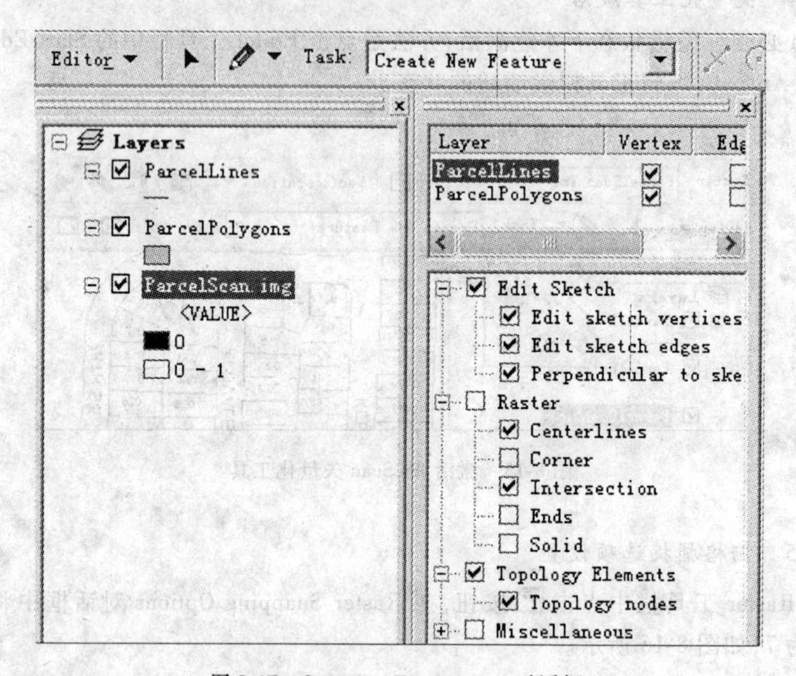

图 8-17 Snapping Environment 对话框

8.2.2.6 线状要素的矢量化

设置编辑目标层为 ParcelLines 后，可利用 Vectorization Trace 工具跟踪线状地物栅格像元进行矢量化。

(1)在 ArcScan 工具栏上点击 Vectorization Trace 按钮。如图 8-18 所示。

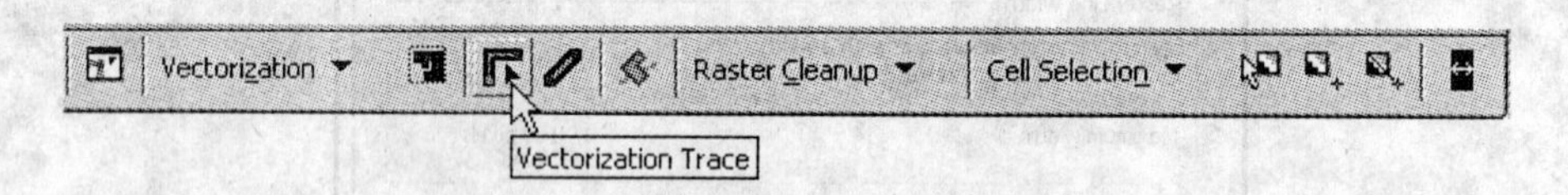

图 8-18 Vectorization Trace 按钮

(2)移动鼠标捕捉边界交点，左手按住键盘上的 S 键，右手点击鼠标开始跟踪，当跟踪完成了整个边界后，按 F2 完成线要素草图，如图 8-19 所示。

8.2.2.7 面状要素的矢量化

改变编辑目标层为 ParcelPolygons 后，可利用 Vectorization Trace 工具跟踪面状目标栅格像元进行矢量化。具体方法如下：

(1)在 Editor 工具栏点击 Target 下拉框并选择 ParcelPolygons，如图 8-20 所示。

(2)在 ArcScan 工具栏上点击 Vectorization Trace 工具，或采用“Sketch Tool”，数字化多边形的边界，方法同 8.2.2.6。

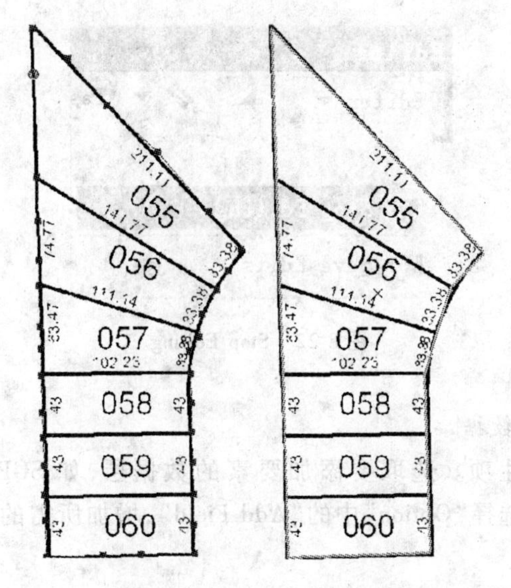

图 8-19　线状要素的矢量化

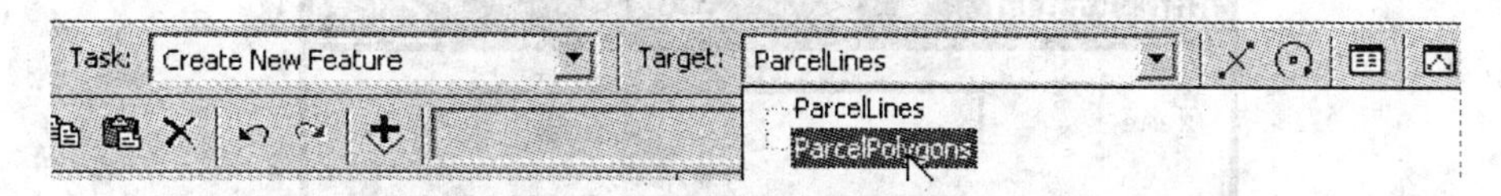

图 8-20　Target 下拉框编辑目标层

(3)移动鼠标捕捉面状物的左下角并点击开始跟踪。

点击面块的左下角,创建面的一段边线,逆时针方向继续跟踪地块,当鼠标指针回到开始点时,点击 F2 完成面要素的创建,如图 8-21 所示。

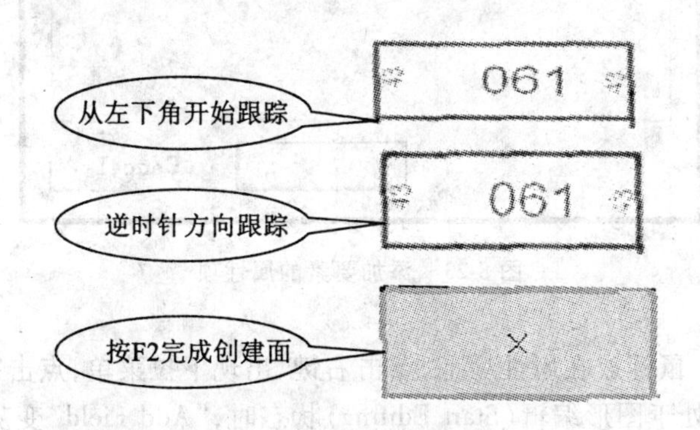

图 8-21　面状要素的矢量化过程

8.2.2.8　保存矢量化成果

栅格像元的跟踪结束后,可以通过保存矢量化成果来终止编辑状态。

(1)点击 Editor 菜单并点击 Stop Editing,如图 8-22 所示。

(2)点击 Save Edits,保存编辑成果。

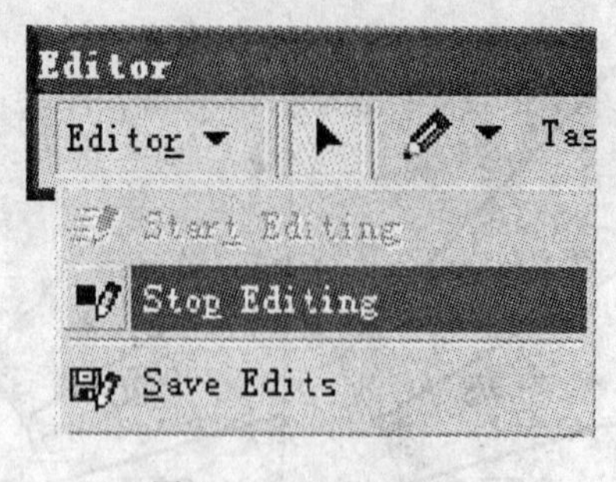

图 8-22　Stop Editing

8.2.2.9　输入属性数据

(1)添加要素的属性项。选取要添加要素的数据层,如 SGPolyline,点击右键,出现"Open Attribute Table",选择"Option"中的"Add Field",增加所需的属性项,如名称、类型等信息,如图 8-23 所示。

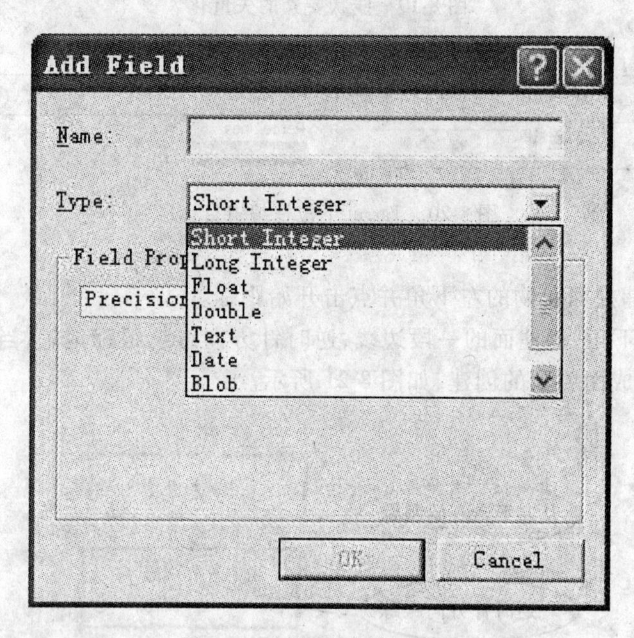

图 8-23　添加要素的属性项

(2)删除属性项,鼠标放在属性项上,点击右键,出现下拉菜单,点击"Delete Field"。

注意:当数据层处于图形编辑(Start Editing)状态时,"Add Field"变灰,不可用。

(3)属性值的编辑。如果需要增加属性值,首先必须使数据层处于编辑状态,按 Editor 的下拉键,点击"Start Editing"。点击 Edit Tool ,选取需要编辑的要素,点击右键,在下拉菜单中选"Attribute",即可输入或修改属性值。

8.2.3　ArcScan 批处理矢量化方法

实验影像数据加载、ArcScan 模块的激活、栅格数据二值化、矢量化工具激活、栅格捕捉选项设置等步骤与 8.2.2 介绍的 ArcScan 人工跟踪矢量化相同。以下步骤是批处理矢量化特有的，包括怎样利用栅格清理工具和像元选择工具来编辑栅格图层、应用矢量化设置、预览矢量化结果和生成矢量要素。

8.2.3.1 栅格图像清理

利用批处理矢量化生成要素之前必须先编辑栅格影像，ArcScan 为这个过程提供了一套 raster cleanup 工具来清理不需要矢量化的内容。下例是利用 raster cleanup 工具从 ParcelScan 影像图上清除无用注记的方法。

(1)在 Raster Cleanup 菜单中点击 Start Cleanup 开始清理工作。如图 8-24 所示。

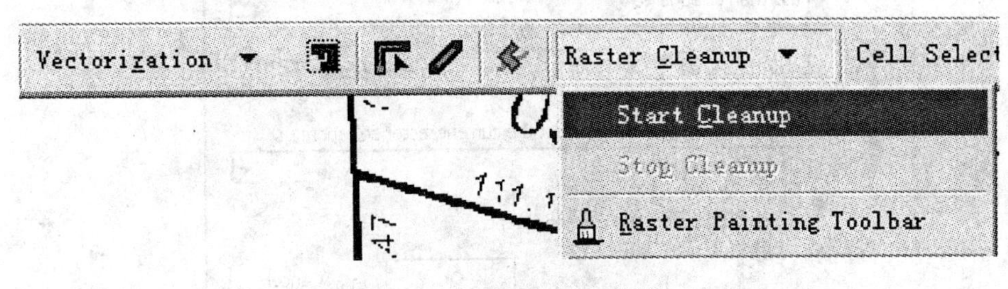

图 8-24 Start Cleanup 菜单

(2)在 Raster Cleanup 菜单选中 Raster Painting Toolbar，添加 Raster Painting 工具栏。如图 8-25 所示。

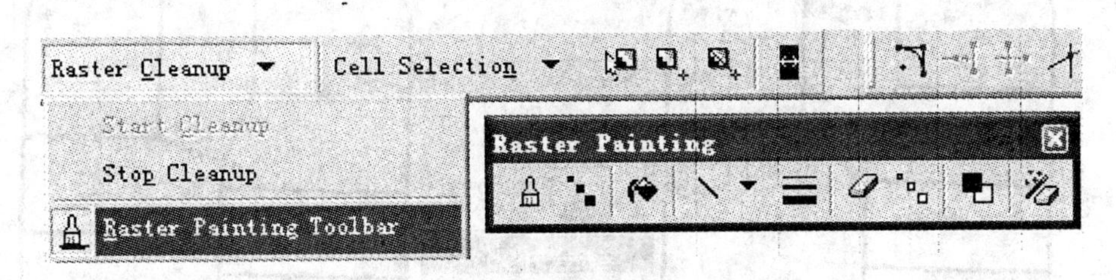

图 8-25 Raster Painting 工具栏

(3)点击在 Raster Painting 工具栏上的擦除工具，按住鼠标左键来擦除地块的注记，直到完全擦除此注记。

(4)点击在 Raster Painting 工具栏上的 Magic Erase 工具，可以通过单击并画框的方式来擦除连续的一系列像元。

(5)利用 Cell Selection 工具来帮助清理栅格。如果影像上需要大量的处理，可联合使用 Cell Selection 工具和栅格擦除工具。

① 点击 Cell Selection 菜单中的 Select Connected Cells，具体设置如图 8-26 所示。

② 设置栅格区域总像素为 500，包括了栅格图像中所有的注记，如图 8-27 左图所示。

③ 在 Raster Cleanup 菜单中选择 Erase Selected Cells 删除像元，如图 8-27 右图所示是被选中的像元被删除后的效果图。

8.2.3.2 矢量化参数设置

批处理矢量化依靠用户自定义的设置，将影响产生的要素的形状，这些设置基于栅格数据类型，一旦栅格图设置确定，可保存到地图文档或独立的文件中，可应用 Vectorization

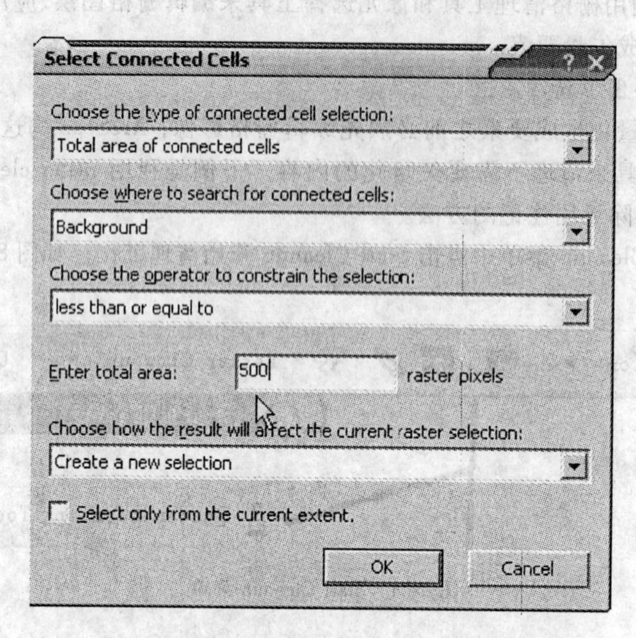

图 8-26　Select Connected Cells 对话框

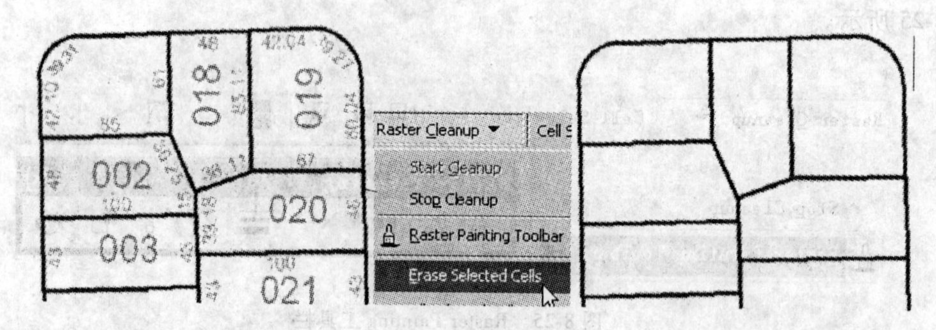

图 8-27　选中栅格中所有的注记　　Erase Selected Cells 工具　　被选中的像元被删除

Settings对话框来设置。

(1)点击 Vectorization 下的 Vectorization Settings 来打开对话框，通过修改矢量化设置来确保生成最佳的结果。

(2)设置 Maximum Line Width 为 10、Compression Tolerance 为 0.1，点击 Apply 保存设置，如图 8-28 所示。

8.2.3.3　矢量化结果预览

ArcScan 提供了一种预览批处理矢量化生成的要素方式，可以帮助确定影像矢量化方案，通过调整设置参数以便于取得最佳矢量化成果。在 Vectorization 菜单中点击 Show Preview，如图 8-29 所示为批处理矢量化结果预览。

8.2.3.4　矢量化要素生成及成果保存

批处理矢量化的最后一个步骤就是生成要素了，Generate Features 对话框允许选择保存新要素的图层和执行矢量化。

(1)在 Vectorization 菜单中点击 Generate Features，选择 ParcelLinesBatch 图层。

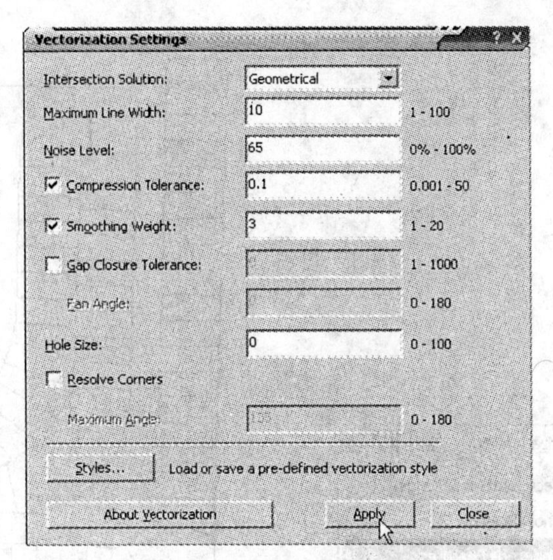

图 8-28　Vectorization Settings

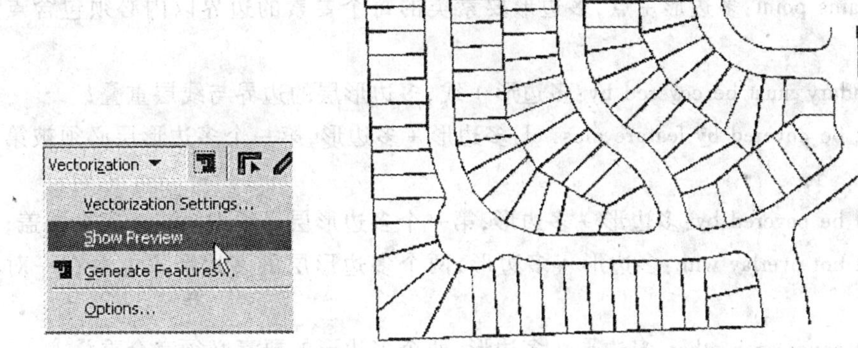

图 8-29　批处理矢量化结果预览

(2)点击 OK,显示刷新后,新生成的矢量要素如图 8-30 所示。

(3)生成要素完成,停止编辑并保存结果,具体方法如下:在 Editor 菜单中点击 Stop Editing,点击“是”保存矢量化成果。

8.2.4　ArcGIS 拓扑检查方法与拓扑错误修正方法

在正式应用数据之前,应根据要求对人工或自动矢量化后的地图数据进行检查和各种拓扑错误的修正工作。

8.2.4.1　Geodatabase 的 topology 规则

1. 多边形 topology

(1)must not overlay:单要素类,多边形要素相互不能重叠;

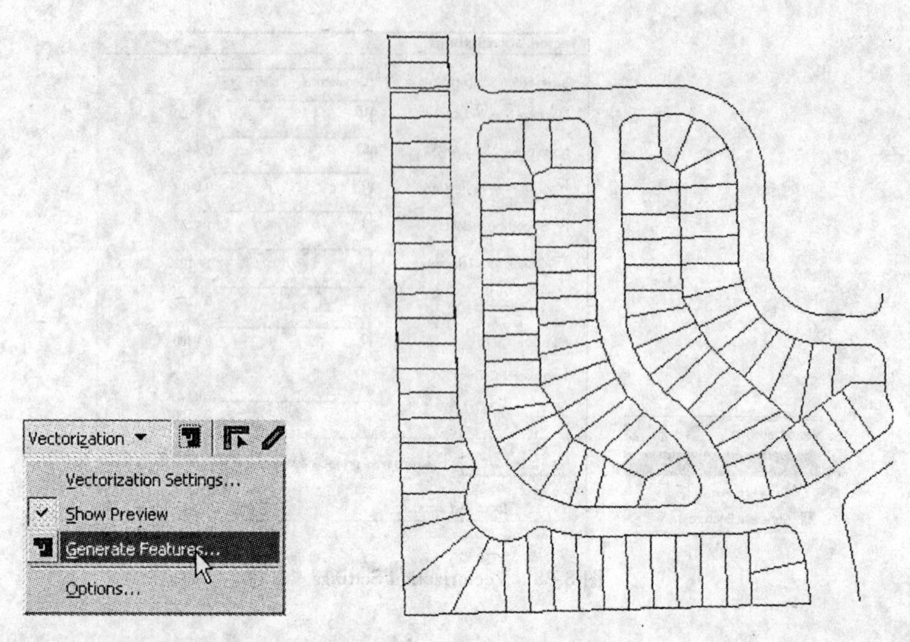

图 8-30 批处理矢量化要素

(2)must not have gaps:单要素类,连续连接的多边形区域中间不能有空白区;

(3)contains point:多边形 + 点,多边形要素类的每个要素的边界以内必须包含点层中至少一个点;

(4)boundary must be covered by:多边形 + 线,多边形层的边界与线层重叠;

(5)must be covered by feature class of:多边形 + 多边形,第一个多边形层必须被第二个完全覆盖;

(6)must be covered by:多边形 + 多边形,第一个多边形层必须把第二个完全覆盖;

(7)must not overlay with:多边形 + 多边形,两个多边形层的多边形不能存在一对相互覆盖的要素;

(8)must cover each other:多边形 + 多边形,两个多边形的要素必须完全重叠;

(9)area boundary must be covered by boundary of:多边形 + 多边形,第一个多边形的各要素必须被第二个的一个或几个多边形完全覆盖;

(10)must be properly inside polygons:点 + 多边形,点层的要素必须全部在多边形内;

(11)must be covered by boundary of:点 + 多边形,点必须在多边形的边界上。

2. 线 topology

(1)must not have dangle:线,不能有悬挂节点;

(2)must not have pseudo-node:线,不能有伪节点;

(3)must not overlay:线,不能有线重合(不同要素间);

(4)must not self overlay:线,一个要素不能自覆盖;

(5)must not intersect:线,不能有线交叉(不同要素间);

(6)must not self intersect:线,不能有线自交叉;

(7)must not intersect or touch interrior:线,不能有相交和重叠;

(8)must be single part:线,一个线要素只能由一个 path 组成;

(9)must not covered with:线+线,两层线不能重叠;

(10)must be covered by feature class of:线+线,两层线完全重叠;

(11)endpoint must be covered by:线+点,线层中的终点必须和点层的部分或全部点重合;

(12)must be covered by boundary of:线+多边形,线被多边形边界重叠;

(13)must be covered by endpoint of:点+线,点被线终点完全重合;

(14)point must be covered by line:点+线,点都在线上。

8.2.4.2 利用拓扑功能检查空间数据错误的方法

首先根据需要在 ArcCatalog 中建立相应的拓扑关系规则,然后在 ArcMap 中进行拓扑处理,利用辅助工具条 Topolygon,或在 ArcToolbox 下的 Data Management tools→topology 中进行。

1. 方法一

该方法在 ArcMap 下进行,将数据装载,如个人地理数据库,利用拓扑功能自动检查数据错误,适合于拓扑错误不是很多的地图修改,具体方法如下:

(1)启动 ArcCatalog;

(2)任意选择一个本地目录,单击右键→新建→创建个人 Personal Geodatabase;

(3)选择创建的 Geodatabase,单击右键→新建→数据集 Dataset,设置数据集的坐标系统,如果不能确定就选择你要进行分析的数据的坐标系统;

(4)选择刚创建的数据集,单击右键→导入要素类 Inport→Feature class single,导入需要进行拓扑分析的数据;

(5)选择刚创建的数据集,单击右键→新建→拓扑,根据提示创建拓扑,添加拓扑处理规则;

(6)进行拓扑分析;

(7)在 ArcMap 中打开由拓扑规则产生的文件,利用 Topology 工具条中错误记录信息进行修改,将数据集导入 ArcMap 中,点击 Edit 按钮进行编辑。

打开 Edit 下拉菜单,选择 more editing tools→Topology 出现拓扑编辑工具栏,选择要拓扑的数据,点击打开 Error inspector 按钮,在 Error inspector 对话框中点击 Search now,显示所有拓扑的错误。

对线状错误进行 Mark as Exception,对 Polygon 错误逐个检查,首先选择错误的多边形,点击右键选择 Zoom to,然后点击 Merge,选择合适的多边形进行 Merge 处理。

2. 方法二

在 ArcCatalog 中创建个人地理数据库,新建一个 Featuredataset 把要修改错误的 shp 文件导入到 Featuredataset,然后右键点击 Featuredataset,新建一个 Topology 数据层,选中已导入的 shp 数据,添加拓扑检查规则,点击下一步完成 ArcCatalog 生成拓扑检查数据文件,在 ArcMap 中打开该文件即可显示数据错误,在此基础上再利用编辑工具逐个进行修改。

8.2.5 ArcScan 常用快捷键

ArcScan 快捷键与一些编辑工具和命令相关联,使用快捷键能使编辑工作更加快捷有效,我们特别提倡大家使用快捷键。

8.2.5.1 ArcScan 公共快捷键

Z:放大; X:缩小;C:漫游; V:显示节点; ESC:取消 ;Ctrl + Z:撤销;Ctrl + Y:重做 ;SpaceBar:暂停捕捉。

8.2.5.2 编辑工具

Shift:添加至/取消选择 ;Ctrl:移动选择锚;N:下一个被选要素。

8.2.5.3 Edit Annotation 工具

Shift:添加至/取消选择;Ctrl:移动选择锚;N:下一个被选要素;R:切换至旋转模式/从旋转模式切换;F:切换至要素模式/从要素模式切换;E:在 Sketch 工具、Edit 工具和 Edit Annotation 工具间切换;L:在跟踪要素模式下将选中的注记要素旋转 180 度;O:在跟踪要素模式下打开 Follow Feature Options 对话框;Tab:在跟踪要素模式下对注记放置的位置进行左右边的切换;P:在跟踪要素模式下对注记放置的角度进行平行和垂直方向的切换。

8.2.5.4 Sketch 工具

Ctrl + A:方位;Ctrl + F:偏转;Ctrl + L:长度;Ctrl + D:X,Y 增量;Ctrl + G:方位/长度;Ctrl + P:平行;Ctrl + E:垂直;Ctrl + T:切线;Ctrl + Delete:删除草图;F2:完成草图;F6:绝对 X,Y 坐标;F7:线段偏转;T:显示容限。

8.3 使用空间数据互操作获取数据

8.3.1 ArcGIS 数据互操作扩展模块介绍

ArcGIS Data Interoperabilit 是使数据的交换从复杂过程变为简单操作的工具,利用 ArcGIS Data Interoperability 扩展模块用户可直接整合各类型的数据。

使用该扩展模块用户可直接读取 GML、XML、DWG、DXF、MicroStation Design、MID、MIF、TAB、Oracle 和 Oracle Spatial 及 Intergraph GeoMedia Warehouse 等 70 多种格式的空间数据,并支持输出 50 多种空间数据格式。

8.3.2 ArcGIS 数据互操作扩展的关键特性

(1)ArcGIS Data Interoperability 扩展模块使 ArcGIS 桌面软件用户能以许多格式方便地使用及分配数据。

(2)转换工具——快速的输入和输出工具能自动转换不同来源的数据格式。

(3)数据转换——使用缺省地图文件创建与数据源的连接,用户通过使用 Workbench 应用程序这样一个完整的语义转换引擎来进一步定义数据转换。

(4)地理处理架构——体验与 ArcGIS 地理处理环境包括 ModelBuilder 的完美整合。

8.3.3 ArcGIS 空间数据格式转换

在测绘工程领域,90%以上的原始测绘地图成果为 AutoCAD 格式数据,在 CAD 和 GIS 数据格式之间进行互操作是 GIS 用户的一个基本问题。

CAD 数据通常是分层管理的,将 CAD 数据格式转换成 ArcGIS 数据格式,主要问题是属性数据丢失。ArcGIS9.2 提供了数据转换工具,可以将 CAD 数据转换为 Shapefile、Geodatabase、Coverage 等格式,属性信息不会丢失。

8.3.3.1 CAD 转换为 Shapefile 的方法

(1)打开 ArcCatalog,在 Tools 菜单下点击 Options,勾选 ArcGIS Data Interoperability 、Toolboxes,如图 8-31 所示。

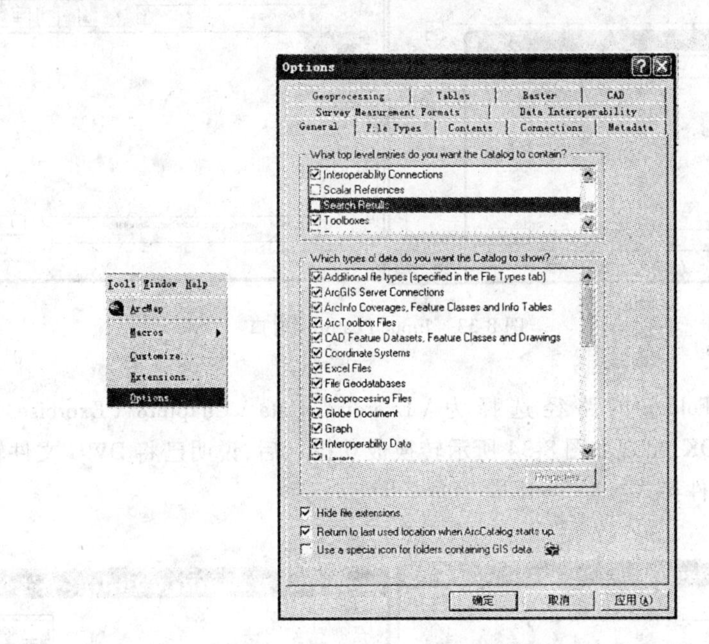

图 8-31 ArcCatalog Options 菜单设置

(2)双击 ArcCatlog 目录下的 Toolboxes→System Toolboxes→Conversion Tools→To Shapefile ,如图 8-32 所示。

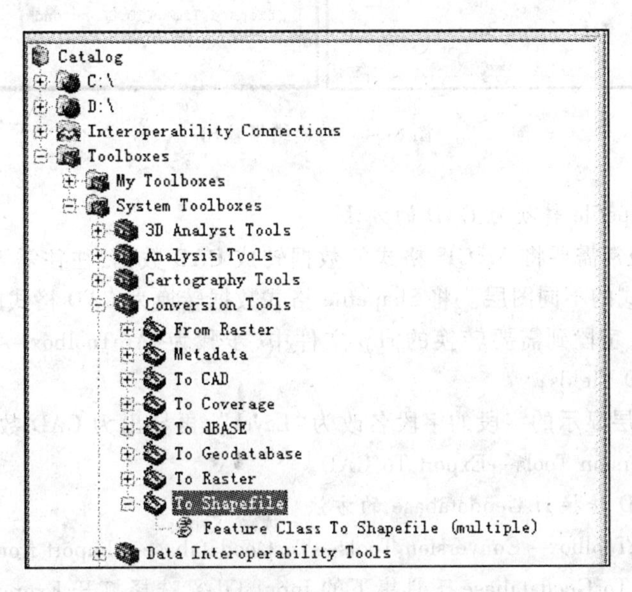

图 8-32 ArcCatalog Options 菜单设置

(3)点击打开 Shapefile 工具集,选择打开 Exercise Data \ Chapter8 \ Exercise3 下的

SMAP. dwg,加载后选中 Input Features 各选项,如图 8-33 所示。

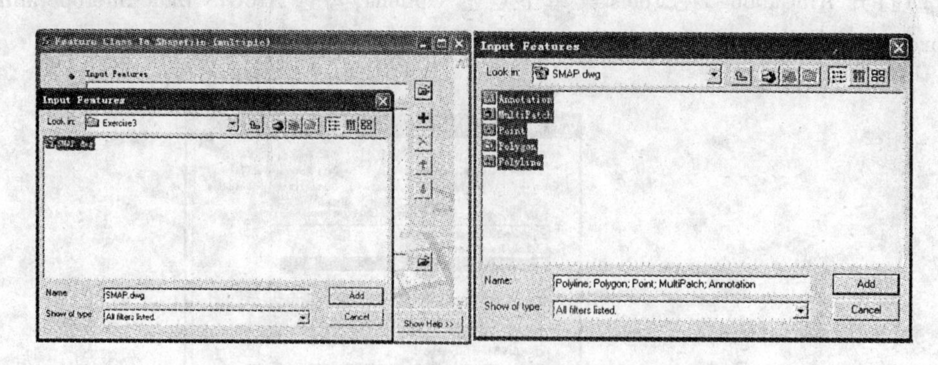

图 8-33 Input Features 窗口

(4) Output Folder 的路径选择为 \ Exercise Data \ Chapter8 \ Exercise3, 文件名为 SMAP. dwg,点击 OK,出现如图 8-34 所示转换成功提示后,说明已将 DWG 文件转换为以点、线、面层组织的文件格式。

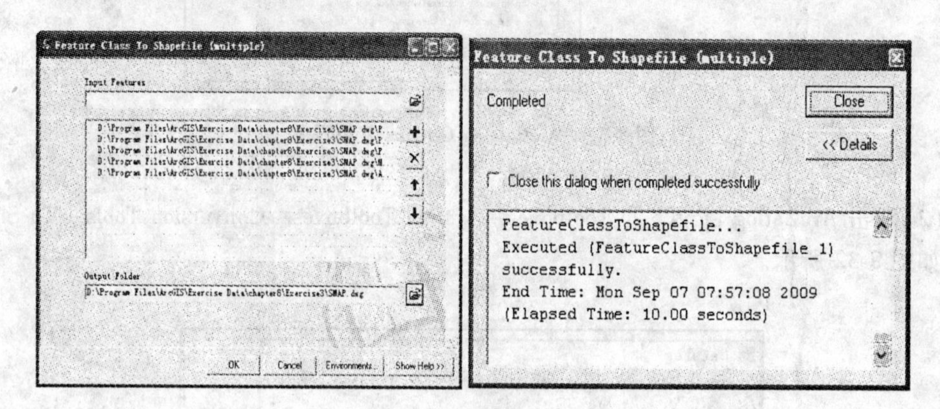

图 8-34 转换结果输出

8.3.3.2 Shapefile 转换为 CAD 的方法

工程应用中经常需要将 ArcGIS 格式的数据转成 CAD 数据,往往需要将某一个关键字段转换成 CAD 格式的不同图层。将 Shapefile 格式数据转换为 CAD 格式的方法如下:

(1)添加 CAD 字段到需要转换的 shp 文件中,步骤为:ArcToolbox→Conversion Tools→To CAD→Add CAD Fields;

(2)先将要分层显示的字段的字段名改为"Layer",再导出为 CAD 数据格式。步骤为:ArcToolbox→Conversion Tools→Export To CAD。

8.3.3.3 CAD 转换为 Geodatabase 的方法

基本步骤:ArcToolbox→Conversion Tools→To Geodatabase→Import from CAD。

(1)点击打开 To Geodatabase 工具集下的 Input Files,选择打开 Exercise Data\Chapter8\Exercise3 下的 SMAP. dwg,如图 8-35 所示。

(2)点击 OK,转换成功后生成了一个 SMAP_ImportCAD5. gdb 文件夹, 如图 8-36 所示。

ArcGIS 对 AutoCAD 的 DWG 文件格式具有很好的支持能力。该实验将 DWG 格式的原

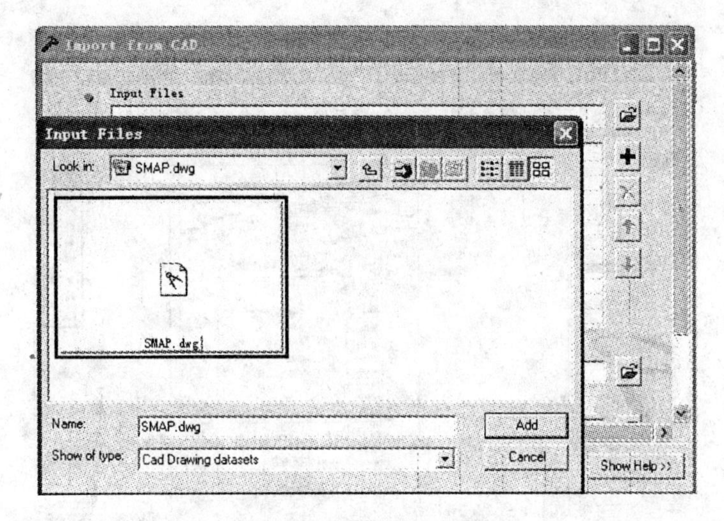

图 8-35 加载 CAD 文件

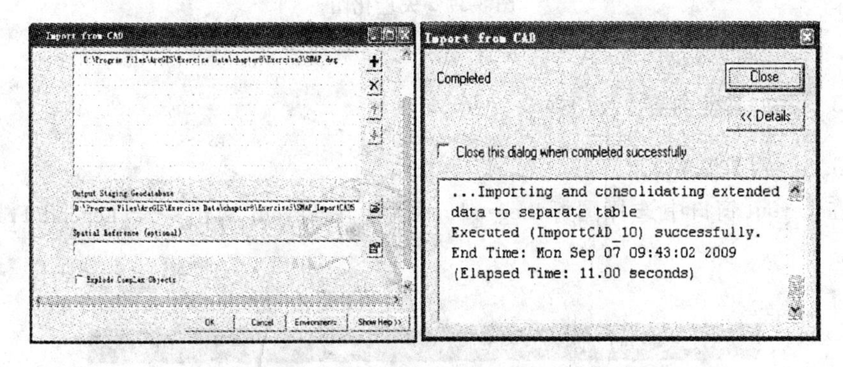

图 8-36 Geodatabase 转换结果输出

始地图数据转换成相应的格式并导入到 ArcGIS 中去,可供进一步分析计算使用。

8.4 地图制作

8.4.1 新建布局

启动系统,打开指定的项目工程。在 Project Window 窗口中,选择 Layouts 图标,点击 New 按钮,建立 Layout1。

选用菜单 Layout→Page Setup,对弹出的页面设置(Page Setup)对话框进行设置。选用菜单 Layout→Properties,对弹出的布局特征(Layout Properties)对话框进行设置。

8.4.2 添加矢量化后的地图

选择\Exercise Data\Chapter8\Exercise5 目录下 buildings、play 、road 文件夹中的数据,点击 Open 即可加载实验指定的数据,如图 8-37 所示,用 Tools 或 View 中的工具对图形进行放大、缩小、平移、删除 View Frame,双击后再次进入 View Frame Properties 对话框,修改原来的设置。

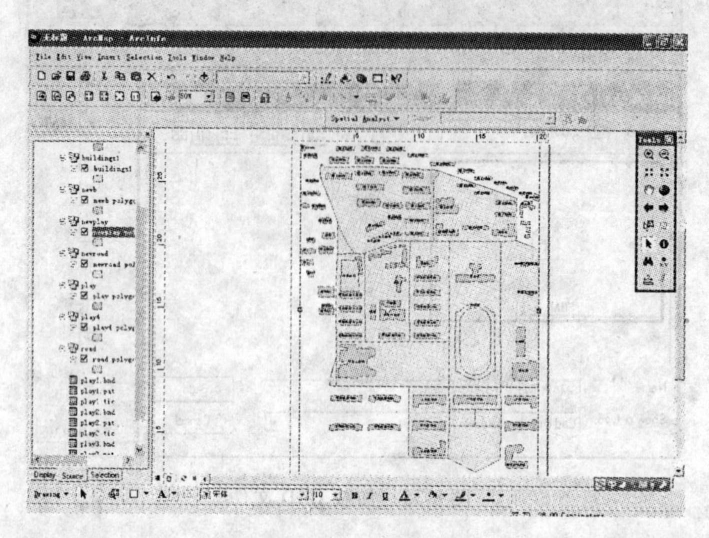

图 8-37　矢量化图

8.4.3　添加其他内容

8.4.3.1　添加图例

(1)在 Layout 窗口中选择图标 Legend，用鼠标在 Layout 输出一个 Legend Frame，如图 8-38所示。

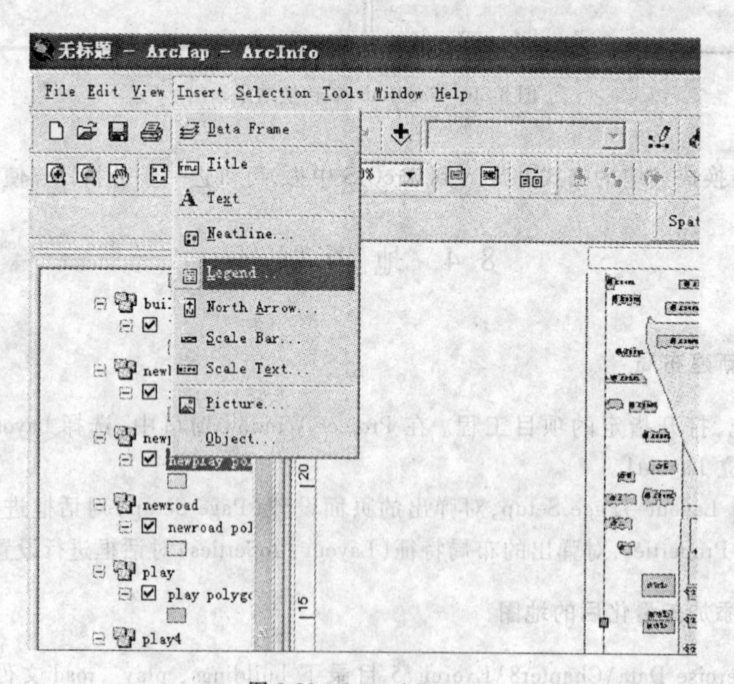

图 8-38　Legend Frame

(2)在弹出的 Legend Wizard 对话框中进行设置,如图 8-39 所示。

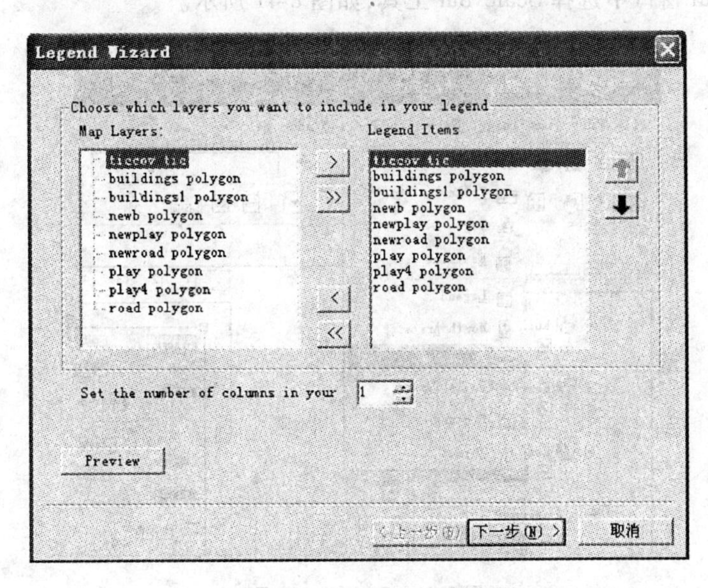

图 8-39　Legend Wizard 对话框

(3)按 OK 键结束添加图例,对图例进行调整,如图 8-40 所示。

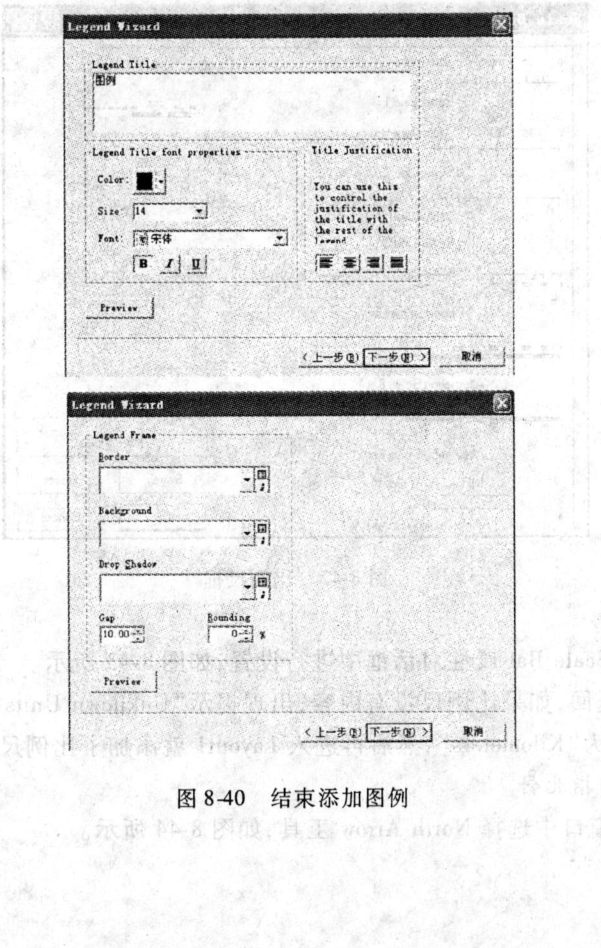

图 8-40　结束添加图例

8.4.3.2 添加比例尺

(1)在 Layout 窗口中选择 Scale Bar 工具,如图 8-41 所示。

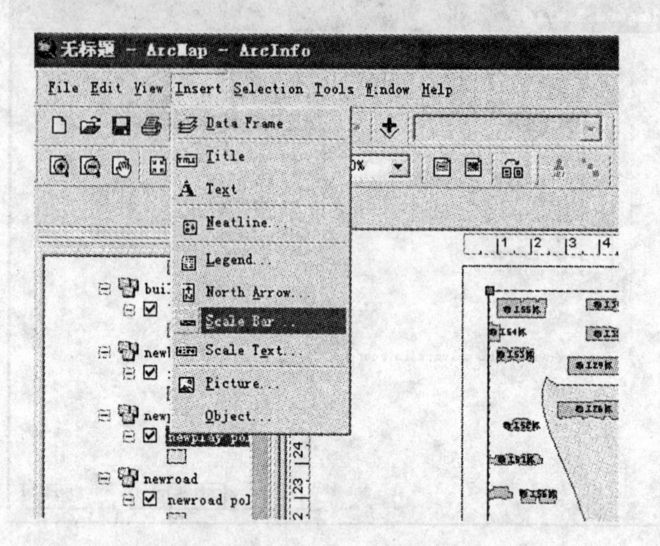

图 8-41 Scale Bar 工具

(2)用鼠标在 Layout 中拖动一个比例尺框,如图 8-42 所示。

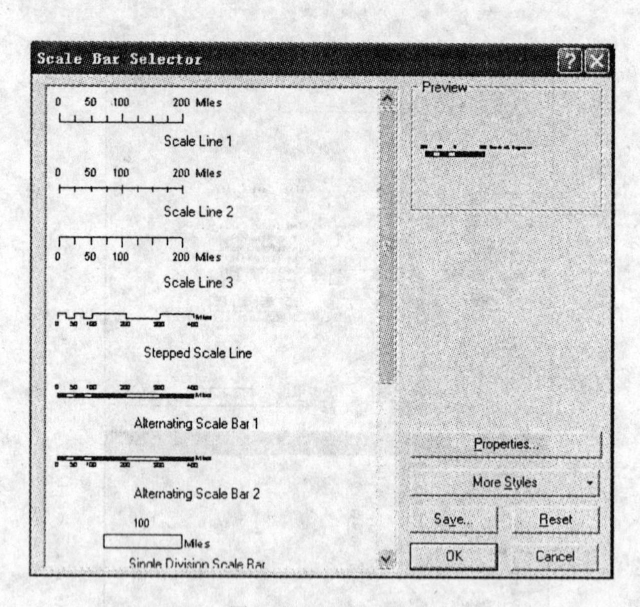

图 8-42 比例尺框

(3)在弹出的 Scale Bar 属性对话框中进行设置,如图 8-43 所示。

(4)按 OK 键返回,如果比例尺没有内容,出现提示"Unknown Units:View1",需在 View1 中将地图单位设置为"Kilometers",然后再进入 Layout1 就添加了比例尺。

8.4.3.3 添加指北针

(1)在 Layout 窗口中选择 North Arrow 工具,如图 8-44 所示。

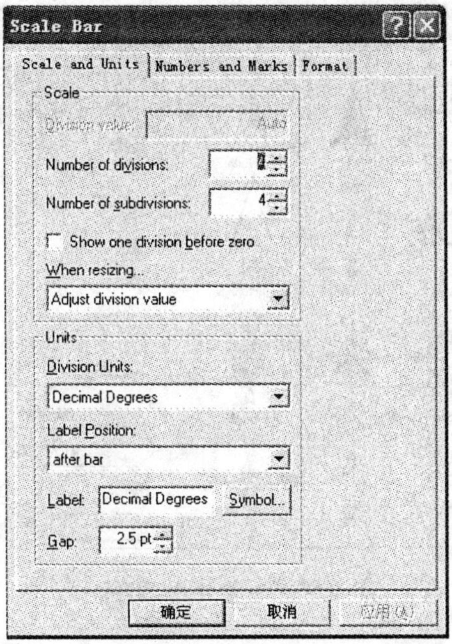

图 8-43　Scale Bar 属性对话框

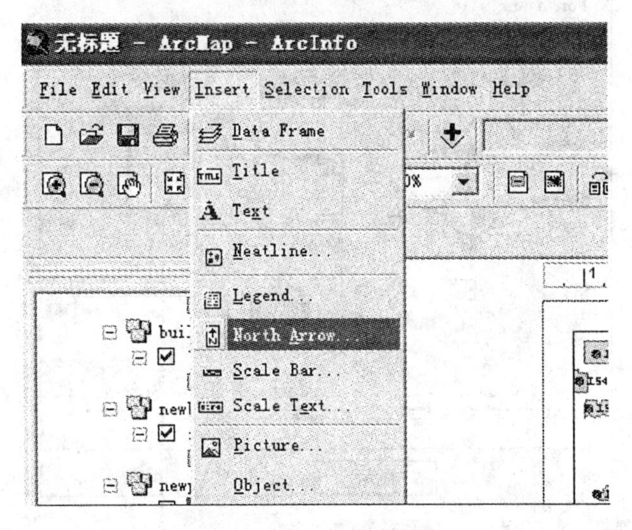

图 8-44　North Arrow 工具

(2)用鼠标在 Layout 中拖动一个指北针选择框 North Arrow Frame,如图 8-45 所示。

(3)在弹出的 North Arrow Properties 对话框中进行设置,如图 8-46 所示。

(4)按 OK 键结束添加图例,对图例进行调整。

8.4.3.4　添加说明文字

在 Layout 窗口中选择 Text 工具,用鼠标在 Layout 中拖动一个文本框 Text Frame,在弹出的 Text Properties 对话框中进行设置,按 OK 键返回后,可用 Pointer 放大、缩小文本框,还可以选用菜单 Window→Show Symbol Window,选择文字字符图标对文本进行调整,如图 8-47

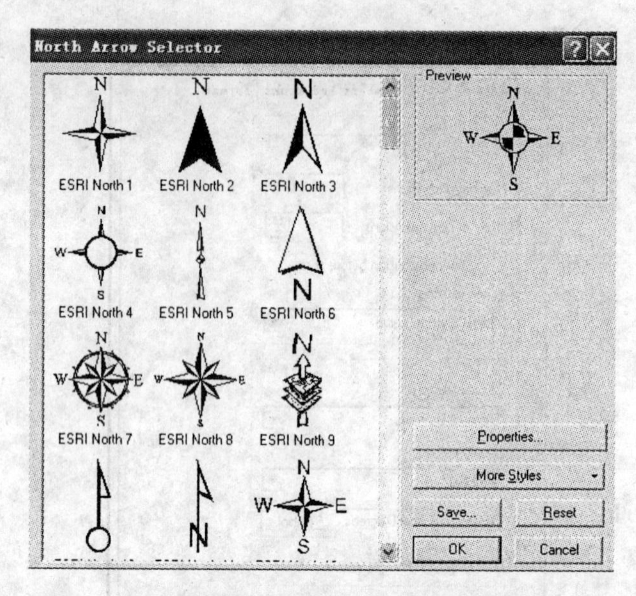

图 8-45　North Arrow 选择框

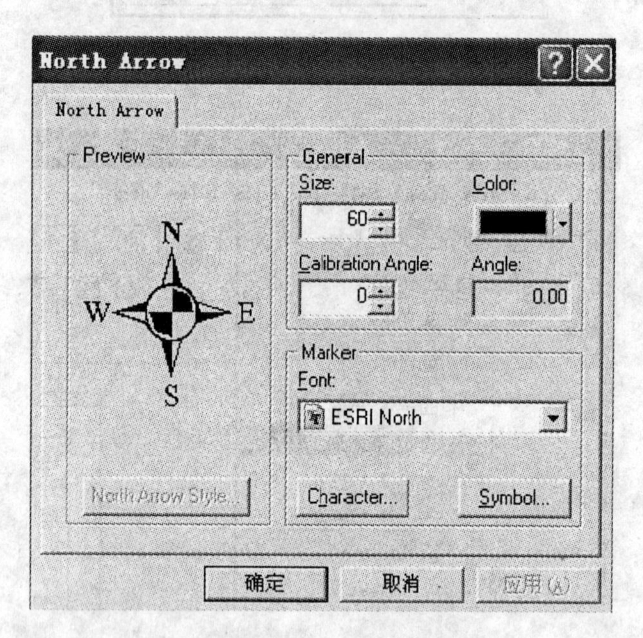

图 8-46　North Arrow 属性设置

所示。

8.4.3.5　添加图框线

在 Layout 窗口中选择 Rectangle tool 工具,在布局中添加矩形图框线。

8.4.4　进一步处理

8.4.4.1　设置地图背景

在 Views Document 窗口中选择菜单 Views→Properties,在弹出的对话框中点击

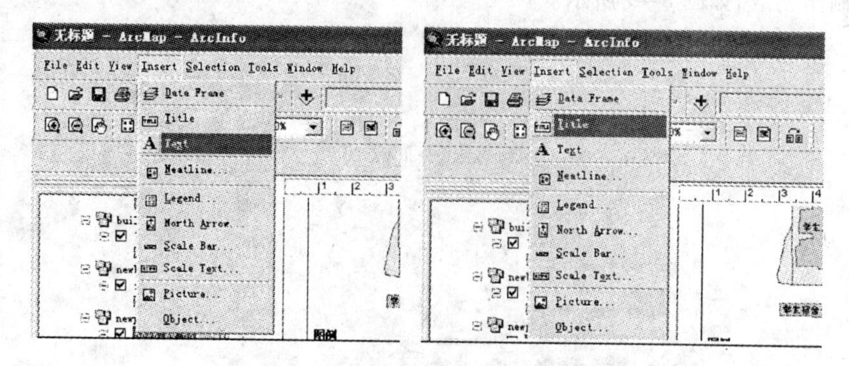

图 8-47　Text Frame 中添加说明文字

Background Color，按右侧的按钮 Select Color，选择需要的颜色，按 OK 键返回，进入 Layout 查看背景。

8.4.4.2　精确比例绘图

用工具 Pointer 点击 View Frame，选用菜单 Graphics→Size and Position，在出现的对话框中进行相应设置。

8.4.4.3　模板的保存、再调用

在保存模板之前，清空布局中各种图文框中的内容，选用菜单 Layout→Store As Template，在弹出的模板对话框中输入模板的名字。

选用菜单 Layout→Use Template，在弹出的模板管理对话框中选择模板。

8.4.4.4　打印或输出中间文件

选用菜单 File→Print 进行打印；选用菜单 File→Export 进行图形输出，如图 8-48 所示。

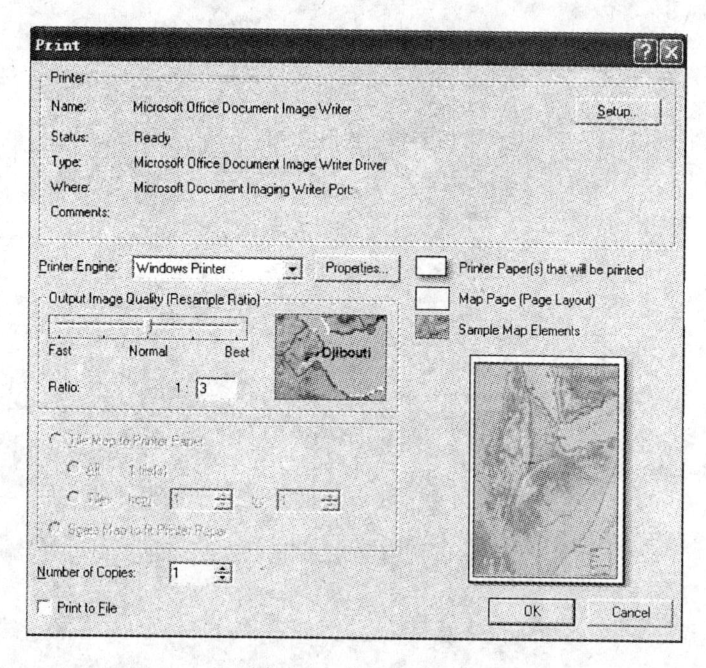

图 8-48　打印及输出

地图制作完成,如图 8-49 所示。

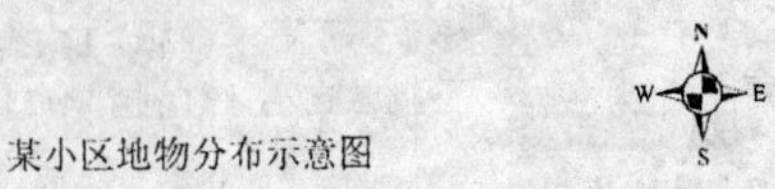

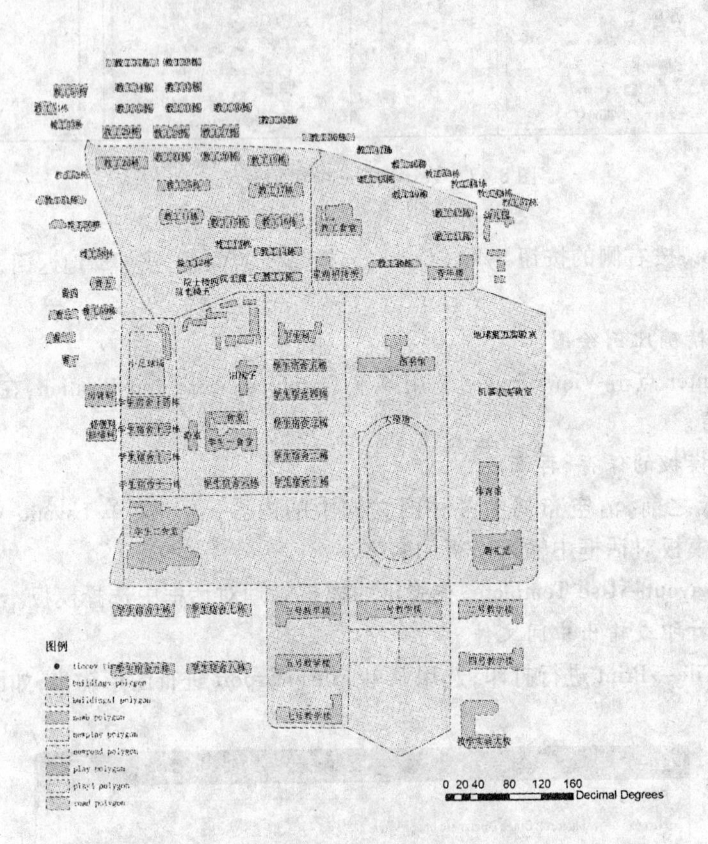

图 8-49　地图实例

第9章 工程地形分析

ArcGIS具有一个能为三维可视化、三维分析以及表面生成提供高级分析功能的扩展模块3D Analyst,可以用它来创建动态三维模型和交互式地图,从而更好地实现地理数据的可视化和分析处理。

利用三维分析扩展模块可以进行三维视线分析和创建表面模型(如TIN)。

ArcGIS的标准数据格式,不论二维数据还是三维数据都可通过属性值以三维形式来显示。例如,可以把平面二维图形突出显示成三维结构、线生成墙、点生成线。因此,不用创建新的数据就可以建立具有高度交互性和可操作性的场景。如果是具有三维坐标的数据,利用该模块可以把数据准确地放置在三维空间中。

在这一工具的支持下,对测绘工程领域的一些专题应用有很大的帮助。本章主要介绍如何利用ArcGIS三维分析模块进行DEM的建立、断面图的生成和坡度图制作等内容。

通过对本次实习的学习,我们应:

(1)掌握TIN建立过程的原理、方法。

(2)掌握在ArcGIS中建立DEM、TIN的技术方法。

(3)掌握根据DEM或TIN计算坡度的方法。

(4)结合实际,掌握应用DEM解决地学空间分析问题的能力。

9.1 DEM的建立

数字高程模型(Digital Elevation Models, DEM)主要用于描述地面起伏状况,是对地形地貌的一种离散的数字表达。DEM可以用于各种地形信息提取,如坡度、坡向等,并进行可视化分析等应用分析。DEM在测绘工程、土木工程设计等众多领域被广泛使用。

具有空间连续特征的地理要素,其值的表示可以借鉴三维坐标系统X、Y、Z中的Z值来表示,一般通称为Z值。在一定范围内的连续Z值构成了连续的表面。在实际测量中不可能对所有点进行度量并记录。因此需要对实际测量点插值生成表面,以实现对真实表面的近似模拟。

利用ArcGIS三维分析模块可以从现有数据集中创建连续的地表模型,它允许以规则空间格网(栅格模型)或不规则三角网(TIN模型)两种形式来创建表面以适合于某些特定的数据分析。

创建表面模型主要有两种方法:插值法和三角测量法。

主要的插值方法包括:①反距离权重插值;②克里格插值;③自然邻体法(点插值成面);④样条函数插值;⑤拓扑栅格插值(拓扑纠正表面生成);⑥趋势面插值。

欲建立三角网表面,可以用矢量要素生成不规则三角网(包括硬或软断线、集群点等等),也可通过向现有表面中添加要素来创建。

在ArcGIS中,还可以实现栅格表面和TIN表面的相互格式转换。

9.1.1 TIN 的组成

通常 TIN 是从多种矢量数据源中创建的。可以用点、线与多边形要素作为创建 TIN 的数据源。其中,不要求所有要素都具有 Z 值,但有一些要素必须有 Z 值。

在 ArcGIS 中,可以使用一种或多种输入数据一步创建 TIN 模型,也可以分步创建,并可以通过向已有 TIN 模型中添加要素实现对已有模型的改进。TIN 表面模型可以从网格点、隔断线与多边形中生成。网格点用来提供高程,作为生成的三角网络中的节点。

1. 点集

它是 TIN 的基本输入要素,决定了 TIN 表面的基本形状。在变化较大的地方,使用较多的点;对于较平坦的表面,使用较少的点。

2. 隔断线

它可以是具有高度的线,也可以是没有高度的线。在 TIN 中构成一条或多条三角形的边序列。隔断线既可用来表示自然要素,如山脊线、溪流,也可以用来创建要素,如道路。

隔断线有“软”隔断线和“硬”隔断线两种。“硬”隔断线用来表示表面上的不连续性。如溪流与河道可作为“硬”隔断线加在 TIN 中以表示表面所在处的突然变化,从而可以改进 TIN 表面的显示与分析。这一点具有十分重要且现实的意义。

“软”隔断线即添加在 TIN 表面上用以表示线性要素但并不改变表面坡度的边。比如,要标出当前分析区域的边界,可以在 TIN 表面上用“软”隔断线表示出来,不会影响表面的形状。

3. 多边形

它是用来表示具有一定面积的表面要素,如湖泊、水体,或用来表示分离区域的边界。边界可以是群岛中单个岛屿的海岸线或某特定研究区的边界。多边形表面要素有以下四种类型:

(1)裁切多边形:定义插值的边界,处于裁切多边形之外的输入数据将不参与插值与分析操作。

(2)删除多边形:定义插值的边界,与裁切多边形的不同之处在于多边形之内的输入数据将不参与插值与分析操作。

(3)替换多边形:可对边界与内部高度设置相同值,可用来对湖泊或斜坡上地面为平面的开挖洞建模。

(4)填充多边形:它的作用是对落在填充多边形内所有的三角形赋予整数属性值。表面的高度不受影响,也不进行裁切或删除。

在创建 TIN 的过程中,多边形要素被集成到三角形中,作为三条或更多的三角形边所组成的闭合序列。在 TIN 表面中使用隔断线与多边形,可以更好地控制 TIN 表面的形状。

9.1.2 TIN 的建立

下面介绍如何由高程点、等高线矢量数据生成 TIN 转为 DEM。

具体操作如下:在 ArcMap 中新建一个地图文档。

(1)添加矢量数据:利用 ArcGIS 的 AddData 功能将学生测图实习成果 DWG 图形文件(Chapter9\rqs.dwg)在 ArcMap 中显示。如图 9-1 所示。

要将 DWG 文件用于创建 TIN,必须展开 Conversion Tools 工具箱,打开 To Shapefile 工具集,然后将 DWG 文件转换为以点、线、面层组织的文件格式。如图 9-2 所示。

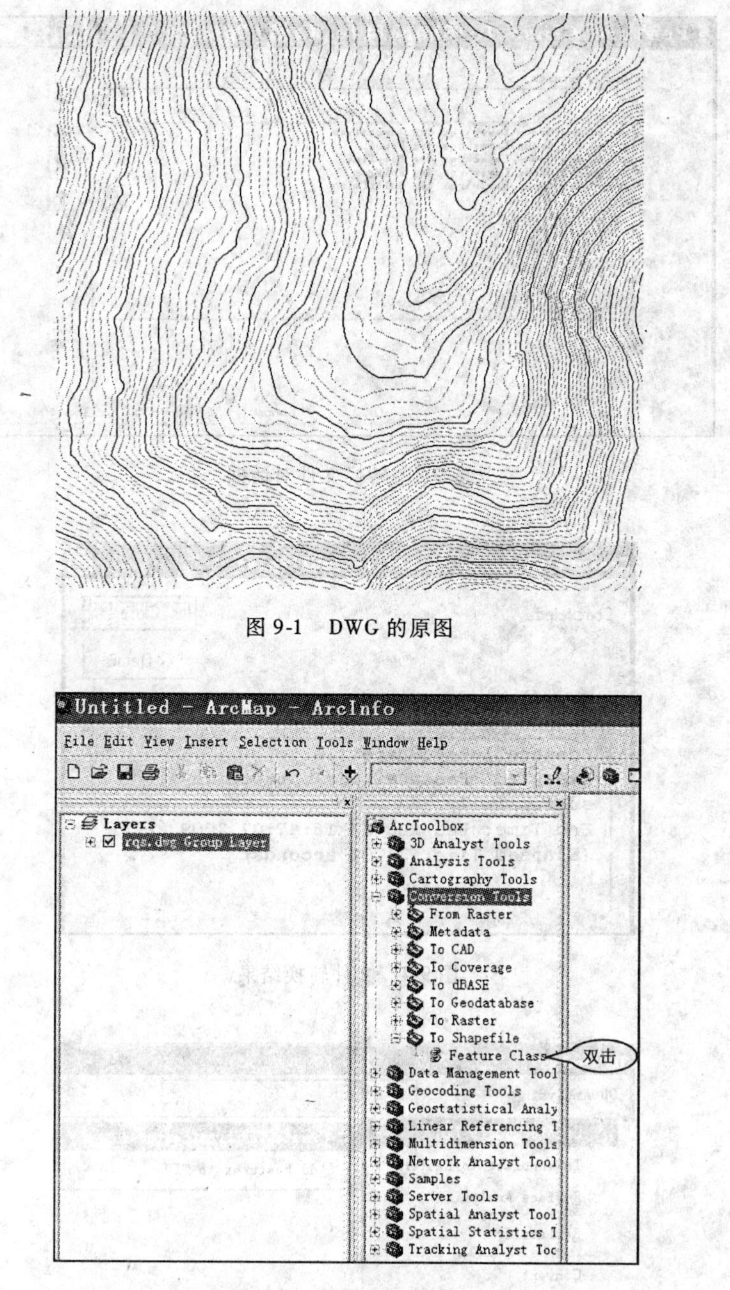

图 9-1　DWG 的原图

图 9-2　转换文件工具

双击 Feature Class To Shapefile 打开如图 9-3 所示的对话框，加入 DWG 文件的各个层数据单击 OK 进行转换，结果如图 9-4 所示。

(2)激活"3D Analyst"扩展模块(执行菜单命令"工具"→"扩展"，在出现的对话框中选中 3D 分析模块)，在工具栏空白区域单击右键打开"3D 分析"工具栏。

(3)执行工具栏"3D 分析"中的菜单命令"3D 分析"→"创建/修改 TIN"→"从要素生成 TIN"，如图 9-5 所示。

(4)在对话框"从要素生成 TIN"中定义每个图层的数据使用方式，如图 9-6 所示。

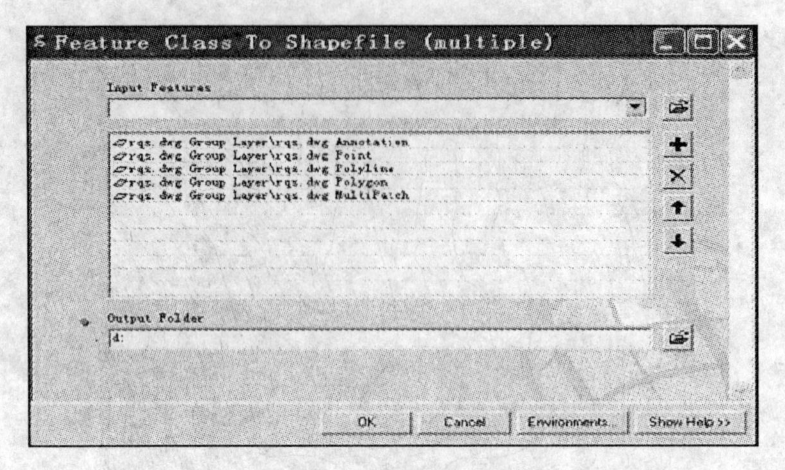

图 9-3　转换文件对话框

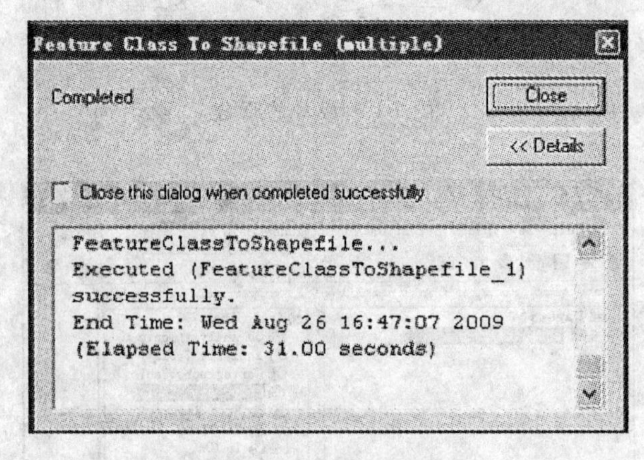

图 9-4　文件转换结果

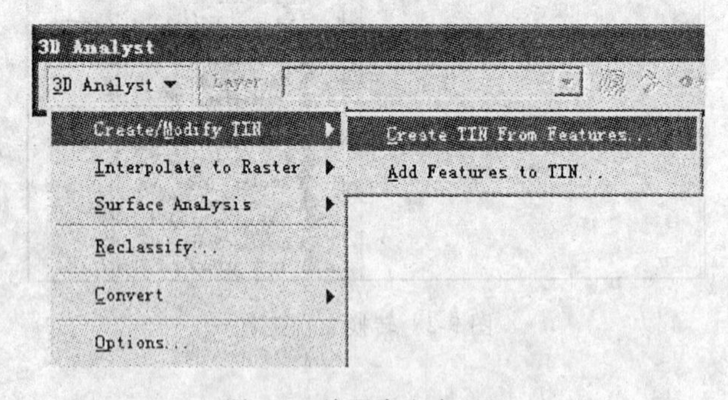

图 9-5　从要素生成 TIN

在“从要素生成 TIN”对话框中，在需要参与构造 TIN 的图层名称前的检查框上打上勾，指定每个图层中的一个字段作为高度源（Height source），设定三角网特征输入（Input as）方式。可以选定某一个值的字段作为属性信息（可以为 None）。“Triangulate as”指定为“硬替换”，其他图层参数使用默认值即可。

对每个要素类，进行以下操作：

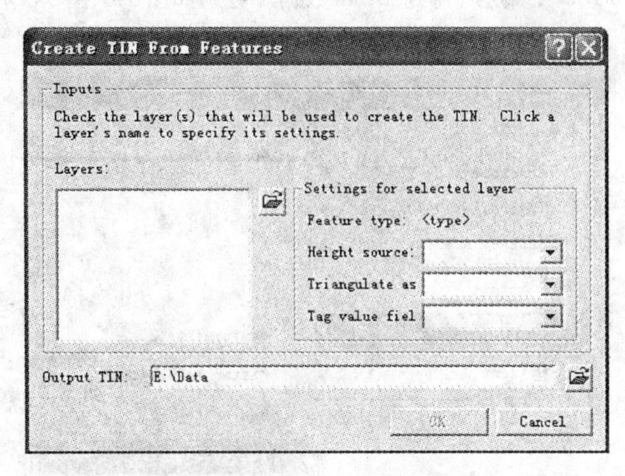

图 9-6　从要素生成 TIN 的对话框

① 选择几何字段(如果要素具有三维几何特征);

② 选择高程字段;

③ 选择要素合成方式,包括点集、隔断线或多边形;

④ 选择标志值字段(如需要以要素的值来标记 TIN 要素)。

(5)确定生成文件的名称及其路径,生成新的图层 TIN,在 TOC(内容列表)中关闭除"TIN"和"rqs"之外的其他图层的显示,设置 TIN 的图层(符号)得到 TIN。如图 9-7 所示。

图 9-7　构成的 TIN

在创建表面的过程中,有时需要将 TIN 转换成栅格表面,或者需要从 TIN 中提取坡度、坡向等地形因子。

(6)执行工具栏"3D 分析"中的命令"转换"→"TIN 转换到栅格",指定相关参数,输出栅格的位置和名称:“tingrid”,确定后得到 DEM 数据。分别如图 9-8、图 9-9 和图 9-10 所示。

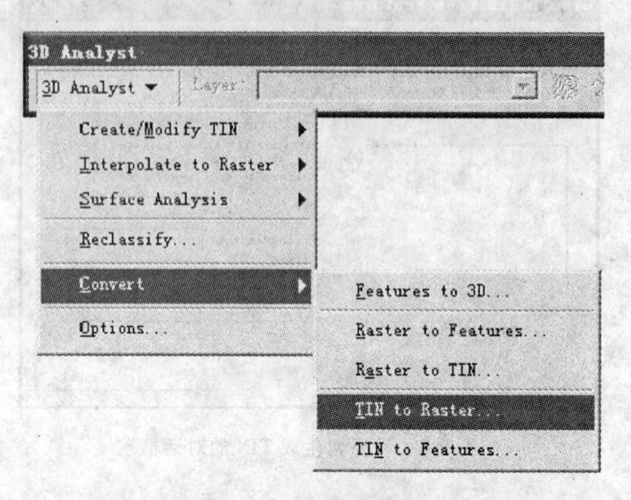

图 9-8 TIN 转换到栅格

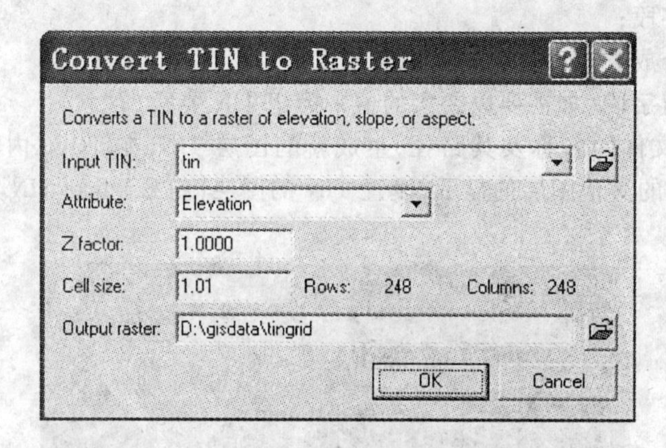

图 9-9 TIN 转换到栅格的对话框

图 9-10 DEM 的显示

9.2　断面图生成

DEM 包含着大量有用的信息。通过 ArcGIS 的一些分析工具如两点之间的通视性分析,或者计算表面的坡度信息等可以提供土地利用规划、工程选线和选址等的决策依据。

ArcGIS 三维分析工具包括了以下表面分析工具,如表 9-1 所示。

表 9-1　**表面分析工具**

山阴影工具	坡度工具	坡角工具	曲率工具
剪切、填充工具	视域工具	视线工具	表面长度工具
表面点	体积工具	插值工具	创建等高线工具

在测绘工程领域经常要用到断面图的生成。在工程(如公路、铁路、管线工程等)设计过程中,常常需要提取地形断面,制作断面图。例如,在规划某条铁路时需要考虑线路上高程变化的情况以评估在其上铺设轨道的可行性。如果在地形剖面上叠加上其他地理变量,例如坡度、土壤、植被、土地利用现状等,则应用更广。

断面图表示了沿表面上某条线前进时表面上高程变化的情况。断面图的制作可以采用该区域的栅格 DEM 或 TIN 表面。

断面图不一定必须沿直线绘制,也可沿一条曲线绘制,但其绘制方法仍然是相同的。

生成过程如下:

(1)在 ArcMap 中添加数据,然后在 3D Analyst 工具条上选择该数据(数据由 9.1 生成),如图 9-11 所示。

图 9-11　在 3D Analyst 工具条上选择数据

(2)使用 Interpolate line 工具创建线,以确定断面线的起终点。

(3)使用 Profile Graph 工具生成断面图,如图 9-12 所示。

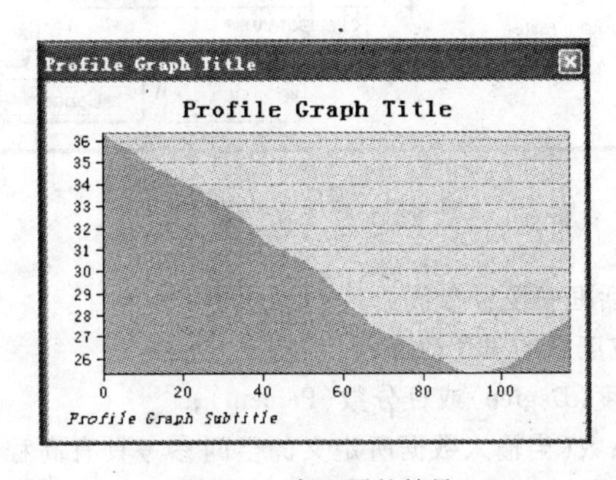

图 9-12　断面图的结果

(4)在生成的断面图标题栏上点击右键，选择属性(Properties)项，进行布局调整与编辑。

9.3 坡度图制作

在已建好的TIN数据基础上进行坡度图的制作。

(1)选择表面分析的坡度工具(Slope)，如图9-13所示，打开坡度工具对话框如图9-14所示。

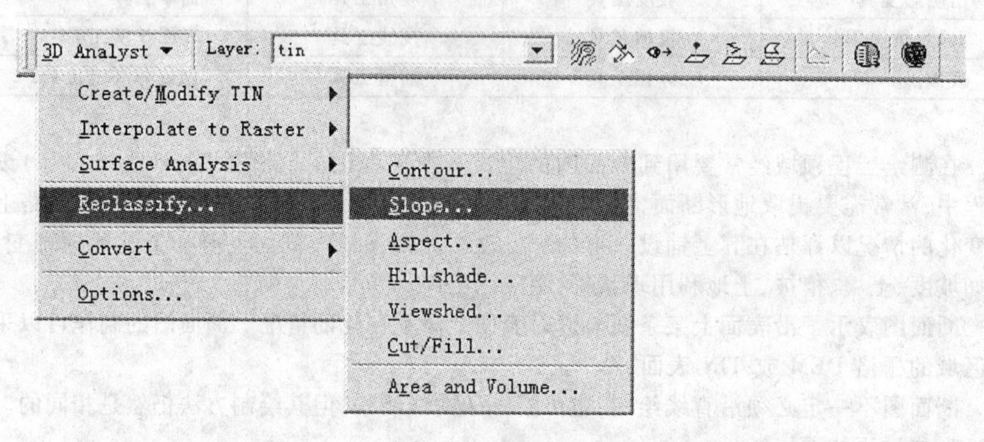

图9-13 坡度工具(Slope)

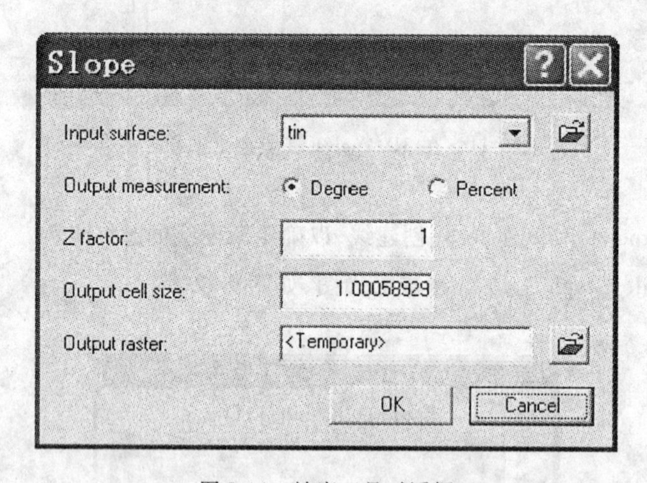

图9-14 坡度工具对话框

(2)在坡度工具对话框中设置参数：

① 选择用来生成坡度图的TIN表面；

② 选择坡度单位，度(Degree)或百分数(Percent)；

③ 设定高程转换系数(当输入数据所定义的空间参考具有高程单位时，自动进行转换计算)；

④ 指定输出图的栅格单元大小；

⑤ 指定输出路径和文件名。

(3)单击"OK"完成。生成的坡度图如图 9-15 所示。

图 9-15　生成的坡度图

还可以进行坡向分析，参考第 6 章的介绍自己实现。

9.4　可视性分析

地表某点的可视范围在通信、军事、房地产等应用领域有着重要的意义。可视性分析是指以某一点为观察点，研究某一区域通视情况的地形分析。可视性分析的核心是通视图的绘制。

ArcGIS 三维分析模块可以进行沿视觉瞄准线上点与点之间可视性的分析或整个表面上的视线范围内的可视情况分析。

9.4.1　视线瞄准线的创建

首先，单击视线瞄准线工具 (Line of Sight)，如图 9-16 所示，打开视线瞄准线对话框，如图 9-17 所示。

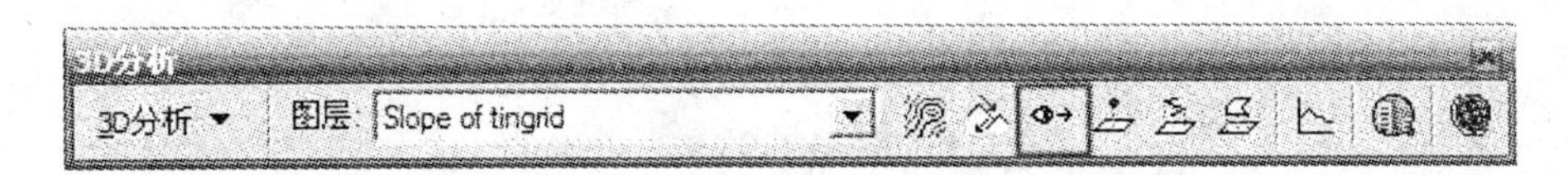

图 9-16　视线瞄准线工具

创建步骤如下：

(1)输入观测点偏移量(Observer offset)(可选)；

(2)输入目标偏移量(Target offset)，与观测点偏移量类似，为观测点处高于表面的高度

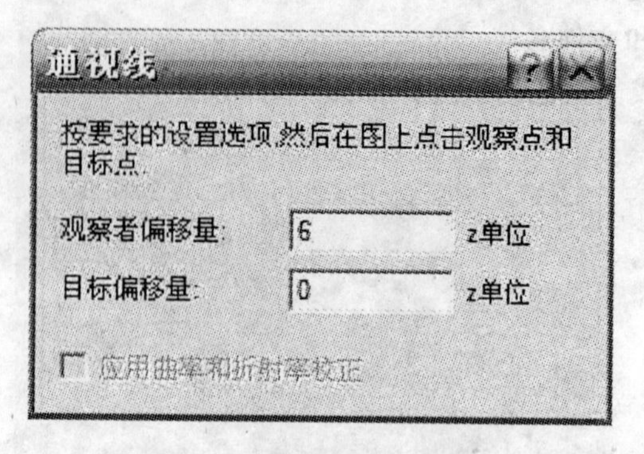

图 9-17　视线瞄准线对话框

(可选);

(3)在表面上确定观测者位置和观测目标点。

9.4.2　视场的计算

在 ArcGIS 中,可以计算表面(栅格表面或 TIN 表面均可)上单点视场或者多个观测点的公共视场,甚至可以将线作为观测位置,此时线的节点集合即为观测点。计算结果为视场栅格图,栅格单元值表示该单元对于观测点是否可见,如果有多个观测点,则其值表示可以看到该栅格的观测点的个数。

首先选择表面分析中的视场工具(Viewshed),如图 9-18 所示,计算步骤如下:

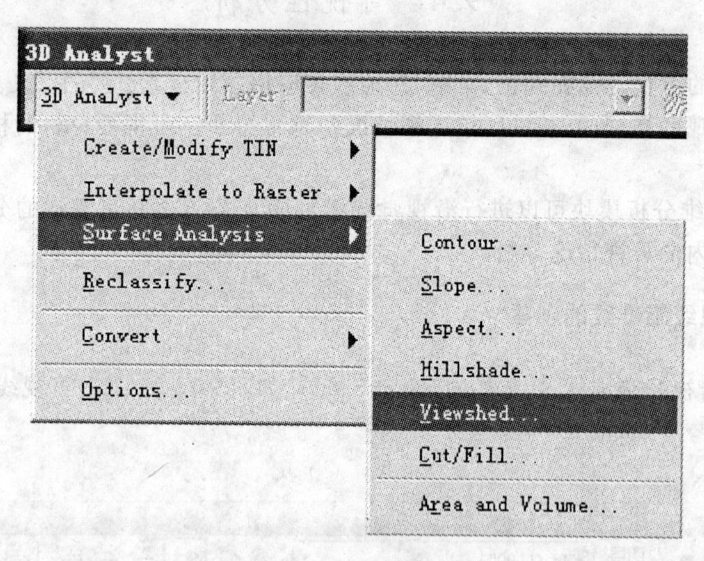

图 9-18　视场工具(Viewshed)

(1) 选择计算表面(Input surface);

(2) 设定观察点(选择用做观测点的要素图层);

(3) 设定高程变换系数;

(4) 指定输出栅格单元大小;

(5) 选择输出路径及文件名。以上操作均在视场(Viewshed)对话框中实现,如图 9-19 所示。

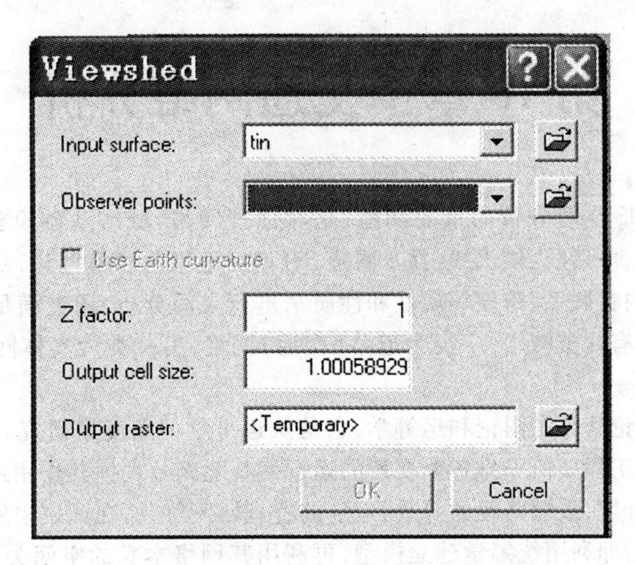

图 9-19 视场(Viewshed)对话框

3D 分析工具还有很多功能,这里不能一一介绍,可以在具体要求下,逐步应用。

第10章　交通网络分析

网络分析是GIS空间分析的重要功能,是对地理网络,城市基础设施网络(如各种网线、电缆线、电力线、电话线、供水线、排水管道等)进行地理化和模型化,基于它们本身在空间上的拓扑关系、内在联系、跨度等属性和性质来进行空间分析,通过满足必要的条件得到合理的结果。主要有两类网络:一类为道路(交通)网络,另一类为实体网络(比如河流、排水管道、电力网络)。

网络分析的理论基础是图论和运筹学,它是从运筹学的角度来研究、统筹、策划一类具有网络拓扑性质的工程如何安排各个要素的运行使其能充分发挥其作用或达到所预想的目标,如资源的最佳分配、最短路径的寻找、地址的查询匹配等,而在此之中所采用的是基于数学图论理论的方法,即利用统筹学建立模型,再利用其网络本身的空间关系,采用数学的方法来实现这个模型,最终得到结果,从而指导现实和应用。因此,对网络分析的研究在空间分析中占有极其重要的意义。此实验涉及交通网络分析,主要内容包括:

最佳路径分析,如:找出两地通达的最佳路径。

服务区域分析,如:确定公共设施(医院)的服务区域。

通过对本实习的学习,应达到以下几个目的:

(1) 加深对网络分析基本原理、方法的认识;

(2) 熟练掌握在ArcGIS下进行道路网络分析的技术方法。

(3) 结合实际,掌握利用网络分析方法解决地学空间分析问题的能力。

10.1　网络的组成和建立

10.1.1　网络的组成

网络是现实世界中,由链和节点组成的、带有环路并伴随着一系列支配网络中流动之约束条件的线网图形。网络的基本组成部分和属性如下:

1. 线状要素

链,网络中流动的管线,包括有形物体如街道、河流、水管、电缆线等,无形物体如无线电通信网络等。

2. 点状要素

(1)障碍,禁止网络中链上流动的点;

(2)拐角点,出现在网络链中所有的分割节点上,如拐弯的时间和限制(如不允许左拐);

(3)中心,是接收或分配资源的位置,如水库、商业中心、电站等;

(4)站点,在路径选择中资源增减的站点。

一般情况下，网络是通过将内在的线、点等要素在相应的位置绘出后，根据它们的空间位置以及各种属性特征从而建立它们的拓扑关系，使得它们能成为网络分析中的基础部分，从而进行一定的网络空间分析和操作。

在 ArcGIS 网络分析中涉及的网络是由一系列要素类别组成的，可以度量并能用图形表达的网络，又称为几何网络。图形的特征可以在网络上表现出来，同时也可以在同一个网络中表示出如运输线、闸门、保险丝与变压器等不同性质的数据。一个几何网络包含了线段与交点的连结信息且定义出部分规则，如：哪一个类别的线段可以连至某一特定类别的交点，或某两个类别的线段必须连至哪一个类别的交点。

一个完整的几何网络必须首先建立一个空的空间图形网络然后再加入其各个属性特征值，一旦网络数据被建立起来，全部数据将被存放在地理数据库中。网络分析的基础是几何网络，所以进行网络分析的前提是网络的调用。一般来说我们根据分析工作的需要来选择调用的网络数据。基本的网络分析，必须加载至少一种包含网络属性的要素类型；对于全部网络数据的制图的输出，就必须加载包含网络属性的整个要素数据库。

在 ArcGIS 中，应用 Network Analyst extension（网络分析扩展）可以建立网络数据集并且在该数据集上进行分析操作。Network Analyst extension（网络分析扩展）主要由三部分构成：建立网络数据集的向导（在 ArcCatalog 中）、Network Analyst window（网络分析窗口，在 ArcMap 中）、Network Analyst toolbar（网络分析工具条，在 ArcMap 中）。

10.1.2 网络数据集建立

Network Datasets（网络数据集）是由 network elements（网络元素）组成的。而网络元素是由建立网络数据集的资源生成。网络元素有三种：edges（边）、junctions（连接点）、turns（方向）。网络中的 Connectivity（连通性）用来描述边和连接点之间的连接性质。边和连接点是网络的基本组成元素，而连接点记录了两个或者多个边之间的方向运动，是可选择的元素。

在网络数据集的建立过程中，有三种 network sources（网络资源）参与：edge feature sources（边要素资源）、junction feature sources（连接点要素资源）、turn feature sources（方向要素资源）。Line feature classes（线要素类）作为边要素资源；Point feature classes（点要素类）作为连接点要素资源；Turn feature classes（方向要素类）作为方向要素资源。

网络要素数据集可以基于 shapefile 文件建立，也可以在空间数据库的一个要素集中建立。因为要素集可以存储 multiple feature classes（多要素类），因而网络要素集也支持 multiple sources（多资源）和 multimodel network（多模式网络）。

这里主要演示基于 a simple shapefile 的网络数据集的建立。

（1）打开 ArcCatalog，导航到“Chapter10\01”文件夹。如果网络分析扩展功能没有启动，则在菜单 Tools→Extensions 下打开扩展模块设置对话框，勾选 Network Analyst（网络分析），如图 10-1 所示。

（2）在 Catalog 导航树中右键点击 Streets. shp，在快捷菜单中单击新网络数据集（New Network Dataset）。打开新建网络数据集向导，在第一个页面中输入要建立的网络数据集名称，这里用缺省值 Streets_ND，单击“下一步”进入向导的下一个页面。

（3）在向导的第二个页面中主要是对网络连接性（Network Connectivity）进行设置。默认的设置是将所有的资源构成一个连接群体。并且设置所有的边资源以终点（EndPoint）方

图 10-1　Network Analyst 工具栏

式连接,如图 10-2 所示。保存默认的连接性,单击“下一步”进入下一页面。

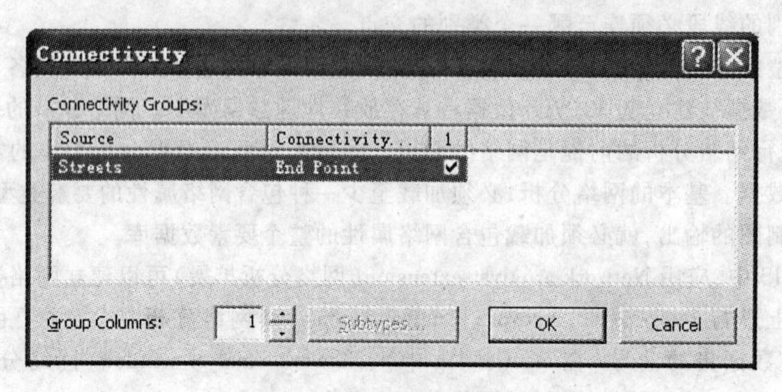

图 10-2　网络连接性设置

(4)如果在 Shapefile 文件中搜索到高程数据,它会自动选择在连接性中使用高程值,并且列出相应的字段,如图 10-3 所示。这里接受默认设置,单击“下一步”进入下一页面。

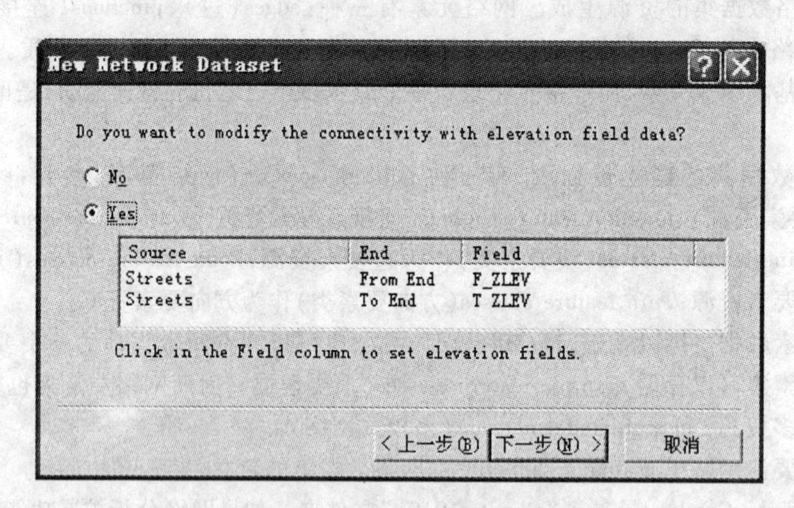

图 10-3　连接性中的高程属性

(5)在本页面中,用于选择在网络模型是否考虑转向要素,这里使用缺省值,选择“是”(Yes),单击“下一步”进入第五个页面。

(6)本页面用于定义网络数据集的属性,已经自动定义了距离、时间、单行限制和道路等级等属性,这里使用缺省定义,如图 10-4 所示。单击“下一步”进入下一页面。

(7)本页面中用于设置在网络数据集中是否考虑道路方向性,缺省选择“是”(Yes),单击“下一步”进入下一页面。

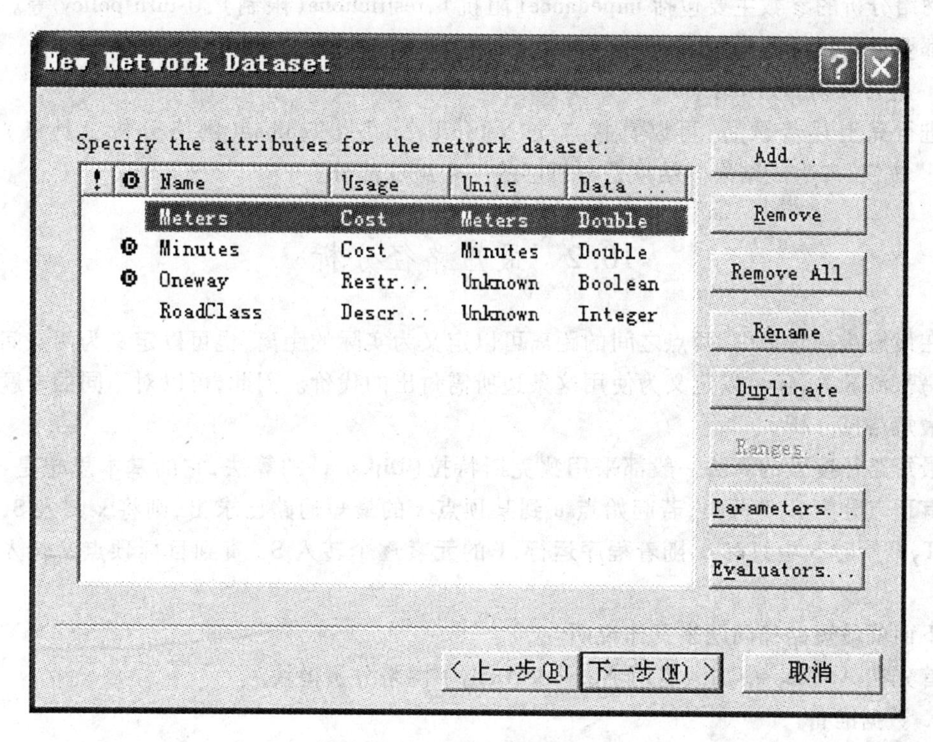

图 10-4　网络数据集属性定义

(8)本页面对数据集设置情况进行概要描述,如果不需要修改,单击"完成"(finish)结束网络数据集建立向导。这时系统弹出对话框,提示是否确定建立新的网络数据集,选择"是",即建立该网络数据集。

10.1.3　网络分析的一般流程

Network Analyst(网络分析)主要有四种:Finding the best route(找最佳路径)、Finding the closest facility(找最近设施)、Finding service areas(找服务区域)、Creating an OD cost matrix(建立起点—目的点成本矩阵)。在 ArcGIS 中,所有的网络分析过程都相似,主要包括以下流程:

1. 建立分析层(analysis layers)

Network analysis layers(网络分析层)是 ArcMap 中的一个数据层,用来存储网络分析过程中的输入要素、参数、结果等。当在 Network Analyst toolbar(网络分析工具条)的"Network Analyst"(网络分析)下选择上述四种分析之一时,相应的网络分析层将自动添加到图层管理器中。

对应的四种网络分析层为:Route analysis layer(路径分析层)、Closest facility analysis layer(最近设施分析层)、Service area analysis layer(服务区域分析层)、OD cost matrix analysis layer(起点—目的点成本矩阵分析层)。

2. 添加网络位置(network locations)

Network locations(网络位置)是网络分析过程中输入的站点或者障碍等。

3. 设置分析参数

网络分析的参数主要包括 impedance（阻抗）、restrictions（限制）、U-turn policy 等。每种分析都要设置相应的参数。

4. 进行分析，显示结果

进行完上述步骤后，可以直接点击 Network Analyst Toolbar（网络分析工具条）中的“Solve”按钮，来生成结果。结果是分析层的一个组成部分。

10.2 最短路径分析

在最短路径选择中，两点之间的距离可以定义为实际的距离，也可以定义为两点间的时间、运费、流量等，还可以定义为使用这条边所需付出的代价。因此，可以对不同的专题内容进行最短路径分析。

最短路径搜索的算法一般都采用狄克斯特拉（Dijkstra）的算法，它的基本思想是：把图的所有顶点分为 S，T 两类，若起始点 u 到某顶点 x 的最短通路已求出，则将 x 归入 S，其余归入 T，开始时 S 中只有 u，随着程序运行，T 的元素逐个转入 S，直到目标顶点 v 转入后结束。

下面就最短路径问题来具体说明。

首先在 ArcMap 中加载启用 Network Analyst 网络分析模块。

1. 数据准备

执行菜单命令“工具 Tools”→“Extensions”，在“Extensions”对话框中点击“Network Analyst”启用网络分析模块，即装入 Network Analyst 空间分析扩展模块。

在 ArcMap 中打开 Chapter10\02\street. mxd。

如果网络分析窗口没有打开，则在网络分析工具栏中点击“网络分析窗口”按钮（见图10-5），以打开网络分析窗口（见图 10-6）。

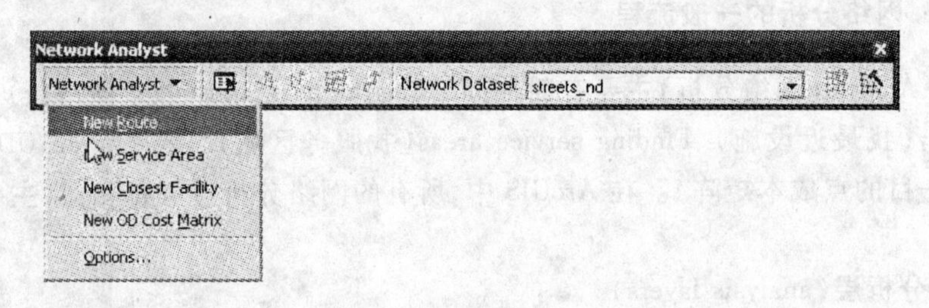

图 10-5 网络分析工具栏

2. 创建路径分析图层

在网络分析工具栏（Network Analyst）上点击下拉菜单“Network Analyst”，然后点击“NewRoute”菜单项。

此时在网络分析窗口（Network Analyst Window）中包含一个空的列表，显示停靠点（Stops）、路径（Routes）、路障（Barriers）的相关信息。同时，在 TOC（图层列表）面板上添加了新建的一个路径分析图层“Route”组合（见图 10-7）。

3. 添加停靠点

通过以下步骤添加停靠点，最佳路径分析将找到最佳的经停顺序以计算并得到最佳路径。

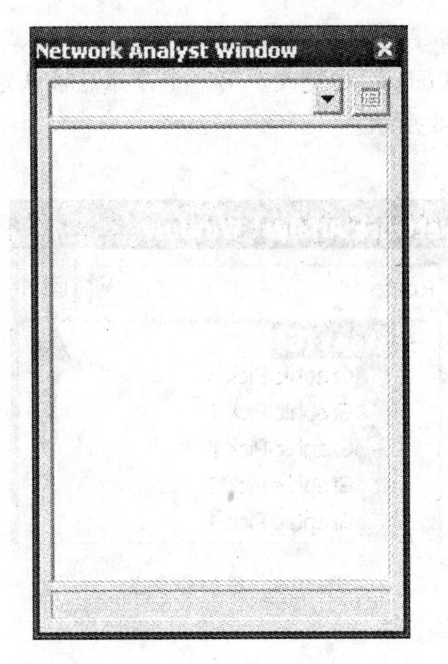

图 10-6　网络分析窗口

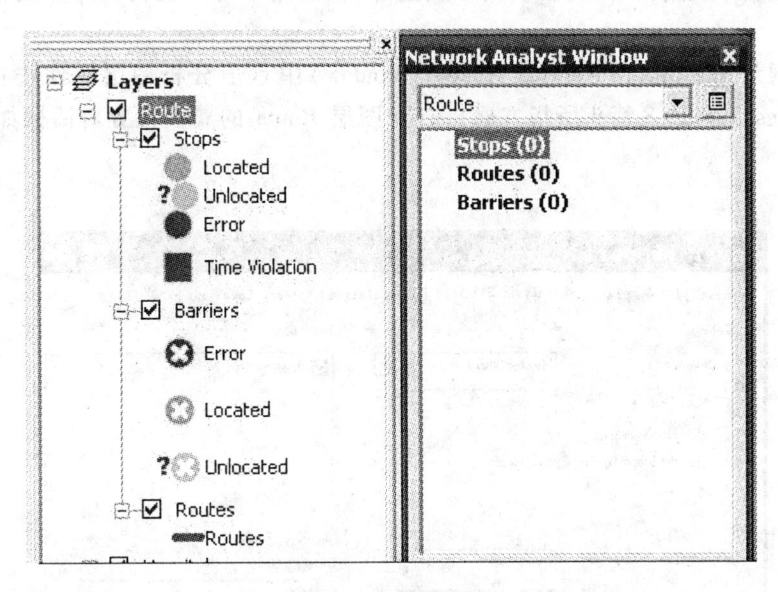

图 10-7　图层界面

(1)在网络分析窗口(Network Analyst Window)中点选 Stops(0)。

(2)在网络分析工具栏(Network Analyst)上点击"新建网络位置"(Create Network Location)工具。

(3)在地图的街道网络图层的任意位置上点击以定义一个新的停靠点。

程序将在街道网络上自动计算并得到一个距离给定位置最近的停靠点,已定义的停靠点会以特别的符号进行显示。停靠点会保持被选中的状态,除非它被明确地反选(Unselected)或者又新增了一个另外的停靠点。停靠点的所在位置会同时显示一个数字"1",数字表示经停的顺序。

(4)再添加 4 个停靠点。新增加的停靠点的编号为 2、3、4、5。经停的顺序可以在网络分析窗口(Network Analyst Window)中更改。第一个停靠点被认定为出发点,最后一个停靠点被认定为目的地,如图 10-8 所示。

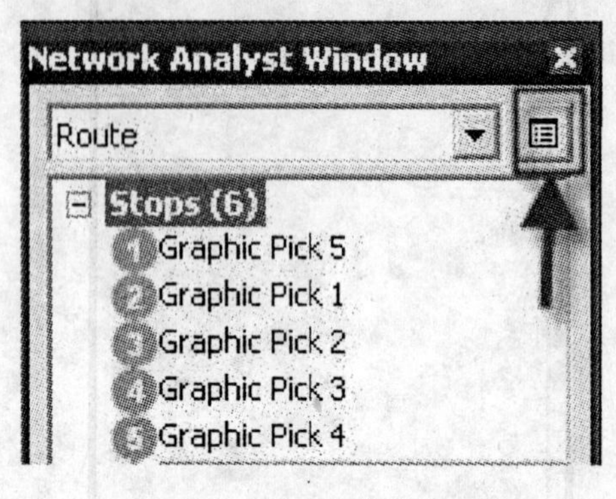

图 10-8 添加停靠点

4. 设置分析选项

假设设置以下规则:单向行驶规则必须遵守,任意路口可以调头。计算最省时间的线路。

(1) 在网络分析窗口(Network Analyst Window)中点击分析图层属性按钮(Analysis Layer Properties)(图 10-8 箭头所指方框),打开图层 Route 的属性设置对话框如图 10-9 所示:

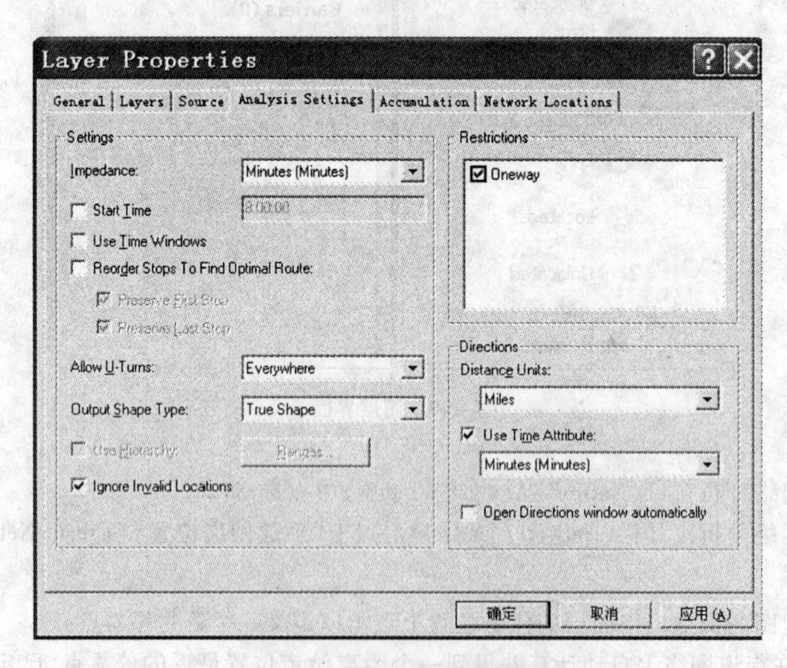

图 10-9 图层属性设置对话框

（2）在分析图层——Route 属性对话框中，点击分析设置（Analysis Settings）选项页，并确认阻抗（impedance）设置为分钟 Minutes；

（3）不使用时间限制（保持 Use Time Windows 前的检查框为非选中状态）。当必须在规定时间在某个停靠点停留时才使用这个选项，选择这个选项后可以通过设置停靠点属性来设置某个停靠点到达的时间、离开的时间；

（4）在“约束规划”（Restrictions）列表框中选择单行线（Oneway）；

（5）点击方向（Directions）选项页，确定距离单位（Distance Units）设置为米（Meters），显示时间（Display Time）检查框被选中，时间属性（Time Attribute）被设置为分钟（Minutes）。点击“确定”按钮退出图层属性对话框，如图 10-9 所示。

图层属性对话框的功能非常强大，这里不再一一叙述，要多利用帮助来了解其功能。

5. 运行最佳路径分析得到分析结果

（1）在网络分析工具栏（Network Analyst）上点击“求解”（Solve）按钮，分析结果——最佳路径线状要素图层将在地图中显示（见图 10-10），在“网络分析窗口”（Network Analyst Window）中“路径”（Route）目录下也会同时显示；

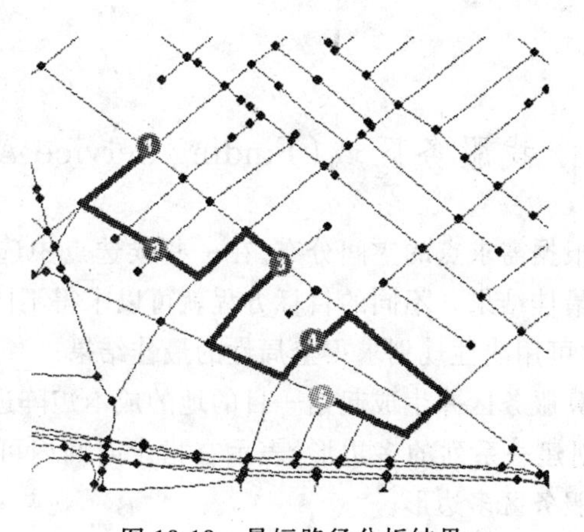

图 10-10　最短路径分析结果

（2）在网络分析窗口（Network Analyst Window）中点击 Route 树状节点左边的加号（+）显示最佳路径；

（3）右键点击最佳路径“Graphic Pick...”或在网络分析工具栏中点击“方向”（Direction）按钮打开“行驶方向”窗口；

（4）在“行驶方向”（Directions）窗口中点击“超链接”（Map）可以显示转向提示地图；

（5）关闭“行驶方向”（Directions）窗口。

在路径分析中可以通过设置路障（barrier），表示在行驶路径上增加障碍，表示真实情况下，道路上无法通行的路障，然后再进行最佳路径分析将会绕开这些路径查找替代路线。其方法如下：

（1）在 ArcMap 的中执行菜单命令“Window”→“Magnifier”显示放大镜窗口“Magnifier”；

（2）通过按住放大镜窗口（Magnifier）的标题栏在地图上移动，在地图中找到已经计算得到的最佳路径，松开鼠标。这时最佳路径的一部分应该显示在放大镜窗口（Magnifier）的中心位置，在这个区域的某个路段上放置一个路障；

(3)在网络分析窗口(Network Analyst Window)中单击"路障"(Barrier (0))；

(4)在网络分析工具栏(Network Analyst)上点击"新建网络位置"(Create Network Location)工具按钮；

(5)在放大镜窗口(Magnifier)中最佳路径上的某个位置放置一个路障；

(6)在网络分析工具栏(Network Analyst)上点击"求解"(Solve)按钮，得到新的最佳路径，从而避开路障；

(7)关闭"放大镜"(Magnifier)窗口。

最后要保存分析结果——最佳路径。其方法如下：

(1)在网络分析窗口(Network Analyst Window)中右键点击"路径"(Routes (1))，在出现的右键菜单中点击"导出数据"(Export Data)菜单命令；

(2)在"导出数据"(Export Data)对话框中指定导出的文件名；

(3)点击"OK"按钮，最佳路径就会保存为指定的 Shape 文件；

(4)当 ArcMap 询问"是否要将导出数据作为一个图层添加到地图中"时，点击"否"(NO)；

(5)关闭 ArcMap。

10.3 找服务区域(Finding Service Area)

定位与分配模型是根据需求点的空间分布，在一些候选点中选择给定数量的供应点以使预定的目标方程达到最佳结果。不同的目标方程就可以求得不同的结果。在运筹学的理论中，定位与分配模型常可用线性规划求得全局性的最佳结果。

服务区分析通过计算服务区并生成起始—目的地的成本矩阵进行分析。比如在网络数据集中选择一些设施，创建一系列的多边形，表示在指定时间内可以从某个设施到达的距离。这些多边形被称为服务区多边形。

以 Chapter10\03 中的数据来演示 Calculate Service Area(计算服务区域)的分析操作。

1. 准备工作

在 ArcMap 中打开 Exercise6. mxd。

打开网络分析工具条。该工具条如图 10-11 所示：

图 10-11 Network Analyst 工具条

点击该工具条上的"Show/Hide Network Analyst Window"按钮，如图 10-11 中的圆圈所示，打开 Network Analyst Window(网络分析窗口)。

2. 建立最近设施分析层(Closest Facility analysis layer)

如图 10-12 所示，选择 Network Analyst(网络分析)工具条中的"New Service Area"。

点击后可以看到图层管理器中自动添加了 Service Area(服务区域)这个图层，见图 10-13。

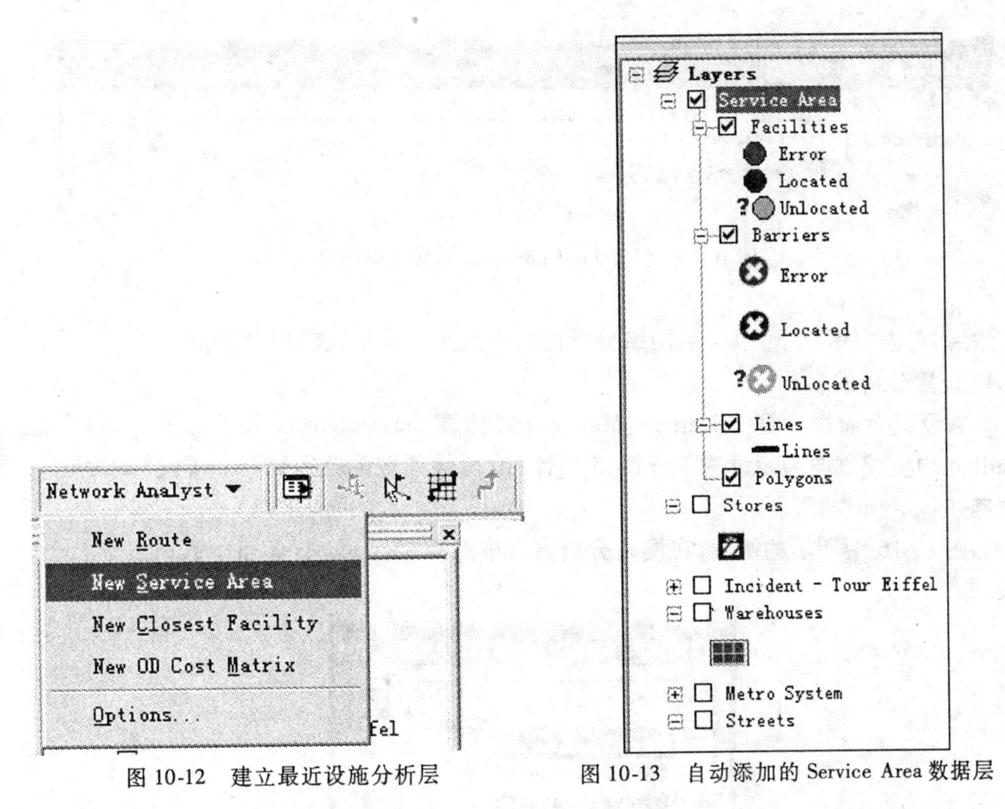

图 10-12　建立最近设施分析层　　　　图 10-13　自动添加的 Service Area 数据层

3. 添加 Facilities(设施)

如图 10-14 所示,在 Network Analyst Window(网络分析窗口)的 Facilities(0)上单击右键,在弹出的菜单中选中“Load Locations”。在打开的 Load Locations 对话框中做如图 10-15 的修改。

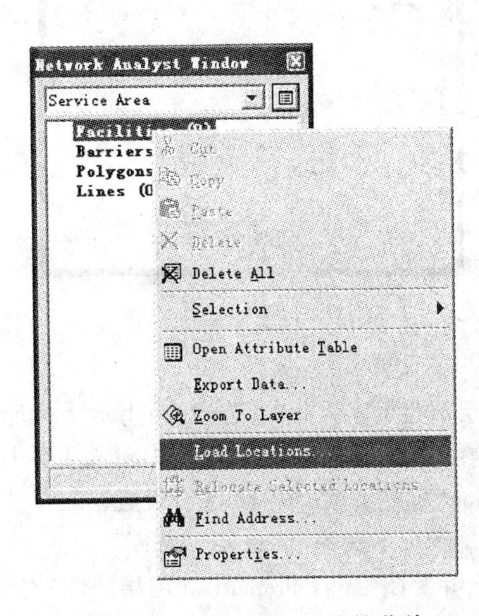

图 10-14　Load Locations 快捷菜单

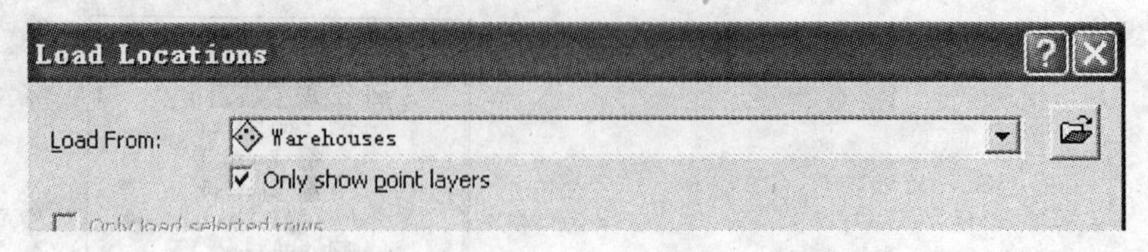

图 10-15 设置 Load Locations 对话框中的参数

然后,点击"OK"。可以看到网络分析窗口中显示了 6 个设施(Facilities)。

4. 设置分析的参数

参数设置为通过计算 Drivetime(Minutes)来计算 Service Area(服务范围)。每个设施(Facility)均生成方向为距设施 3 分钟、5 分钟、10 分钟的服务范围矩阵。不允许 U-turns,并且要遵守 one-way 的限制。

如图 10-16 中所示的圆圈,在网络分析窗口中点击"Service Area Properties"。

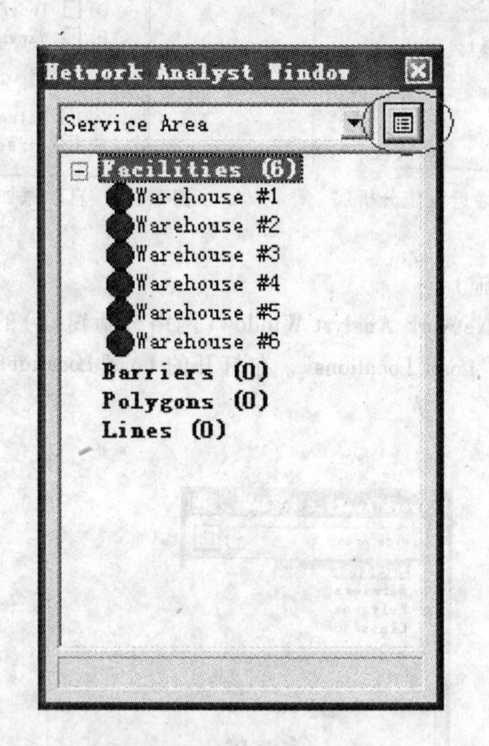

图 10-16 Network Analyst Window

在 layer Properties(图层属性)对话框中,选中 Analysis Settings(分析设置)标签。按照图 10-17 进行设置。注意:在"Default Breaks"文本框中输入 3、5、10 时,数字之间空一格。

单击"Polygon Generation"标签,按图 10-18 进行设置。

单击"Line Generation"标签,不选中"Generate Lines"。

单击"确定"保存设置,并关闭 Layer Properties(图层属性)对话框。

5. 计算服务区域

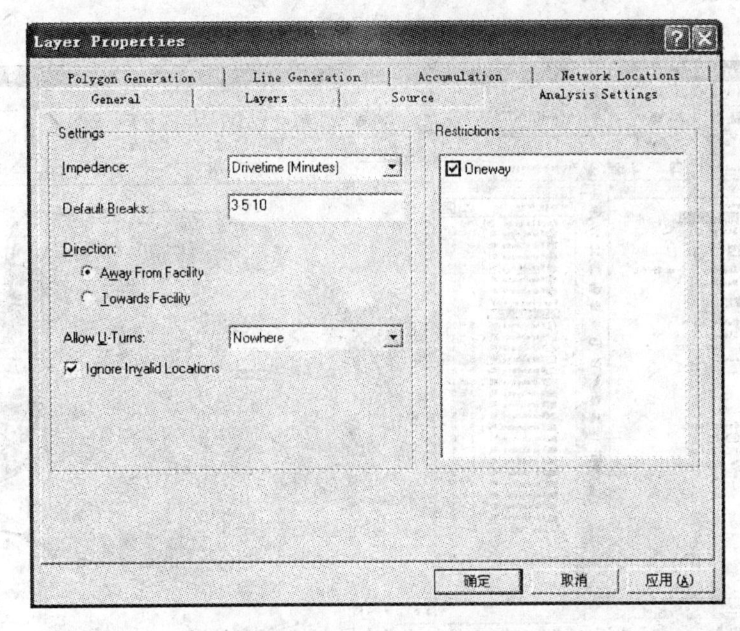

图 10-17　Layer Properties 对话框(一)

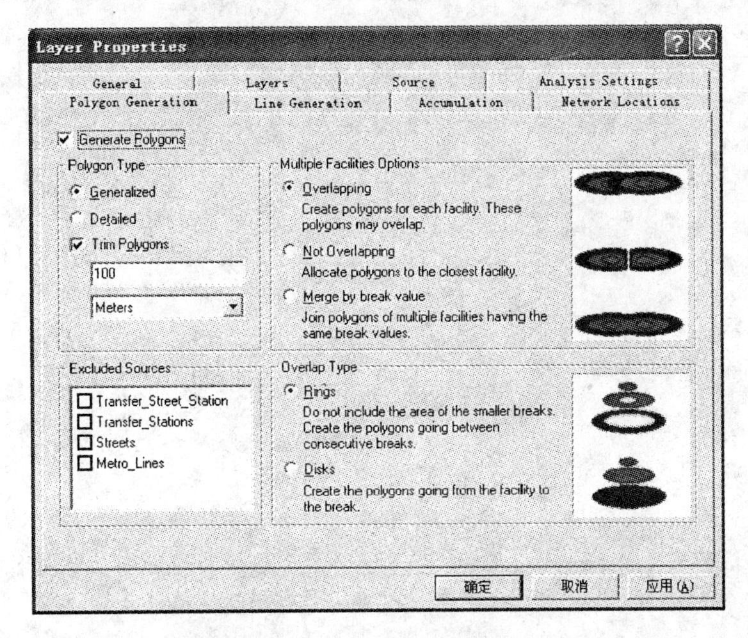

图 10-18　Layer Properties 对话框(二)

单击 Network Analyst Toolbar(网络分析工具条)上的 Slove 按钮(如图 10-19 所示)。

图 10-19　Slove 按钮

结果显示如图 10-20 所示。

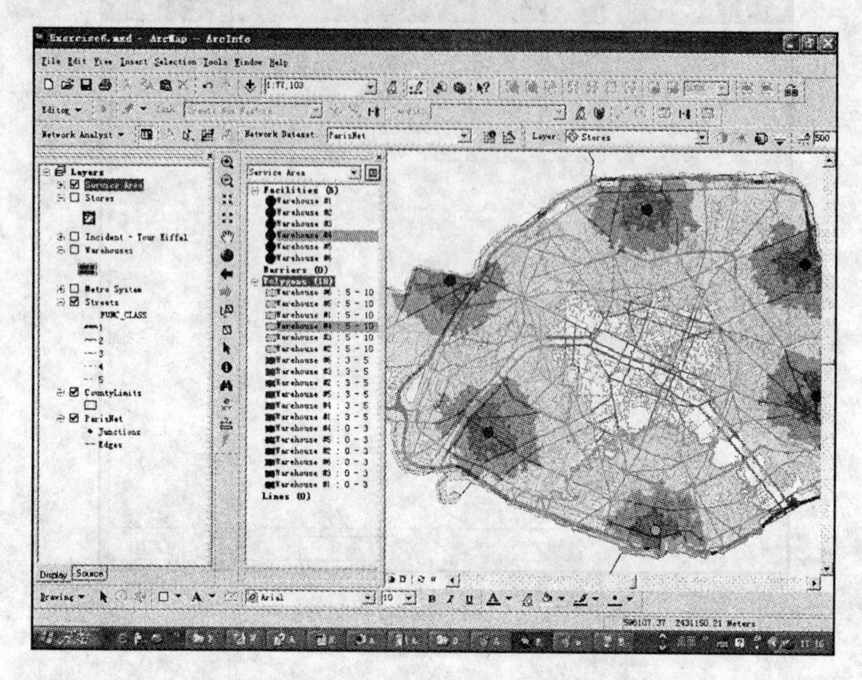

图 10-20　Finding Service Area 分析结果

第11章 选址分析

选址分析（Site Selecting Analysis）根据区域地理环境的特点，综合考虑资源配置、市场潜力、交通条件、地形特征、环境影响等因素，在区域范围内选择最佳位置，是GIS的一个典型应用领域，充分体现了GIS的空间分析功能。

11.1 指标评价

在选址分析当中所需数据见\Exercise Data\Chapter11，其中包括：Land（土地利用数据）、DEM（地面高程数据）、Entertainment（娱乐场所分布数据）、Supermarket（现有超市分布数据）。

经过分析其指标主要考虑各数据层权重，其权重比为：距离娱乐设施占0.5、距离超市占0.25、土地利用类型和地势位置因素各占0.125。

11.2 综合选址分析实例

11.2.1 背景

合理的超市空间位置布局有利于货物的运送，方便人们的购买。超市的选址问题需要考虑地理位置、周围娱乐场所、与现有超市的距离间隔等因素，从这些因素考虑就能确定出适宜性比较好的超市选址区。

11.2.2 目的

熟练掌握ArcGIS空间分析操作，利用Spatial Analysis工具解决实际问题，通过练习，熟悉栅格数据源的选址分析工作流程，掌握其关键技术的应用。

11.2.3 要求

新超市选址需要注意如下几点：

（1）结合现有土地利用类型综合考虑，选择地势较平坦、成本不高的区域。

（2）与现有娱乐设施相配套，避开现有超市，合理布局，得出适合新建超市的适宜地区图。

11.2.4 操作步骤

11.2.4.1 输入数据集

（1）点击Standard工具栏上的Add Data按扭，如图11-1所示。

（2）找到本次练习数据的文件夹\Exercise Data\Chapter11。

图 11-1　添加数据集

(3) 选取 Entertainment. shp，按下 Ctrl 键并依次选取 Land. aux、Supermarket. shp、DEM. aux。

(4)点击 Add 按扭。

11.2.4.2　派生数据集

(1)点击 Spatial Analyst 工具栏下拉箭头，指向 Surface Analysis，然后点击 Slope。如图 11-2 所示。

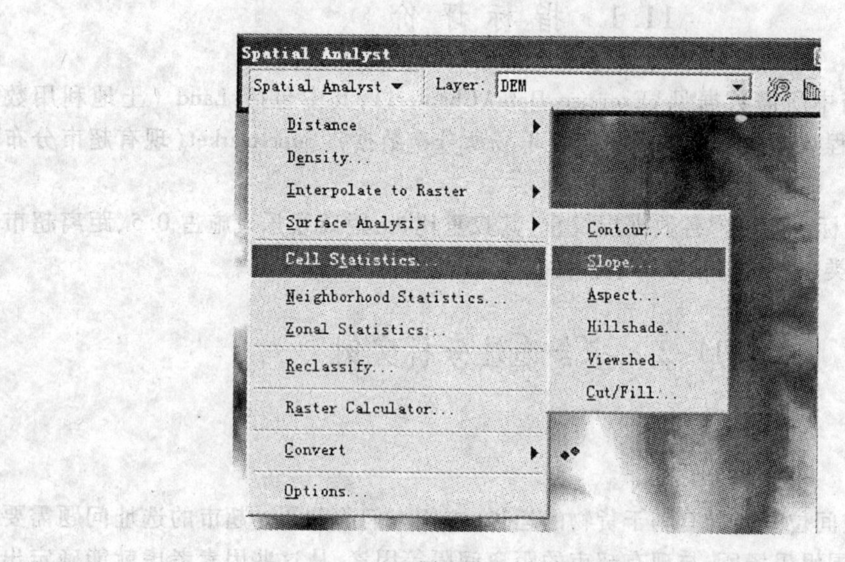

图 11-2　派生数据集

(2)点击 Input surface 项下拉箭头，点击 elevation。

(3)在 Output raster 项的文本框内键入 slope，如图 11-3 所示。

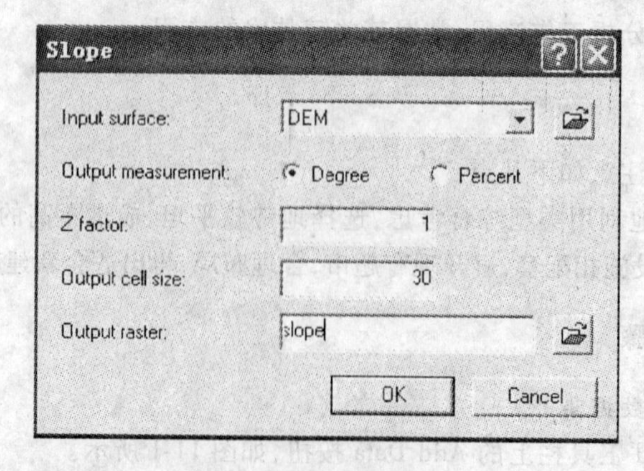

图 11-3　打开 Slope 数据集

输出的 Slope 数据集将作为一个新的图层添加到 ArcMap。高值(红色区域)指示较陡的坡度。如图 11-4 所示。

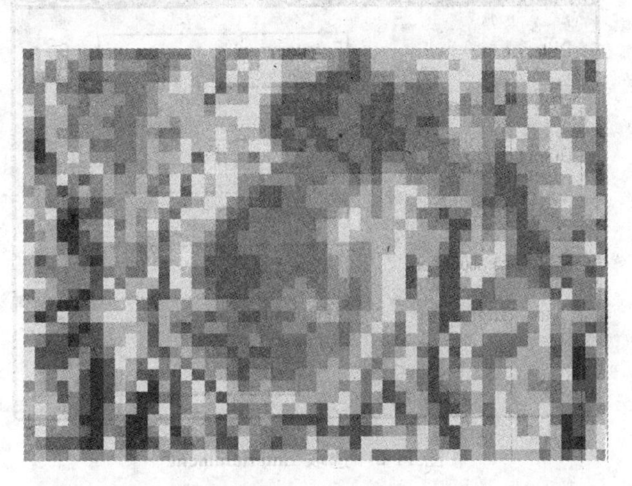

图 11-4　坡度显示

1. 从娱乐场所数据集派生距离数据集

分析模型认为超市的位置距离娱乐设施越近越好,所以需要计算到娱乐场所的直线距离。

(1)点击 Spatial Analyst 工具栏下拉箭头,指向 Distance,然后点击 Straight Line。如图 11-5 所示。

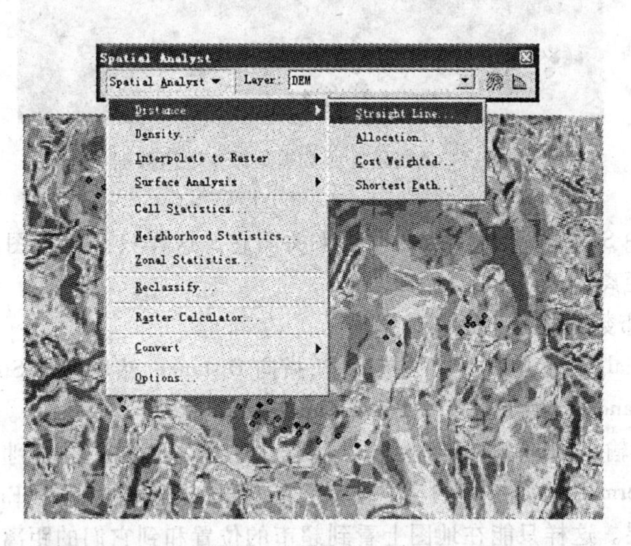

图 11-5　单击 Distance 命令

(2)点击 Distance to 项下拉箭头,点击 Entertainment,如图 11-6 所示。

输出得到娱乐场所距离数据集将作为一个新的图层添加到 ArcMap。零值表示到娱乐场所的位置。当从这些值为零的位置移开时,相应的值(距离)也开始增加。如图 11-7 所示。

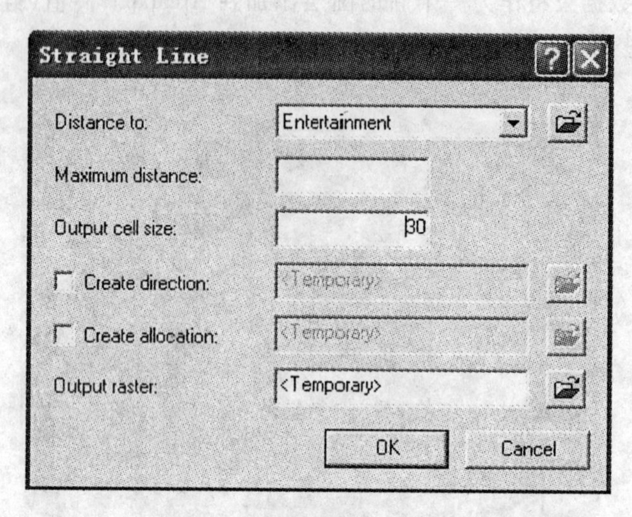

图 11-6 选取 Entertainment

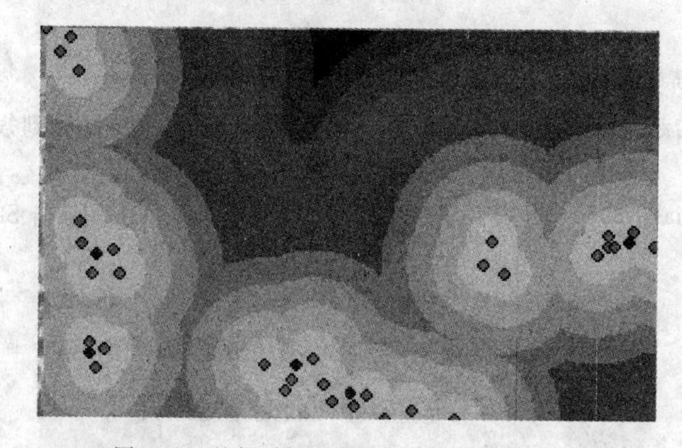

图 11-7 从娱乐场所数据集派生距离数据集

通过取消选中 Supermarket 图层的方格来关闭它。这样只能在地图上看到娱乐场所的位置和到它们的距离。

2. 从现有超市数据集派生距离数据集

(1)点击 Spatial Analyst 工具栏下拉箭头,指向 Distance,然后点击 Straight Line。

(2)点击 Distance to 项下拉箭头,点击 Supermarket,如图 11-8 所示。

(3)点击 OK,输出到超市的距离数据集将作为一个新的图层添加到 ArcMap 中。

(4)选中 Supermarket 图层旁的小方格来重新打开,通过取消选中 Entertainment 图层旁的方格关闭该图层。这样只能在地图上看到超市的位置和到它们的距离。

11.2.4.3 重分类数据集

获得了为寻找新建超市最佳位置所需要的数据集后,下一步将合并这些数据集来确定可能的位置。为了合并这些数据集,需要先给它们设置相同的等级体系,这个相同的等级体系就是在一个特定位置建设新超市的适宜程度。下面将用同一个等级范围(1 ~ 10)对各数据集重分类。在每个数据集中,比较适宜建超市的属性类别将被赋予较高的值:

1. 重分类坡度数据集

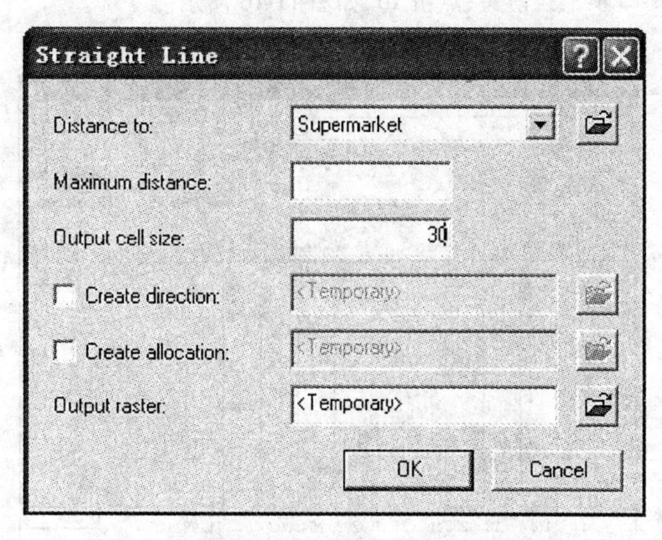

图 11-8　选择 Supermarket

新超市的位置选择相对平坦的地区较为有利。下面将重分类坡度数据集,对坡度值最小的单元赋值 10,对最不适宜的坡度值最大的单元赋值 1。

(1)点击 Spatial Analyst 工具栏下拉箭头,然后点击 Reclassify,如图 11-9 所示。

Reclassify

Input raster: slope

Reclass field:

Set values to reclassify

Old values	New values
.033474 - 7.934906	1
7.934906 - 13.86098	2
13.86098 - 19.787054	3
19.787054 - 25.713128	4
25.713128 - 31.921396	5
31.921396 - 38.129663	6

Classify...　Unique　Add Entry　Delete Entries　Load...　Save...　Precision...

Change missing values to NoData

Output raster: <Temporary>

OK　Cancel

图 11-9　打开 Reclassify 对话框

(2)点击 Input raster 项下拉箭头,点击 slope。

(3)点击 Classify 按扭。

(4)点击 Method 项下拉箭头,点击 Equal Interval。

(5)点击 Classes 项下拉箭头,点击 10,如图 11-10 所示。

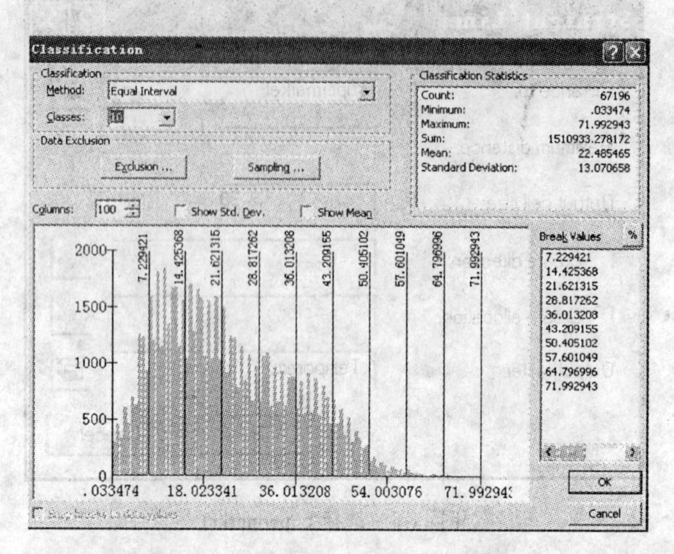

图 11-10 打开 Classification 对话框

由于较陡的坡度建超市的适宜性较差,希望重分类 Slope 图层时给较陡的坡度赋予较小的值。

(6)点击重分类对话框中的第一个新值记录,把它的值改为 10。给下一个新值记录赋值 9,再下一个赋值 8,依次类推。空值则仍赋空值,如图 11-11 所示。

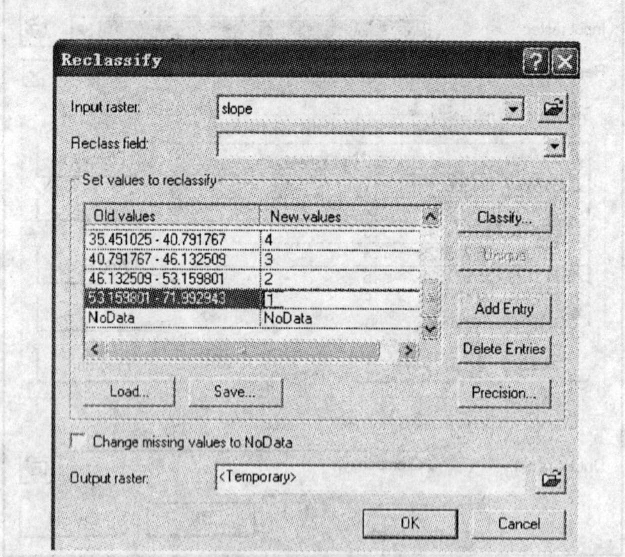

图 11-11 数据重分类

输出的重分类的 slope 数据集将作为一个新的图层自动添加到 ArcMap 会话中。图上的高值区域(低坡度值单元)比低值区域(高坡度值单元)有更好的适宜性,如图 11-12 所示。

2. 重分类到娱乐场所距离的数据集

图 11-12　坡度重分类结果

新超市应当位于靠近娱乐场所的地区。将重分类到娱乐场所距离数据集，给距离娱乐场所最近的位置（也是适宜性最高的位置）赋值 10，给距离娱乐场所最远的位置（也是适宜性最低的位置）赋值 1。按照此规则给两者之间的位置分级赋值。通过这一步骤，将能很容易地找出哪些位置距离娱乐场所较近而哪些位置距离较远。

（1）点击 Spatial Analyst 工具栏下拉箭头，然后点击 Reclassify。

（2）点击 Input raster 项下拉箭头，点击 Distance to Entertainment。

（3）如图 11-13 所示，点击 Classify 按扭。

Reclassify

Input raster: Distance to Entertainment

Reclass field:

Set values to reclassify

Old values	New values
0 - 47.221527	1
47.221527 - 94.443054	2
94.443054 - 141.664581	3
141.664581 - 188.886108	4
188.886108 - 236.107635	5
236.107635 - 283.329163	6

Classify... Unique Add Entry Delete Entries

Load... Save... Precision...

Change missing values to NoData

Output raster: <Temporary>

OK Cancel

图 11-13　Reclassify 对话框

(4)点击 Method 项下拉箭头,点击 Equal Interval。

(5)点击 Classes 项下拉箭头,点击 10,如图 11-14 所示。

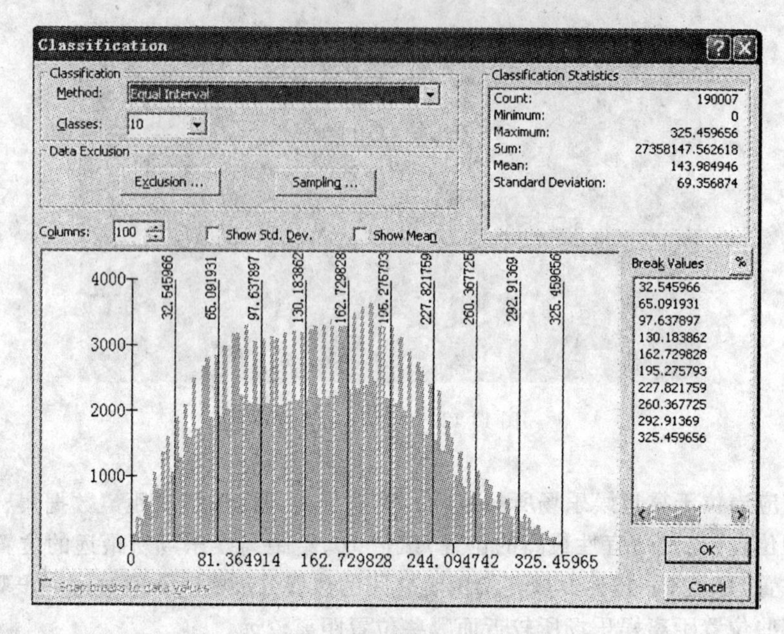

图 11-14　重新选择 Classes 数值

(6)点击重分类对话框中的第一个新值记录,把它的值变为 10。给下一个新值记录赋值 9,再给下一个赋值 8,依次类推。NoData 仍赋空值,如图 11-15 所示。

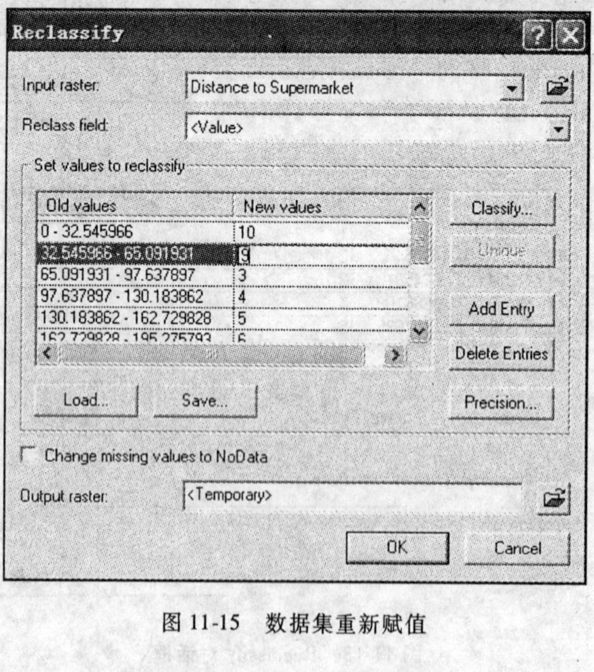

图 11-15　数据集重新赋值

输出的重分类到娱乐场所距离数据集将作为一个新的图层自动添加到 ArcMap 中,显示了新建超市的适宜的位置。图上值越高的位置适宜性越高,如图 11-16 所示。

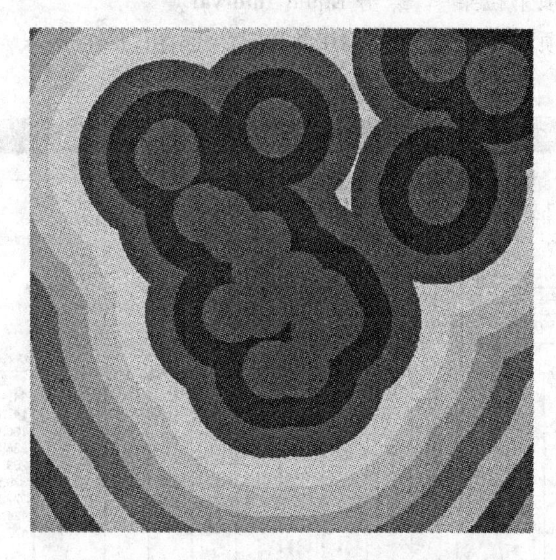

图 11-16　重分类到娱乐场所距离的数据集

3. 重分类到现有超市距离的数据集

为了避免新超市的辐射区与现有超市的辐射区重叠而发生侵占现象,把新超市建在远离现有超市的位置是十分必要的。将重分类到现有超市距离数据集,距离现有超市最远的位置赋值为 10,距离现有超市最近的位置赋值为 1,按此规则给两者之间的位置分级赋值。

(1)点击 Spatial Analyst 工具栏下拉箭头,然后点击 Reclassify。

(2)点击 Input raster 项下拉箭头,点击 Distance to Supermarket,如图 11-17 所示。

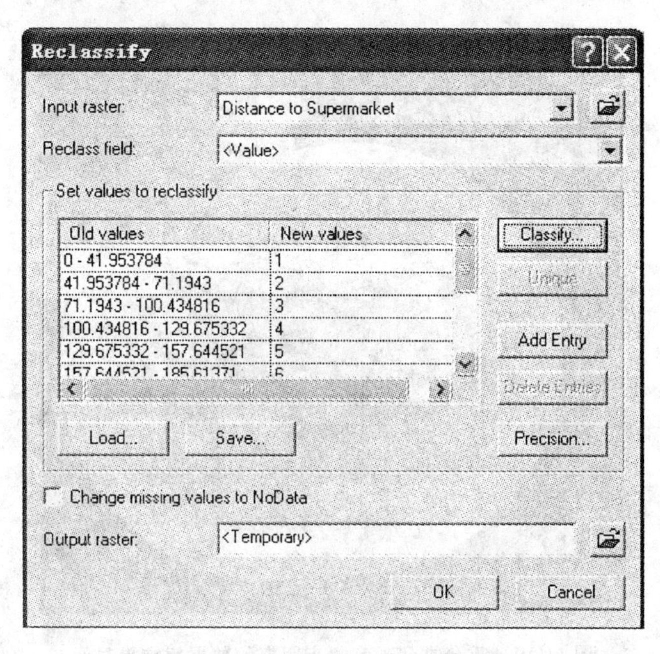

图 11-17　打开 Reclassify 对话框

(3)点击 Classify。

(4)点击 Method 项下拉菜单,点击 Equal Interval。

(5)点击 Classes 项下拉箭头,点击 10 并确认。如图 11-18 所示。

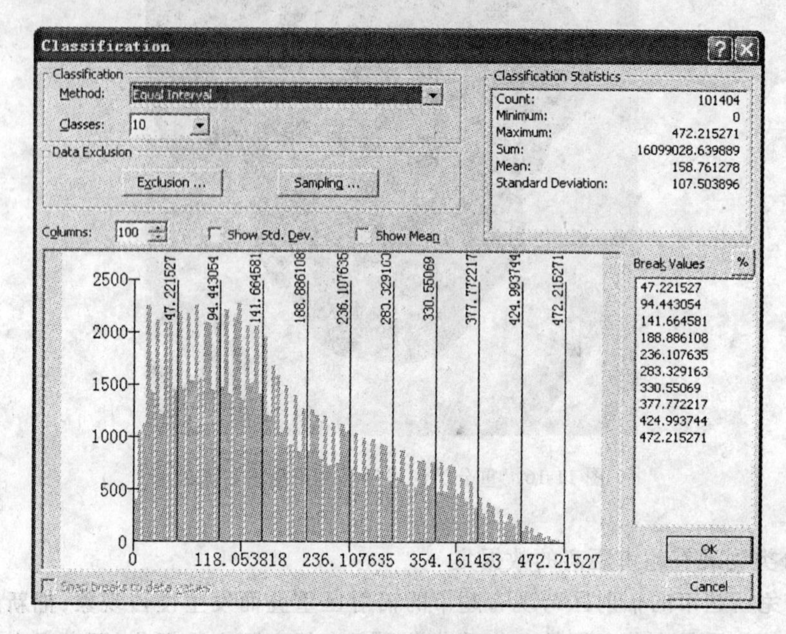

图 11-18　Classes 数值重新赋值

输出的重分类的到现有超市距离数据集将作为一个新的图层自动添加到 ArcMap 会话中。它显示了新建超市的适宜的位置,图上值越高的位置适宜性越高,如图 11-19 所示。

图 11-19　重分类到现有超市距离的数据集结果显示

4. 重分类土地利用类型数据集

由于在不同土地利用类型的土地上建设超市的费用的不同，显然新超市选址时某些土地利用类型的土地比其他类型的土地更有优势。

重分类土地利用类型数据集，较低的值表示该特定土地利用类型比较不适宜建设新超市。土地利用类型为水体和湿地的单元将被赋空值，在应用时应当剔除这些单元。

(1)点击 Spatial Analyst 工具栏下拉箭头，然后点击 Reclassify。

(2)选取 Input raster 项下拉箭头，点击 land，如图 11-20 所示。

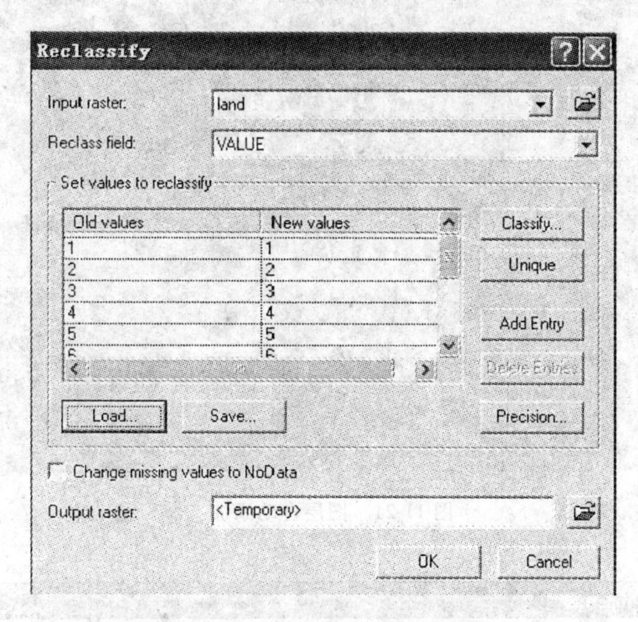

图 11-20　打开 Reclassify 对话框

(3)选取 Reclass field 项下拉箭头，点击 VALUE。

(4)在 New values 列中为各土地利用类型输入如上图所示的一些对应值。

(5)点击值为 Water 的行，按下 Shift 键，点击 Wetland 行，然后点击 Delete Entries 按扭。

(6)选中 Change missing values to NoData 复选框，最后确定。

(7)输出的重分类土地利用类型数据集作为一个新的图层自动添加到 ArcMap。图 11-21显示了那些比其他土地利用类型更适宜建设新超市的土地利用类型的位置。

(8)右键单击目录表中的 Reclass of land 图层，点击 Properties。

(9)点击 Symbology 选项卡。

(10)点击 Display NoData 项下拉箭头，然后点击 Arctic White，用这种颜色来显示水体和湿地，如图 11-22 所示。

11.2.4.4　赋权重

重分类之后，各个数据集都统一到相同的等级体系内，而且每个数据集中那些被认为具有较高适宜性的属性都被赋予较高的值。现在已经为下一步合并各数据集以找到最适宜位置的工作作好了准备。

假如所有的数据集具有同等重要性，那么只需要简单地对它们作一次合并。如果新超市靠近娱乐设施和远离其他现有超市的位置这两点很重要，需要给各数据集赋权重、设定影

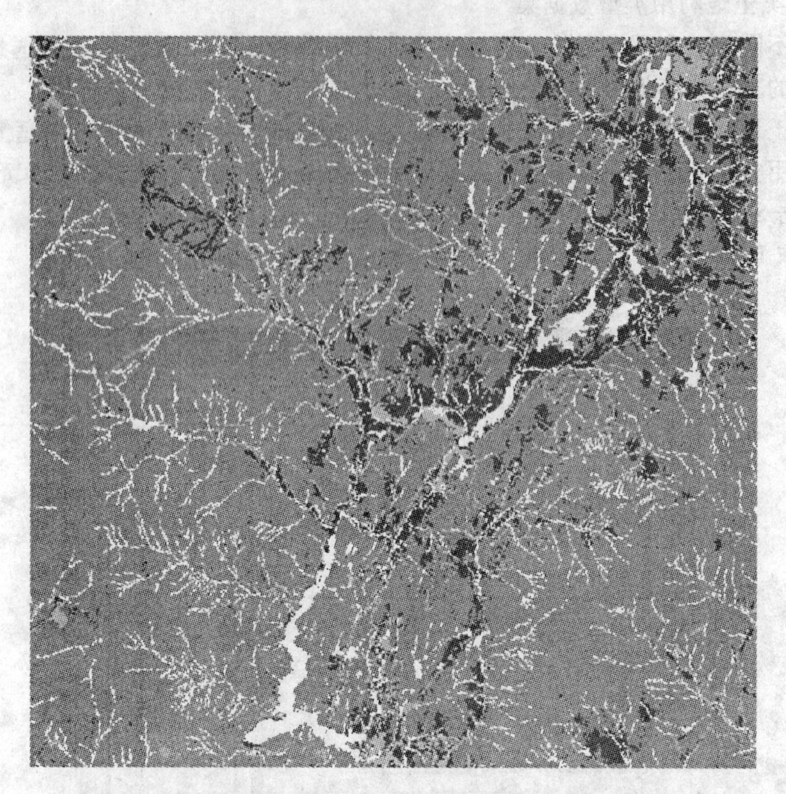

图 11-21　图层自动添加

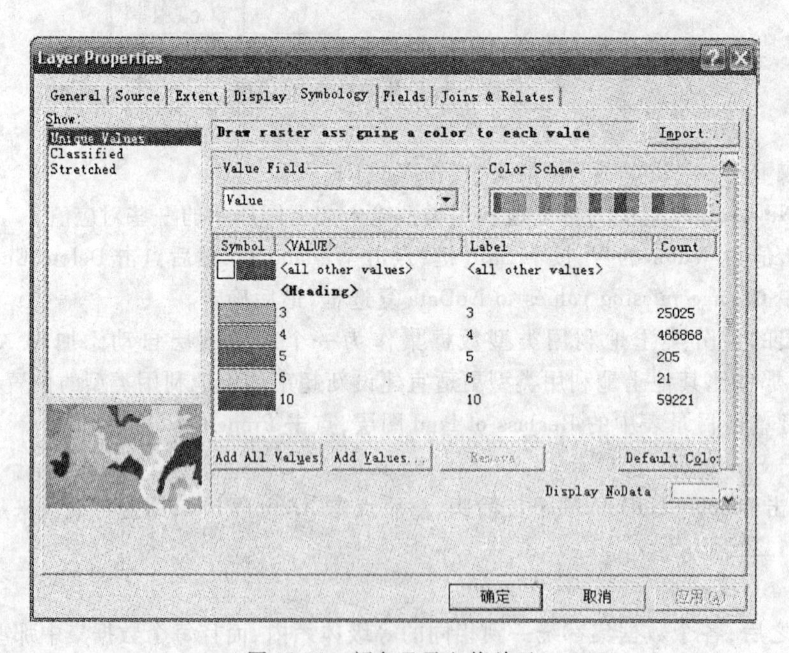

图 11-22　颜色显示空值单元

响率。比率值越高，在适宜性评价模型中的影响力越大。现在给各图层分配如下一些影响率：

Reclass of Distance to Entertainment：0.5　　(50%)

Reclass of Distance to Supermarket：　0.25　(25%)

Reclass of land：　0.125　(12.5%)

Reclass of slope：　0.125　(12.5%)

(1)在 Spatial Analyst 工具栏选取 Raster Calculator，如图 11-23 所示。

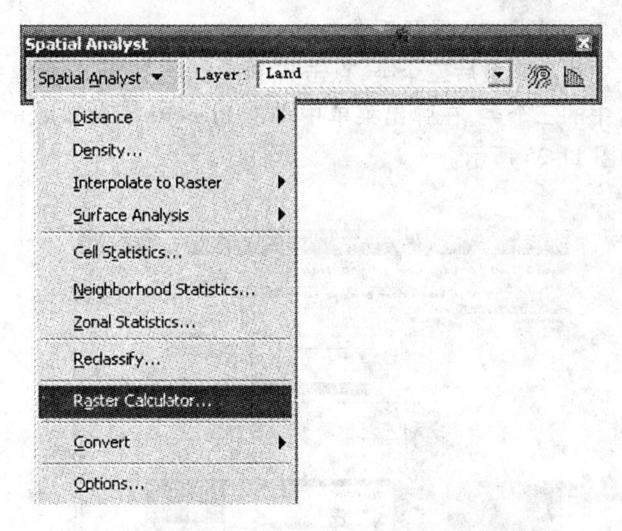

图 11-23　选取 Raster Calculator

(2)双击图层列表中的 Reclass of Distance to Entertainment 图层，添加到运算表达式输入框。

(3)点击 Evaluate 按钮，开始计算各个数据集加权合并的结果，如图 11-24 所示。

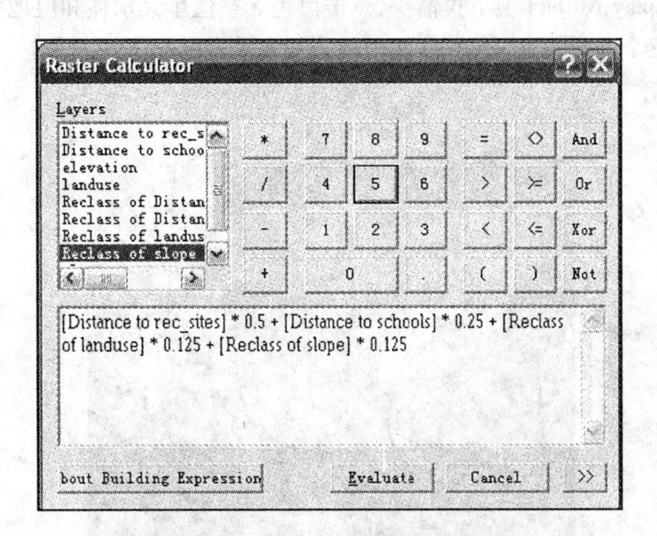

图 11-24　数据集加权合并的结果

依据在适宜性分析模型中设定的规则进行运算后，输出栅格数据集显示了在各个位置新建超市的适宜性，其中值比较高的位置的适宜性也比较高。

适宜的位置是符合以下条件的一些地区：靠近娱乐场所、远离现有超市、地形相对平坦并且属于某种特定的土地利用类型。到现有超市的距离和到娱乐场所的距离两个因素由于有较高权重,因此在决定哪些是适宜位置时有很强的影响力。

(4)在目录中右键单击新创建的栅格图层,点击 Properties。

(5)点击 Symbology 选项卡。

(6)在 Show 列表中点击 Classified。

(7)点击 Classes 项下拉箭头,展开后点击 10。

(8)在识别列表中滚动到最后三个类,点击其中一个类,按下 Shift 键并点击其余两个。

(9)右键单击选中的三个类,在弹出菜单中点击 Properties for selected Colors,然后点击一种明亮的颜色,如图 11-25 所示。

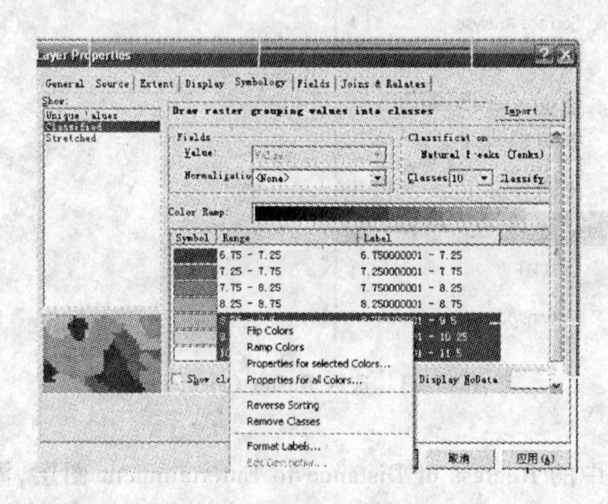

图 11-25　创建新栅格图层

(10)点击 Display NoData 项下拉箭头,点击黑色。空值单元水体和湿地将显示成黑色。

初步判定有三个地区适宜建超市,它们的位置如图 11-26 所示。

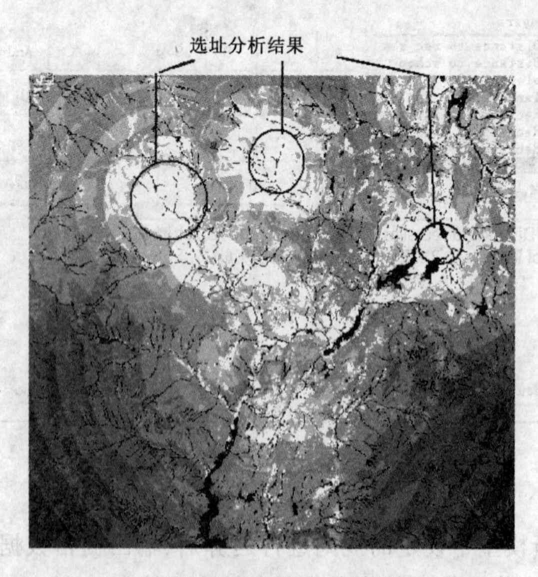

图 11-26　超市选址成果

第三篇

ArcGIS 二次开发

第12章　ArcGIS二次开发基础

12.1　ArcObjects 简介

ArcObjects(简称为 AO)是一套 ArcGIS 可重用的通用二次开发组件产品,是 ESRI 公司 ArcGIS™家族中应用程序(ArcMap、ArcCatalog、ArcScene)的开发平台,可以支持多种开发环境,如 .NET、Visual C ++、Visual Basic 等。

AO 是随 ArcGIS 产品一同发布的,它脱离不了 ArcGIS Desktop 这个平台,只有安装了 ArcGIS Desktop 才能利用 AO 提供的组件对象来进行应用开发。在 ArcGIS 9 中发布了一个新的产品:ArcGIS Engine,该产品基于 AO,实现了更好的封装,而且是一个独立的产品,图 12-1 为 ArcGIS9 产品系列图。

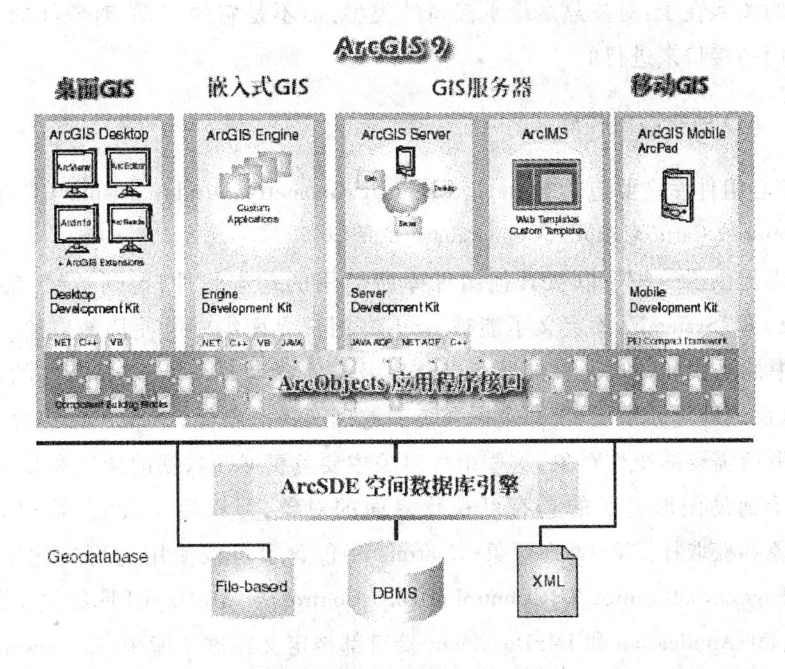

图 12-1　ArcGIS9 产品系列图

通过 AO 可完成 GIS 的很多功能,包括空间数据的显示、查询检索、编辑和分析;创建各种专题图和统计报表;高级的制图和输出功能以及空间数据管理和维护等。

12.1.1　AO 的基础—COM

AO 是基于 Microsoft ® COM 技术所构建的一系列 COM 组件集。COM 是 Component

Object Model 的缩写,它不仅定义了组件程序之间进行交互的标准,而且也提供了组件程序运行所需要的环境。它本身要实现一个称为 COM 库(COM library)的 API,它提供诸如客户对组件的查询以及组件的注册、反注册等一系列服务。

一般来说,COM 库由操作系统加以实现,对用户而言是透明的,不必关心其实现的细节,主要应用于 Microsoft Windows 操作系统平台上,通常是以 Win32 动态链接库(DLL)或可执行文件(EXE)的形式发布。

对象是 COM 的基本要素之一,在 AO 里,有如 Map、Form、Layer 等对象。对象是由类(CLASS)实例化产生的,它的封装特性是真正意义上的封装,对于对象使用者(通常称为客户)而言是透明的。COM 对象具有可重用性,主要表现在 COM 对象的包容性和聚合性,COM 中的一个对象可以完全使用另一个对象的所有功能。

接口是指组件对象的接口,它是包含了一组函数的数据结构,通过这组数据结构,客户代码可以调用组件对象的功能,组件对象间的访问都是通过接口来进行的。COM 接口是抽象的,意味着相关的接口没有实现,由具体的类来实现,功能用接口被抽象地构造,并且用类去真正实现。简而言之,COM 中接口和类分别扮演了两个角色:接口定义了一个对象具有哪些功能,而类定义了它如何实现这些功能。COM 类提供了一个或多个接口相关的代码,因此功能实体封装在类中。几个类可以有同样的接口,但是它们的实现可能是极不相同的。接口与对象的关系在于:对象只是继承接口的类型,而不是它的实现,对象间的所有通信则都是通过它们的接口来进行的。

12.1.2 AO 的核心组件库

AO 的核心组件库主要包括 System、SystemUI、Geometry、Display、DisplayUI、Controls、ArcMapUI、Framework、Carto、CartoUI、Geodatabase 库等。

System 库提供了一些可以被其他组件库所使用的基本组件,包括数组、集合、流对象(Stream 对象)等;SystemUI 库定义了能被 ArcGIS 用户界面组件所使用的对象;Geometry 库包含了 AO 中的要素和图形元素的几何形体以及空间参考对象等,包括基本的点、线、面等几何形体,以及地理坐标系统、投影坐标系统和地理变换对象等;Display 库包含了在输出设备上显示图形所需要的组件对象,这些组件对象主要负责 GIS 数据的绘制和显示;DisplayUI 库提供了用于辅助图形显示的具有可视化界面的对象,可以用于设置、管理和获取符号(Symbol)对象和获取样式(Style)对象;Controls 库包含了可以使用的可视化组件对象,如 MapControl、PageLayoutControl、TOCControl、ToolbarControl 等;ArcMapUI 库提供了某些可视化的用户界面,IMxApplication 和 IMxDocument 接口都被定义在这个库中;Framework 库提供了 ArcGIS 程序的某些核心对象和可视化组件对象;Carto 库包含了为数据显示服务的各种组件对象,如 Map 和 PageLayout 对象,用于修饰地图的对象集(MapSurrounds)、着色对象(Renderers)、图层对象(Layers)等;CartoUI 库中的对象用于数据显示;Geodatabase 库中包括了核心地理数据对象,如工作空间(Workspace)、数据集(Dataset)、数据转换等多方面的对象,主要用于操作地理数据库,如 GIS 数据创建、加载、管理和存储等。

12.2 Visual Basic 基础

12.2.1 常量

Visual Basic 中用常量来表示某个固定的数值,它是在整个程序设计中事先设置,不会发生改变的数值。使用常量的好处在于:对于程序中经常出现的数值,通过设常量代替它后,可以方便书写,如果需要改变该数值,只需改变定义常量的语句值,而不需改变每个语句,提高了效率,增强了程序的可维护性。

常量定义的格式为:

[Public][Private]Const 常量名[As 类型名] = 表达式

其中 Public 和 Private 分别指定了该常量是公有或私有的常量。

例:定义三个常量 PI、GIS 和 COLOR

```
Const PI = 3.1415926
Const GIS = "Geography Information System"
Const COLOR = 255
```

在这三个常量中,PI 和 COLOR 常量为数值型常量,GIS 为字符串型常量。为了在程序中便于查阅,常量一般用大写。

12.2.2 变量

与常量相反,Visual Basic 中用变量表示一些在程序中可以更改数值的数据,或者是对于一些初始值未知的数据。

定义变量最简单的方法是用"Dim"关键字,它的语法为:

Dim【变量名】As【数据类型】

例:定义一个整型变量

```
Dim Index As Integer
```

例:在一行中定义多个变量

```
Dim Index As Integer, Dim Number As Long
```

例:定义同一类型的多个变量

```
Dim Index, Number As Integer
```

例:定义时赋初值

```
Dim Index = 3
```

特别地,为了书写简便,也可以用符号进行简单的定义,如:整型可以用"%"代替;长整型可以用"&"代替;实型可以用"!"代替;双精度实型可以用"#"代替。

例:定义一个整型变量

Dim Index% 等价于 Dim Index As Integer

12.2.3 数组

数组的定义类似于变量定义,不同之处在于数组需要指定数组中的元素个数。

例:定义一个包含 100 个元素的整型数组变量

Dim Integer Array(100) As Integer

也可以通过指定脚标的起始值来定义一个数组变量。

例:定义一个含有九个元素,脚标从 2 到 10 的数组变量。

Dim Integer Array(2 to 10) As Integer

例:定义一个三维数组(4 ×4 ×4)

Dim ThreeD(4,2 to 5,3 to 6) As Integer

12.2.4 记录

通过记录,用户可以定义自己的数据类型,需要使用关键字“Type”,定义格式为:

Type 【数据类型标识符】
<域名> As <数据类型>
<域名> As <数据类型>
<域名> As <数据类型>
…………………………
End Type

例如,定义一个包括三个属性:街区、邮政编码和电话的地址数据:

```
Type Address
 Street As String
 ZipCode As String
 Phone As String
End Type
```

再把某变量定义为地址类型,如

```
Dim MyHome As Address
```

要调用或改变“MyHome”的值时,方法类似于对对象属性的操作:

```
MyHome. Phone = "123456"
```

为了简化书写重复的部分,可以用关键字“With”:

```
With MyHome
 . Street = " * * 路"
```

```
.ZipCode = "100037"
.Phone = "12345678"
End With
```

12.2.5 数据类型

VB常用的数据类型有：整型(Integer，表示 -32768 至 32767 之间的整数)、长整型(Long，表示 -2,147,483,648 至 2,147,483,647 之间的整数)、实型(Single，表示 -3.37E+38 至 3.37E+38 之间的实数)、双精度实型(Double，表示 -1.67E+308 至 1.67E+308 之间的实数)，字符(String，每个字符占一字节，可以储存 0～65,535 个字符)，布尔(Boolean，只有两个值 True/-1 或 False/0)。

12.2.6 控制语句

高级程序语言中控制流程的有两种语句：条件语句和循环语句。条件语句有"If...Then..."语句、"If...Then...Else..."语句和多分支选择语句；循环语句主要有 For 循环和 While 循环两种。

"If...Then..."语句的一般语法为：

```
If 〈条件〉 Then
〈语句〉
〈语句〉
……
End If
```

如果 Then 后面所跟的语句只有一条，可以写成：

```
If 〈条件〉 Then 〈语句〉
```

"If...Then...Else..."语句的语法为：

```
If 〈条件〉 Then
〈语句〉
Else
〈语句〉
End If
```

还可以在 Else 里在嵌套 If 语句，如：

```
If 〈条件〉 Then
〈语句〉
Else If
〈语句〉
Else
〈语句〉
End If
```

例：

```
    Sub Do(flag)
      If flag =0 then
```

```
        Msgbox "正确"
    Else if flag = 1 then
        Msgbox "需要确认"
Else
  Msgbox "出错"
End If
    End Sub
```

当 If 条件比较多的情况,用多个 Else 来进行判断比较繁琐时,采用多分支选择语句会简单很多。VB 里的 Select 语句的语法定义为:

```
Select Case 〈变量名〉
  Case 〈情况 1〉
    ……
  Case 〈情况 2〉
    ……
  Case 〈情况 3〉
    ……
  Case Else
    ……
End Select
```

例:

```
Select Case a
  Case 1
    Print  "a = 1"
  Case 2
    Print  "a = 2"
  Case Else
    Print  "a does not equal to 1 or 2."
End Select
```

循环结构是计算机语言里一种重要的结构,它的应用非常广泛,目的在于不用把要重复的语句输入多次,通过循环结构完成。

For 语句的格式为:

```
  For 〈循环变量〉=〈初赋值〉To〈终值〉[Step〈步长〉]
    ……
    ……
  Next 〈循环变量〉
```

在默认情况下,Step 被设为"1",可以省略,也可以设为负值。

例:简单的累加器:把 1 到 10 累加在一起,然后赋值给"a"。

```
  Dim a = 0
  For i = 1 To 10
    a = a + i
```

```
    Next i
```
例:步长为负值的例子

```
Dim a = 0
For i = 10 To 1 Step  - 1
    a = a + i
Next i
```

While 语句也是一个很常用的循环语句,它有多种形式:

(1) Do While… Loop 语句

(2) While… Wend 语句

(3) Do… Loop While

其中,“Do While … Loop”语句和“While … Wend”语句作用相似,先判断 While 后面的条件是否为“真”。如果为“真”则执行里面的语句;如果为“假”,则退出循环,循环直至条件为“假”终止。“Do … Loop While”与前两者的区别在于,无论条件是否为真,都会先执行“Do”后面的语句,它至少会执行语句一次。

例:前面累加器的例子也可以写为:

```
Dim a = 0
  Do While( a < = 10)
     a = a + i
     i = i + 1
  Loop
```

12.2.7 函数与过程

在 VB 程序设计中,过程与函数是实现结构化程序设计的主要手段之一。在某些程序中,会有一些具有相似功能的程序段在程序的不同位置反复出现,通常情况是将这些重复出现的程序段抽出来,单独书写成为子程序,这些子程序就称为“过程”。VB 程序的过程分为事件过程和通用过程两大类:①事件过程是在某个时间发生时,对事件作出响应的程序段;②通用过程是指将多个不同的事件过程共用的一段程序段独立出来编写的一个共用的过程,VB 的通用过程可分为 Sub 过程和 Function 函数,函数与过程最本质的区别在于:函数有一个返回值,而过程只是执行一系列动作。

(1) Function 函数定义格式为:

```
Public Function  函数名(形式参数表) as  类型
    语句组
    函数名 = 表达式
End Function
```

其中,形式参数表中的参数为函数的自变量。

例:求三个数的平均数。

```
Public Function ave( a as Integer, b as Integer, c as Integer) as Single
```

```
  ave = (a + b + c)/3
End Sub
```

(2)子过程的格式为:

```
Public Sub  子过程名(形式参数表)
  语句组
End Sub
```

例:求三个数中的最大数的子过程。

```
Public Sub MaxValue(a as Integer, b as Integer, c as Integer, mvalue)
  Dim temp = a
  If a < b
    Temp = b
  If b < c
  Temp = c
  Mvalue = temp
End Sub
```

(3)调用过程的格式为: 子过程名 实际参数表

例:调用求三个数中的最大数的子过程。

```
Private Sub Command1_Click()
    Dim newMaxValue
    MaxValue 4,5,6,newMaxValue
    Msgbox newMaxValue
End Sub
```

调用函数的格式为: 函数名(实际参数表)

例:调用求三个数的平均数的函数

```
Private Sub Command1_Click()
    Dim newAveValue
    newAveValue = ave(4,5,6)
    Msgbox newAveValue
End Sub
```

VB 中使用的参数比较特殊,有两种类型:引用参数和传值参数。正确理解这两种参数对实际编程工作会有很大帮助。在函数或过程中使用一个参数时,仅使用其值而不能改变其初值,这样的参数称为传值参数;而在使用中初值可以被改变的参数则称为引用参数。在函数或过程中对于引用参数使用的是它本身,某些操作可能会改变参数原来的值;而对于传值参数,则可以理解为操作的是它在另一个地址存储的一个复制品,尽管这个复制品的值可能发生变动,却不会影响传值参数自身。

12.3 在 ArcMap 的 VBA 环境中编程

使用 ArcObjects 进行 GIS 二次开发,最简单的方式是在 ArcGIS 程序自带的 VBA 环境中编写代码。如图 12-2 所示,首先打开 ArcMap 中的 Tools→Macros 创建一个宏。

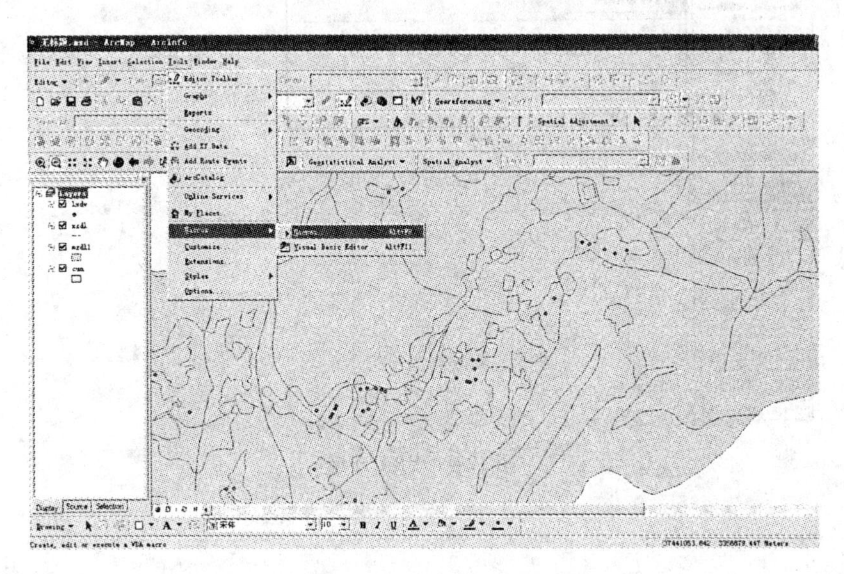

图 12-2 打开 ArcMap 中的 Macros

如图 12-3 所示,在 ArcMap 中可以创建一个宏。

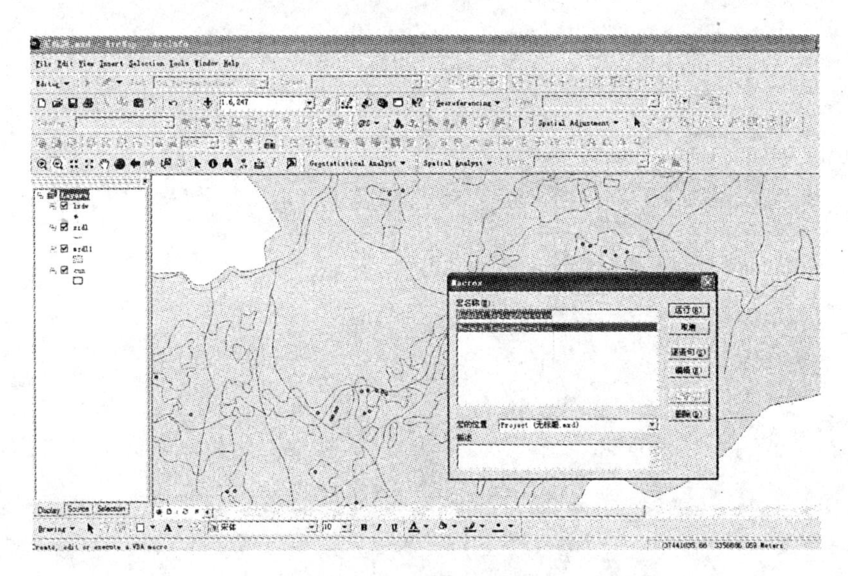

图 12-3 创建 Macros

如图 12-4 所示可以在宏的编辑环境(VBA 环境)中编写代码,进行二次开发。在 VBA 编辑器中写好 VBA 代码后,有两种方式运行:第一,点击 VBA 编辑器工具条中的"运行"按钮,可立即运行写好的代码;第二,退出 VBA 编辑器,重新启动 Macros 对话框,选择要运行的 VBA 宏名称,点击〈Run〉按钮即可运行相应的 VBA 宏。

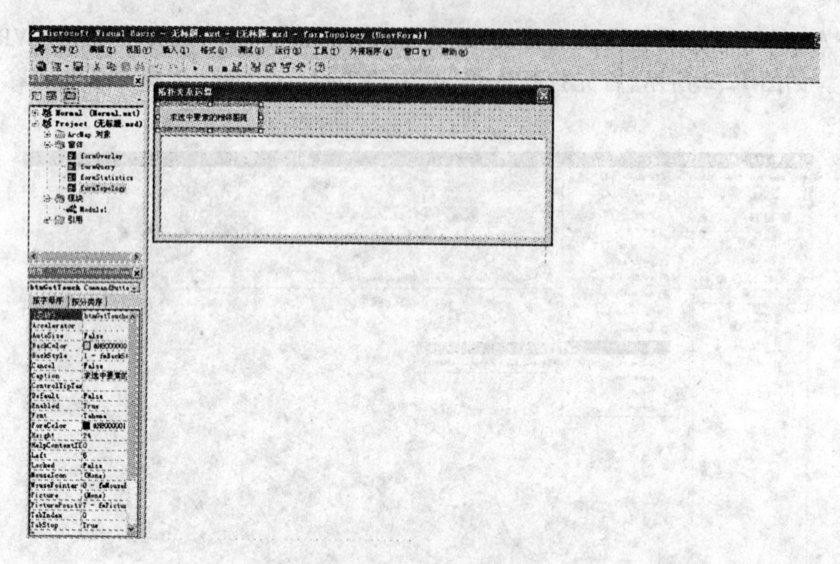

图 12-4　VBA 环境

第13章 ArcGIS二次开发实现

13.1 AO对象

在AO中,有几个非常重要的对象,如Application对象、Document对象、Map对象和Layer图层对象等,它们是构成ArcGIS程序框架的核心内容。

13.1.1 Application对象

每一个运行的ArcMap程序都是一个Application的对象实例,Application代表了应用程序本身。在ArcMap中,以Application对象为根本,管理ArcMap程序的启动和关闭、加载扩展模块等。Application对象下面有几个重要的对象:

(1)DataWindow:负责管理数据窗口;

(2)Extension:负责管理所有的DLL扩展模块对象;

(3)AppDisplay:负责管理地理数据的图形显示对象;

(4)Document:负责管理地理数据和元素对象;

(5)StatusBar:可以用于改变程序的状态栏外观;

(6)Templates:文档模板对象。

启动ArcMap时,系统自动会产生一个Application对象,它支持很多接口来管理众多的属性和方法,以完成不同类型的应用。主要的接口有:IApplication接口、IMxApplication接口和IWindowPosition接口。

IApplication接口定义了ArcGIS中所有应用程序的一般功能,其属性主要有:

(1)Caption:应用程序的标题;

(2)Document:文档;

(3)Hwnd:句柄;

(4)Statusbar:状态栏;

(5)Templates:文档模板。

主要的方法包括:NewDocument,创建一个新的文档;OpenDocument,打开一个文档;SaveAsDocument,文档另存等。

例:地图文档的操作:

```
Sub MapDocumentOpa()
    Dim pTemplates As ITemplates
    Dim normalPath As String
    MsgBox (Application.Caption)
    Set pTemplates = Application.Templates
```

```
    normalPath = pTemplates.Item(0)
    Application.NewDocument False, normalPath
    Application.OpenDocument "e:\Map.mxd"
    Application.PrintPreview
    Application.SaveAsDocument "e:\"
    Application.SaveDocument "e:\"
    Application.Shutdown
End Sub
```

IMxApplication 接口用于管理 SelectionEnvironment、Display、Paper 和 Print 等对象。这些对象和地图的显示、打印输出有关。

例:设置 ArcMap 选择环境,将选中要素的颜色修改为红色。

```
Sub setSelEnv ()
    Dim pSelEnv As ISelectionEnvironment
    Dim mxApp As IMxApplication
    Set mxApp = Application
    Set pSelEnv = mxApp.SelectionEnvironment
    Dim pColor As IRgbColor
    Set pColor = New RgbColor
    pColor.RGB = RGB(255, 0, 0)
    Set pSelEnv.DefaultColor = pColor
End Sub
```

运行结果如图 13-1 所示。

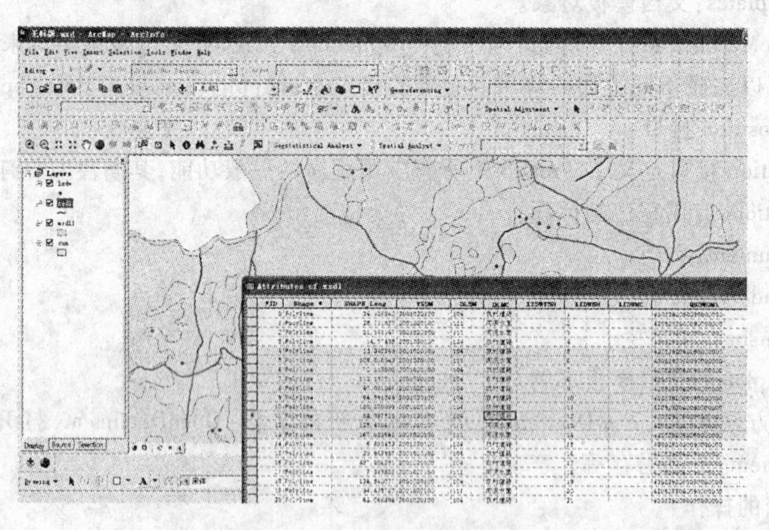

图 13-1 改变要素选择环境

任何有可视化窗体的类都实现了 IWindowPosition 接口,Application 作为一个有窗体的类当然也不例外,这个接口定义了 Application 的尺寸和位置,定义了程序窗口的形式:esriWSNormal(正常模式)、esriWSMaximize(最大化模式)、esriWSMinimize(最小化模式)和 esri-

WSFloation(浮动模式)四种。

例:修改当前应用程序窗口的位置和尺寸

```
Sub doIwindowPosition()
  Dim pWinPos As IWindowPosition
  Set pWinPos = Application
  pWinPos.Move 10, 10, 600, 500
End Sub
```

13.1.2 Document 对象

打开 ArcMap 程序,有一个默认的地图文档(*.mxd)存在,称为 MxDocument 对象。IMxDocument 是文档对象的默认接口,也是 MxDocument 类最主要的文档接口,该接口拥有很多文档的缺省属性设置,如缺省颜色、缺省字体等,也是获取 Map 对象的主要接口,而 Map 对象扮演着地理数据显示和地理数据容器的双重身份。Document 对象主要的属性包括:

(1)ActiveView:获得 Map 的数据显示身份;

(2)FocusMap:获得当前正在使用的 Map 对象的数据容器身份;

(3)Maps:一个文档对象可能拥有多个 Map 对象,在同一时刻内仅仅只能有一份地图处于使用状态;

(4)CurrentLocation:在地图上当前鼠标的位置;

(5)SelectedLayer:选中的图层对象。

IMxDocument 接口的主要方法为 AddLayer(在地图中添加一个图层)等。

例:在地图中添加一个选择的图层

```
Sub doImxDocument()
  Dim pDoc As IMxDocument
  Dim pMap As IMap
  Set pDoc = Application.Document
  Set pMap = pDoc.FocusMap
  Set pMap = pDoc.Maps.Item(0)
  '显示当前鼠标在地图上的位置
  Dim x
  Dim y
  x = pDoc.CurrentLocation.x
  y = pDoc.CurrentLocation.y
  Dim sLayer As ILayer
  Set sLayer = pDoc.SelectedItem
  pDoc.AddLayer sLayer
End Sub
```

IDocumentDefaultSymbols 接口是文档缺省符号设置接口,用于设置缺省颜色、符号。

IDocumentEvents 是 MxDocument 对象的一个外向事件接口,使用这个接口可以监听与地图文档对象有关的事件。

13.1.3 Map 对象

打开 ArcMap 程序后，首先看到的是数据视图（data view），而 ArcMap 的两个主要功能——查看数据和地理分析都是在这个视图中完成的。数据视图其实就是一个 Map 对象，在ArcMap中，Map 是由文档对象 MxDocument 控制的，每一个地图文档至少包含一个 Map 对象，但是在一个时刻仅仅只有一个 Map 处于使用状态（焦点地图 FocusMap）。Map 对象具有双重身份，一方面是数据的管理容器，可以引入地理数据和可视化元素，扮演了一个数据管理器的角色；另一方面扮演了一个数据显示器的角色。当程序员把地理数据加载到 Map 对象的时候，它是数据的管理者；在刷新地图、改变显示范围的时候，它就是一个数据的显示者。

IMap 接口是开始多数 GIS 任务的起点，它主要用于管理 Map 对象中的 Layer 对象、要素选择集、MapSurround 对象和空间参考等对象，其主要属性包括：

(1) Description：关于地图的描述信息；

(2) DistanceUnits：地图的距离单位；

(3) FeatureSelection：地图中选择的要素；

(4) Layer：根据索引选择某个地图图层；

(5) Layers：地图所有图层集；

(6) LayerCount：地图图层的数量；

(7) MapScale：地图比例尺；

(8) MapUnits：地图单元；

(9) Name：地图名称；

(10) SelectionCount：地图中选中的要素数量；

(11) SpatialReference：地图的空间参考；

主要方法包括：

(1) AddLayer：在地图上添加一个图层；

(2) AddLayers：在地图上添加多个图层；

(3) ClearLayers：从地图上移除所有的图层；

(4) ClearSelection：清除地图选择；

(5) ComputeDistance：计算地图上两点之间的距离；

(6) DeleteLayer：从地图上删除一个图层；

(7) GetPageSize：得到地图的页面大小；

(8) SelectByShape：通过给定一个地理范围和一个选择环境选择要素；

(9) SelectFeature：选择一个要素；

(10) SetPageSize：设置地图的页面大小；

例：清除选择集

```
Sub ClearSelFeature()
    Dim pMap As IMap
    Dim pMxDocument As IMxDocument
    Dim pt1 As IPoint
```

```
    Dim pt2 As IPoint
    Dim ReValue As Double
    Dim pEnv As IEnvelope
    Dim pApp As IMxApplication
    Set pMxDocument = Application.Document
    Set pMap = pMxDocument.FocusMap
    pMap.FeatureSelection.Clear    '删除选择的要素(编辑状态下)
    pMap.ClearSelection        '清除选择
    pMxDocument.ActiveView.Refresh
End sub
```

如图13-2所示，首先选择一个地类图斑，执行代码以后的结果如图13-3所示，将其选中的地类图斑删除(注意:只有在编辑状态下才能将要素删除)。

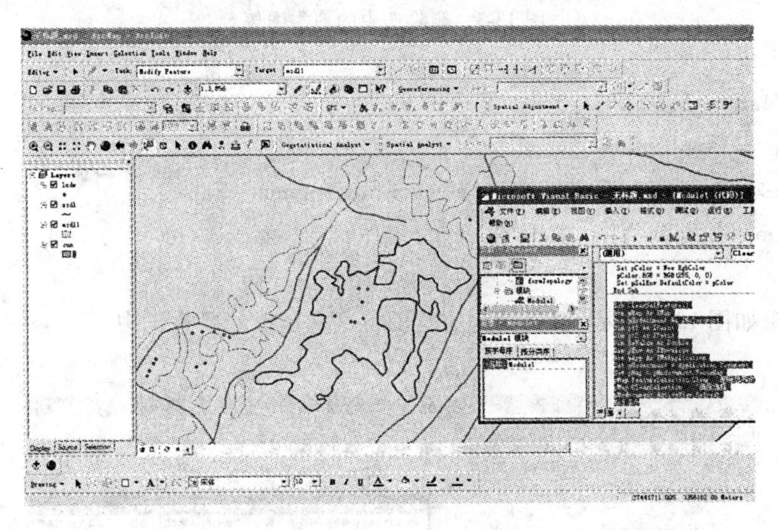

图13-2　选择一个地类图斑

例:通过设定范围选择要素

```
Sub selFeatureByEnv()
    Dim pMap As IMap
    Dim pMxDocument As IMxDocument
    Dim pEnv As IEnvelope
    Dim pApp As IMxApplication
    Set pMxDocument = Application.Document
    Set pMap = pMxDocument.FocusMap
    Set pEnv = New Envelope
    pEnv.XMin = 3351
    pEnv.XMax = 4481
    pEnv.YMin = 2817
```

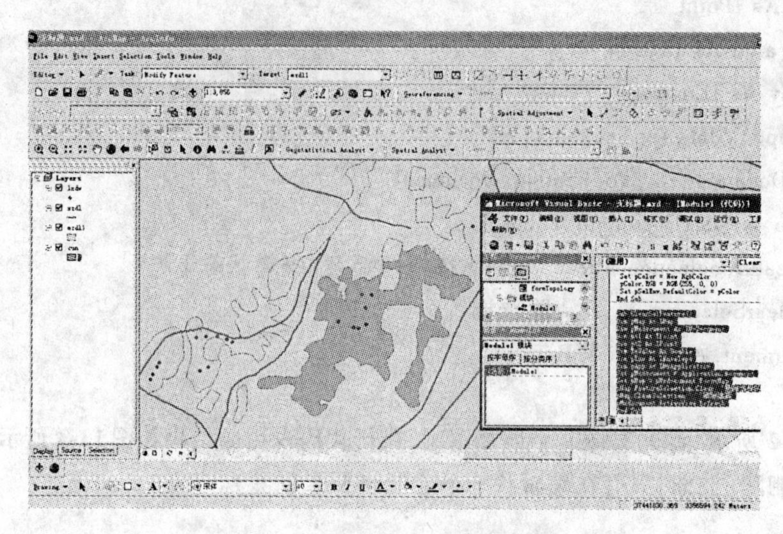

图 13-3　删除选中的地类图斑

```
    pEnv.YMax  =  5782
    Set pApp  =  Application
    pMap.SelectByShape pEnv, pApp.SelectionEnvironment, False
    pMxDocument.ActiveView.Refresh
End sub
```

运行结果如图 13-4 所示,根据给定的范围将这一范围的要素选中。

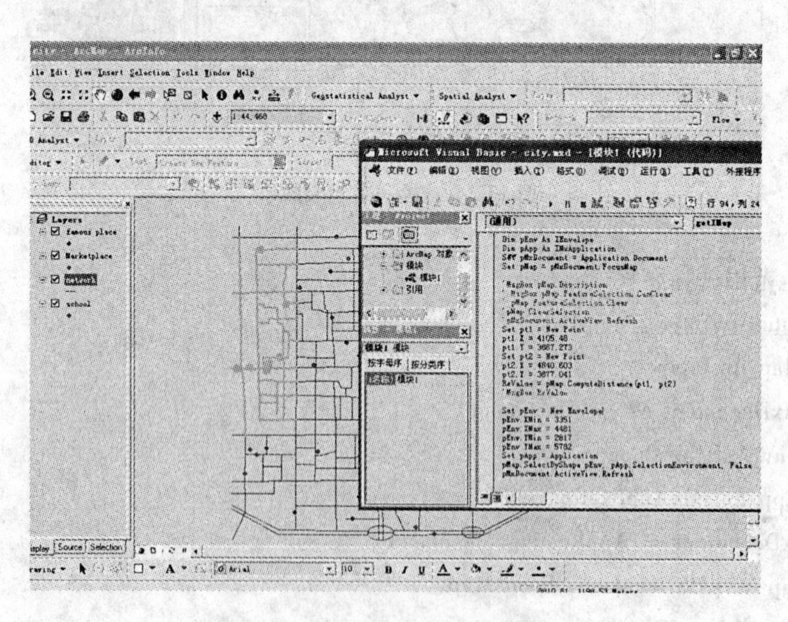

图 13-4　通过设定范围选择要素

例:选择要素

```
  Sub selFeatureByEnv( )
```

```
    Dim pMap As IMap
    Dim pMxDocument As IMxDocument
    Dim pApp As IMxApplication
    Set pMxDocument = Application.Document
    Set pMap = pMxDocument.FocusMap
    Dim fc As IFeatureClass
    Dim geoLayer As IFeatureLayer
    Set geoLayer = pMap.Layer(2)
    Set fc = geoLayer.FeatureClass
    Dim pFeature As IFeature
    Dim pCursor As IFeatureCursor
    Set pCursor = fc.Search(Nothing, False)
    Set pFeature = pCursor.NextFeature
    pMap.SelectFeature geoLayer, pFeature
    pMxDocument.ActiveView.Refresh
End Sub
```

运行结果如图 13-5 所示。

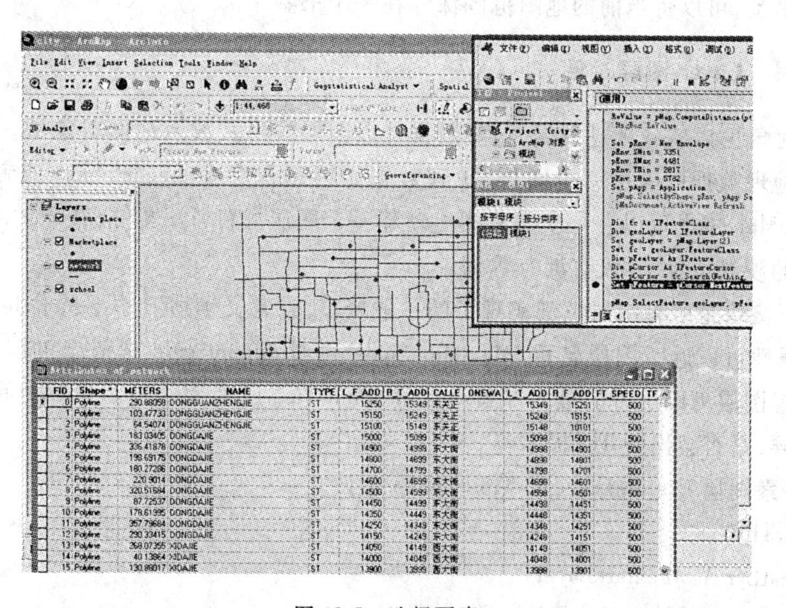

图 13-5　选择要素

IActiveView 接口定义了 Map 对象的数据显示功能。这个接口管理着 ArcMap 主要的程序窗口和所有绘制图形的方法。使用这个接口的方法可以改变视图的范围,可以显示或隐藏标尺和滚动条,也可以刷新视图。

在 AO 中,有两个对象实现了这个接口:PageLayout 和 Map。这两个对象分别代表了 ArcMap 中两种不同的视图:数据视图和布局视图。在任何一个时刻仅仅只有一个视图能够处于活动状态。IMxDocument::ActiveView 拥有当前活动视图对象的一个指针。如果 ArcMap 处于布局视图状态,那么 IMxDocument::ActiveView 返回的一个 IActiveView 对象是指向 PageLayout 对象的;如果处于数据视图状态,那么这个属性就会返回一个当前使用的 Map 对象的指针。

例:显示整幅地图

```
Sub displayExtent()
    Dim pActiveView As IActiveView
    Dim pMxDocument As IMxDocument
    Set pMxDocument = ThisDocument
    Set pActiveView = pMxDocument. ActiveView
    pActiveView. Extent = pActiveView. FullExtent
    pActiveView. Refresh
End Sub
```

IActiveViewEvents 接口是地图对象缺省的外向接口,它让 Map 对象可以监听某些与活动视图 ActiveView 相关的事件并作出相应的反映。例如 AfterDraw、SelectionChanged 等。

IMapBookmark 接口使得 Map 对象可以管理所有的空间书签对象。使用 ImapBookmarks 接口可以得到一个已经存在的空间书签,也可以进行产生和删除空间书签等操作,一旦获得某个空间书签,可以将当前的地图范围保存在一个书签中。

13.1.4 Layer 图层对象

Map 对象可以装载地理数据,这些数据是以图层的形式放入地图对象的。在 AO 中,相同类型的地理数据可以用一个图层,地理数据始终是保存在 Geodatabase 或者地理文件中的。在 ArcMap 中也可以在一个要素类上新建一个图层文件:lyr 文件,这个文件仅仅获取了地理数据的硬盘位置,并没有拥有数据。

ILayer 接口是所有图层类都实现了的一般接口,它定义了所有图层的公共方法和属性。如 Name 属性可以返回图层名称;MaximumScale 和 MinimumScale 是两个可读写属性,用于显示和设置图层可以出现的最大和最小尺寸;ShowTips 属性用于指示鼠标放在图层某个要素上的时候,是否会出现 Tip 提示等。

例:显示要素图层 FeatureLayer 的 Tip 的代码例子

```
Sub showLyTip()
  Dim pFeatLyr As IFeatureLayer
  Dim pMxDoc As IMxDocument
  Set pMxDoc = Application. Document
  Set pFeatLyr = pMxDoc. FocusMap. Layer(7)
  pFeatLyr. DisplayField = "name"
  pFeatLyr. ShowTips = True
End Sub
```

运行结果如图 13-6 所示,在图上提示了道路的名称。

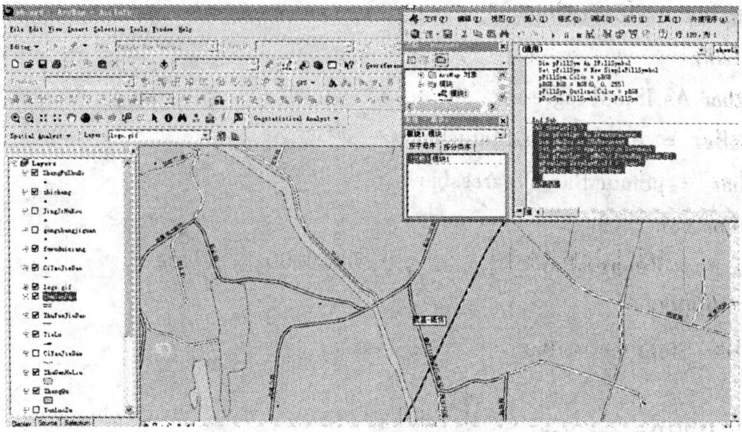

图 13-6 显示要素图层的 Tip 提示

13.2 基于 VBA 的定制

VBA 中可以使用 ArcGIS 的内在结构框架,它提供了 Application 和 ThisDocument 两个全局变量,直接指向程序本身和程序使用的文档对象,可以使用的对象库都会被自动引入开发环境。

ArcMap 的外观界面可以通过代码进行定制。ArcMap 的外表是由诸如状态栏、可停靠窗口(DockableWindow)、快捷键表(AcceleratorTable)、命令栏(CommandBars)等可视化部分组成的。它们主要用于构造程序的界面,其中有的对象由 Application 直接管理,有的由 MxDocument 对象管理。

13.2.1 定制状态栏(StatusBar)

状态栏 StatusBar 是 ArcGIS 程序中用于显示程序操作状态的区域,显示相应的一些提示信息,它由 Application 对象直接管理,通过 StatusBar 的定制可以改变状态栏的外观。状态栏一般被划分为几个区域,这些区域称为面板(panel),可以通过 IStatus:Panes 属性来得到目前处于显示状态的任何一个面板对象。StatusBar 类实现了 IStatusBar 接口。

(1)IStatusBar 接口的主要属性包括:

Panes:面板

Message:状态栏上显示的提示字符信息;

ProgressBar:进度条

Visible:可见性

(2)IStatusBar 接口的主要方法包括:

HideProgressBar:隐藏进度条

ShowProgressBar:显示进度条

StepProgressBar: 进度条增加

例:在状态栏中加载进度条

```
Sub Progressbar()
    Dim pStatusBar As IStatusBar
    Dim i As Long
    Dim pProgbar As IStepProgressor
    Set pStatusBar = Application. Statusbar
    Set pProgbar = pStatusBar. Progressbar
    pProgbar. Position = 0
    pStatusBar. ShowProgressBar "载入…", 0, 9000000, 1, True
  For i = 0 To 9000000
      pStatusBar. StepProgressBar
    Next
    pStatusBar. HideProgressBar
End Sub
```

运行结果如图 13-7 所示。

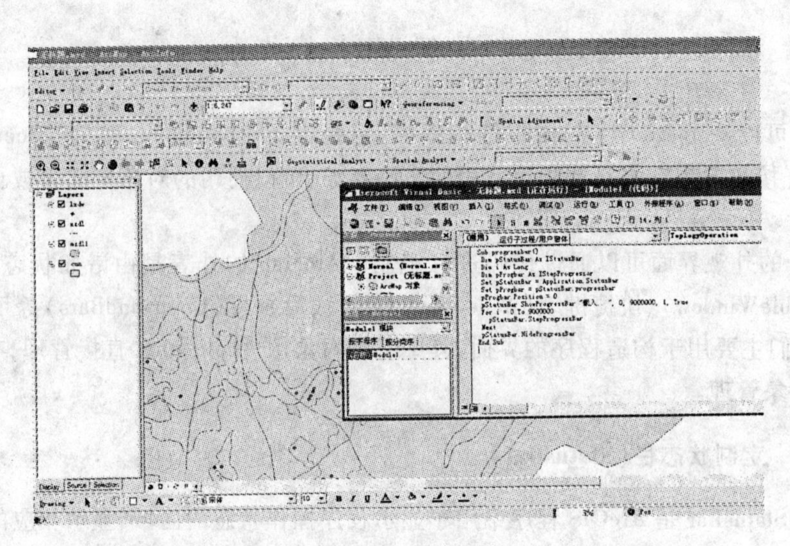

图 13-7　进度条加载

13.2.2　定制可停靠窗口(DockableWindow)

DockableWindow 是一种能够处于浮动状态或者停靠在主程序上的窗体,起到显示数据的辅助作用,是一种无模式的窗体,如 ArcMap 的 TOC 对象和 ArcCatalog 的 TreeView 都是一种 DockableWindow 对象。

DockableWindow 的主要方法为:GetDockableWindow,通过传入浮动窗口的 UID 属性来得到一个 DockableWindow 窗口对象。

例:获取图层控制窗口,并设为浮动状态,移到(100,100)位置处,窗口大小设为 120×320。

```
Sub MoveToc()
    Dim pDocWinMgr As IDockableWindowManager
    Dim pToc As IDockableWindow
```

```
    Dim pWinPos As IWindowPosition
    Set pDocWinMgr = Application
    Set pToc = pDocWinMgr.GetDockableWindow(arcid.TableofContents)
    Set pWinPos = pToc
    pToc.Show True
    If pToc.IsVisible Then
        pToc.Dock esriDockFloat
        pWinPos.Move 100, 100, 120, 320
    End If
End Sub
```

运行结果如图 13-8 所示。

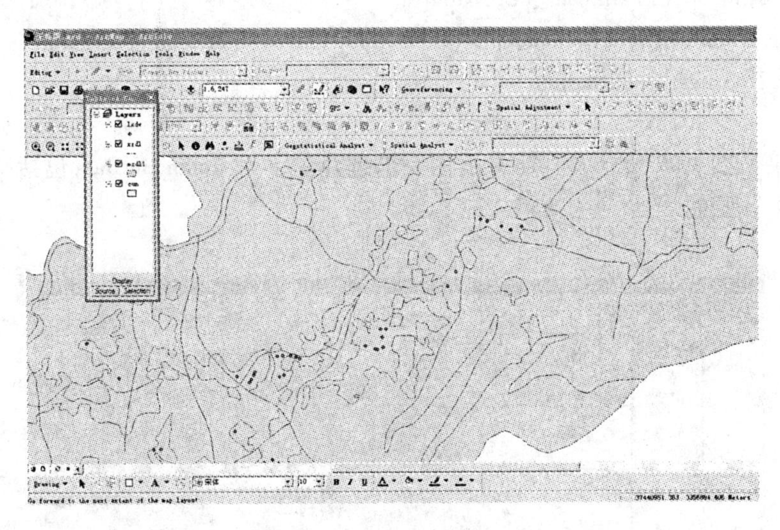

图 13-8　定制可停靠窗口

13.2.3　CommandBars 和 CommandBar 对象

CommandBars 是一个与文档相关的命令栏的集合，其子类可以是工具条(Toolbar)、菜单栏(Menubar)、菜单(Menu)和弹出菜单(ContextMenu)。一个工具条是由很多命令对象组成的，这些命令对象 Commands 按照其特点分为 UIControl、Button、Macro 和 Menu 四种。其中 UIControl 对象又有四种类型：Button、Tool、Combox、EditBox。

ArcObjects 定义的 CommandBar 的类型有三种：esriCmdBarTypeToolbar(工具栏)、esriCmdBarTypeMenu(菜单栏)和 esriCmdBarTypeShortcutMenu(快捷菜单栏)。

CommandBars 类实现了 ICommandBars 接口的属性和方法，其主要属性 ShowToolTips 的值为 True 表示显示工具提示信息；ICommandBars 主要方法 Create 表示创建一个 CommandBar，Find 方法表示从 CommandBars 中找到一个指定名称的 CommandBar。

CommandBar 类主要实现 ICommandBar 接口的属性和方法，主要属性包括：Count 和 Item。ICommandBar 接口主要方法包括：

(1) Add：在 CommandBar 中增加一项；

(2) CreateMacroItem：创建 CommandBar 中一项宏；

(3) CreateMenu：创建菜单；

(4) DOCK：可以显示或隐藏 CommandBar，并且可以将它放在程序窗体的某个位置上或者处于浮动状态；

例：创建一个 CommandBar

```
Sub CreateBar( )
    Dim pCmdBars As ICommandBars
    Set pCmdBars = ThisDocument. CommandBars
    Dim pnewBar As ICommandBar
    Set pnewBar = pCmdBars. Create( "MyBar" , esriCmdBarTypeToolbar)
    pnewBar. Add arcid. File_AddData
    pnewBar. Add arcid. PanZoom_FullExtent
    'pnewBar. Dock esriDockBottom, pCmdBars. Find( arcid. Standard_Toolbar)
    pnewBar. Dock esriDockBottom
End Sub
```

运行结果如图 13-9 所示，在 ArcMap 的底部创建了一个 CommandBar，包括 Add Data 和 Full Extent 两个功能。

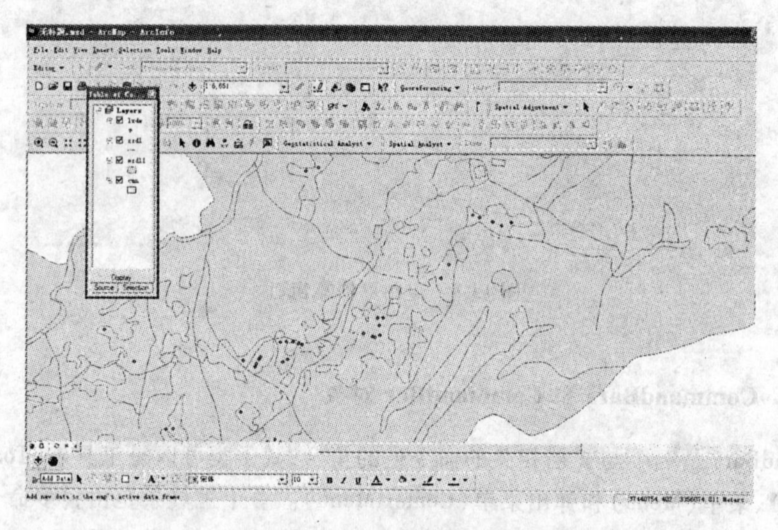

图 13-9　创建一个 CommandBar

13.3　二次综合应用实践

在第二次全国土地调查工作的开展中，最基本的一项工作就是查清全国各地区基本农田和耕地的数量、质量和分布等情况；第二项工作是要查清城乡各类用地状况。在农村，要按照国家统一标准，利用国家统一提供的基础图件，以 1∶1 万比例尺为主，查清耕地、园地、林地、农村居民点用地和未利用土地等各类土地的状况；在城镇，要开展 1∶500 等大比例尺调查，查清每宗建设用地的范围和用途，掌握基础设施用地、工业用地、商业用地、住宅用地以及开发园区用地等状况，了解城镇闲置用地的数量和分布。因此，土地利用数据为合理利用土地起到了积极作用。在这一节中，针对农村土地利用数据进行二次开发，通过对图斑查询、地类查询进行数据检查，通过地类统计对数据进行验证和分析，并分析了面状地类和零星地物与线状地类之间存在的关系。

图 13-10 显示了一个沙湾村的土地利用数据，主要包括了行政区、零星地物、线状地物和面状地物四个图层。

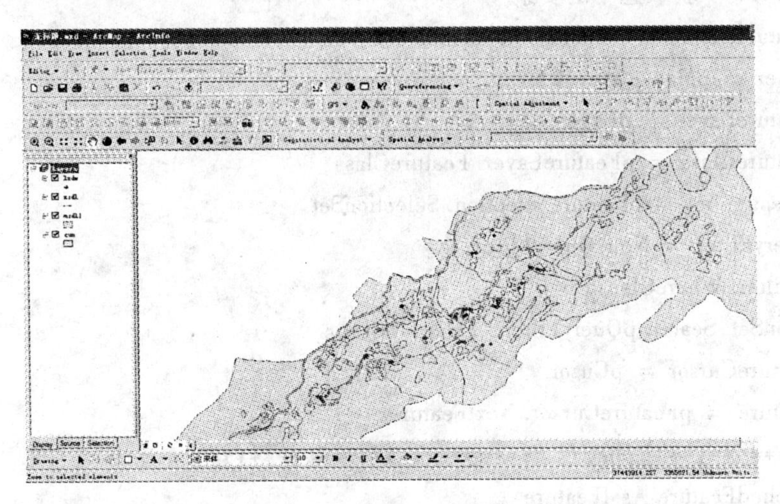

图 13-10　沙湾村土地利用数据

根据这些数据，可以进行如下操作：

(1)图斑的拓扑关系运算。

如：选择一个图斑，可以判断出它与哪些图斑相邻。

```
Private Sub btnGetTouchedFeature_Click()
Dim pMxDoc As IMxDocument
Dim pActiveView As IActiveView
Dim pMap As IMap
Dim pLayer As ILayer
Dim pFeatureLayer As IFeatureLayer
Dim pFeatureClass As IFeatureClass
Dim pFeatureSelection As IFeatureSelection
Dim pSelectionSet As ISelectionSet
Dim pFeature As IFeature
Dim pQueryFilter As IQueryFilter
Dim pCusor As ICursor
Dim pFeatureCursor As IFeatureCursor
Dim pGeometry As IGeometry
Dim pSpatialFilter As ISpatialFilter
Dim layerName As String
```

```
Dim pFields As IFields

On Error GoTo ErrorHandler:
Set pMxDoc = ThisDocument
Set pActiveView = pMxDoc.FocusMap
Set pMap = pMxDoc.FocusMap
'*********** 获取选中的要素 *****************
Set pFeatureSelection = pMap.Layer(2)
Set pLayer = pMap.Layer(2)
Set pFeatureLayer = pLayer
Set pFeatureClass = pFeatureLayer.FeatureClass
Set pSelectionSet = pFeatureSelection.SelectionSet
Set pQueryFilter = New QueryFilter
pQueryFilter.WhereClause = ""
pSelectionSet.Search pQueryFilter, False, pCusor
Set pFeatureCursor = pCusor
Set pFeature = pFeatureCursor.NextFeature
'************** 空间查询 *************************
Dim touchedFeature As IFeature
If Not pFeature Is Nothing Then
Set pGeometry = pFeature.Shape
Set pSpatialFilter = New SpatialFilter
Set pSpatialFilter.Geometry = pGeometry
pSpatialFilter.SpatialRel = esriSpatialRelTouches
Set pFeatureCursor = pFeatureClass.Search(pSpatialFilter, False)
'**************** 查询结果显示在窗体上 **********************
ListBox1.Clear
Set touchedFeature = pFeatureCursor.NextFeature
Set pFields = pFeatureClass.Fields
ListBox1.ColumnHeads = True
ListBox1.ColumnCount = pFields.FieldCount
ListBox1.AddItem
For i = 0 To 9
    ListBox1.List(ListBox1.ListCount - 1, i) = pFields.Field(i).Name
Next i
While Not touchedFeature Is Nothing
   ListBox1.AddItem
   For i = 0 To 9
         If i <> 1 Then
         ListBox1.List(ListBox1.ListCount - 1, i) = touchedFeature.Value(i)
```

```
        ElseIf pFields. Field(i). Name = "Shape" Then
        ListBox1. List(ListBox1. ListCount - 1, i) = "polygon"
        End If
    Next i
    Set touchedFeature = pFeatureCursor. NextFeature
Wend

'****** 生成 shp 文件并加载到 ArcMap 中 ********************************
Dim pOutPutFeatureclass As IFeatureClass
Dim pOutputFeaturelayer As IFeatureLayer
Set pFeatureCursor = pFeatureClass. Search(pSpatialFilter, False)
createDBF "选中要素的相邻图斑", "E:", pFields, pFeatureCursor
Set pOutPutFeatureclass = OpenShp("E:", "选中要素的相邻图斑")
Set pOutputFeaturelayer = New FeatureLayer
Set pOutputFeaturelayer. FeatureClass = pOutPutFeatureclass
pOutputFeaturelayer. Name = "选中要素的相邻图斑"
pMap. AddLayer pOutputFeaturelayer
End If
Exit Sub
ErrorHandler:
MsgBox Err. Description
End Sub
'******** 可以在相邻图斑列表中选择,并将选中的图斑要素高亮显示 **************
Private Sub ListBox1_Click()
Dim pMxDoc As IMxDocument
Dim pMap As IMap
Dim pLayer As ILayer
Dim pFeatureLayer As IFeatureLayer
Dim pFeatureClass As IFeatureClass
Dim pDataset As IDataset
Dim pWorkspace As IWorkspace
Dim pFeatureWorkspace As IFeatureWorkspace
Dim rowIndex As Integer
Dim pTable As ITable
Dim pFeatureSelection As IFeatureSelection
Dim pQueryFilter As IQueryFilter
Dim pSelSet As ISelectionSet
Dim featureFID As Integer
On Error GoTo ErrorHandler:
If (ListBox1. ListCount > 0) Then
```

```
    Set pMxDoc = ThisDocument
    Set pMap = pMxDoc. FocusMap
    Set pLayer = pMap. Layer(3) '加载"选中要素的相邻图斑"的图层后"mzdl1"图层
的 ID 变成"3"
    Set pFeatureLayer = pLayer
    Set pFeatureClass = pFeatureLayer. FeatureClass
    Set pDataset = pFeatureClass
    Set pWorkspace = pDataset. Workspace
    Set pFeatureWorkspace = pWorkspace
    Set pTable = pLayer
    Set pFeatureSelection = pLayer
    pFeatureSelection. Clear
    rowIndex = ListBox1. ListIndex
    featureFID = ListBox1. List(rowIndex, 0)
    ' set up query filter with where clause
    Set pQueryFilter = New QueryFilter
    pQueryFilter. WhereClause = "FID =" + CStr(featureFID)
        Set pSelSet =
            pTable. Select (pQueryFilter, esriSelectionTypeIDSet, esriSelectionOptionNor-
    mal, pWorkspace)
    pFeatureSelection. SelectionChanged
    Set pFeatureSelection. SelectionSet = pSelSet
    pMxDoc. ActiveView. Refresh
End If
Exit Sub
ErrorHandler:
MsgBox Err. Description
End Sub

'********* 创建选中要素的相邻图斑 shp 文件 *******************************
Private Function createDBF (strName As String, strFolder As String, pFields As IFields,
                            pFeatureCursor As IFeatureCursor) As ITable
  On Error GoTo EH
  Dim pFWS As IFeatureWorkspace
  Dim pWorkspaceFactory As IWorkspaceFactory
  Dim fs As Object
  Dim pFieldsEdit As IFieldsEdit
  Dim pFieldEdit As IFieldEdit
  Dim pField As IField
  Dim pTable As ITable
```

```
Dim pFeatureClass As IFeatureClass
Dim pDataset As IDataset
Dim pWorkspace As IWorkspace
Dim pWorkSpaceEdit As IWorkspaceEdit
Dim pInsertFeature As IFeature
Dim featureCursor As IFeatureCursor
Dim featureOID As Object
Dim pFeature As IFeature
Set pWorkspaceFactory = New ShapefileWorkspaceFactory
Set fs = CreateObject("Scripting. FileSystemObject")
If Not fs. FolderExists(strFolder) Then
  MsgBox "Folder does not exist: " & vbCr & strFolder
  Exit Function
End If
Set pFWS = pWorkspaceFactory. OpenFromFile(strFolder, 0)
' if a fields collection is not passed in then create one
If pFields Is Nothing Then
  ' create the fields used by our object
  Set pFields = New Fields
  Set pFieldsEdit = pFields
  pFieldsEdit. FieldCount = 1
  'Create text Field
  Set pField = New Field
  Set pFieldEdit = pField
  With pFieldEdit
      . Length = 30
      . Name = "TextField"
      . Type = esriFieldTypeString
  End With
  Set pFieldsEdit. Field(0) = pField
End If

Set pTable = pFWS. CreateTable(strName, pFields, Nothing, Nothing, "")
Set pFeatureClass = pTable
Set pDataset = pFeatureClass
Set pWorkspace = pDataset. Workspace
Set pWorkSpaceEdit = pWorkspace
pWorkSpaceEdit. StartEditing (True)
  pWorkSpaceEdit. StartEditOperation
  Set pFeature = pFeatureCursor. NextFeature
```

```
        While (Not pFeature Is Nothing)
            Set pInsertFeature = pFeatureClass.CreateFeature
            For i = 1 To pFeature.Fields.FieldCount - 1
            If pFeature.Fields.Field(i).Name <> "Shape" Then
                pInsertFeature.Value(i) = pFeature.Value(i)
            Else
                Set pInsertFeature.Shape = pFeature.Shape
            End If
            Next i
            pInsertFeature.Store
            Set pFeature = pFeatureCursor.NextFeature
        Wend
        'Stop editing
        pWorkSpaceEdit.StopEditOperation
        pWorkSpaceEdit.StopEditing (True)
        Exit Function
    EH:
        MsgBox Err.Description, vbInformation, "createDBF"

    End Function

    '********** 打开选中要素的相邻图斑 shp 文件 ********************************
    Private Function OpenShp(path As String, fileName As String) As IFeatureClass
        Dim pWSFact As IWorkspaceFactory
        Set pWSFact = New ShapefileWorkspaceFactory
        Dim pFeatureWorkspace As IFeatureWorkspace
        Set pFeatureWorkspace = pWSFact.OpenFromFile(path, 0)
        Set OpenShp = pFeatureWorkspace.OpenFeatureClass(fileName)
End Function
```

运行结果如图 13-11 所示，对于选中的一个地类图斑，可以将其相邻的其他地类图斑用列表显示出来。

(2)地类查询。

```
Private Sub btnQuery_Click()
Dim pMxDoc As IMxDocument
Dim pMap As IMap
Dim pLayer As ILayer
Dim pFeatureLayer As IFeatureLayer
Dim pFeatureClass As IFeatureClass
Dim pFeatureSelection As IFeatureSelection
Dim pSelectionSet As ISelectionSet
```

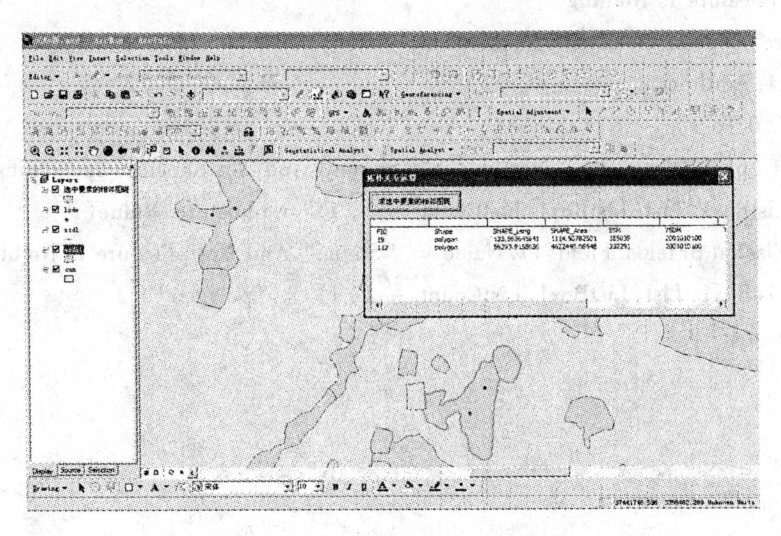

图 13-11　图斑拓扑关系运算结果

```
Dim pFeature As IFeature
Dim pQueryFilter As IQueryFilter
Dim pFeatureCursor As IFeatureCursor
Dim pFields As IFields

On Error GoTo ErrorHandler:
Set pMxDoc = ThisDocument
'*********** 查询 *****************
Set pMap = pMxDoc.FocusMap
Set pLayer = pMap.Layer(2)
Set pFeatureLayer = pLayer
Set pFeatureClass = pFeatureLayer.FeatureClass
Set pQueryFilter = New QueryFilter
pQueryFilter.WhereClause = "DLMC='" + ComboBox1.Text + "'"
Set pFeatureCursor = pFeatureClass.Search(pQueryFilter, False)
'**************** 查询结果显示 **********************
ListBox1.Clear
Set pFeature = pFeatureCursor.NextFeature
Set pFields = pFeatureClass.Fields
ListBox1.ColumnHeads = True
ListBox1.ColumnCount = pFields.FieldCount
ListBox1.AddItem
For i = 0 To 9
    ListBox1.List(ListBox1.ListCount - 1, i) = pFields.Field(i).Name
Next i
```

```
While Not pFeature Is Nothing
Set pFeature = pFeatureCursor.NextFeature
    ListBox1.AddItem
    For i = 0 To 9
        If (pFields.Field(i).Name <> "Shape" And Not pFeature Is Nothing) Then
        ListBox1.List(ListBox1.ListCount - 1, i) = pFeature.Value(i)
        ElseIf (pFields.Field(i).Name = "Shape" And Not pFeature Is Nothing) Then
        ListBox1.List(ListBox1.ListCount - 1, i) = "polygon"
        End If
    Next i
Wend
Exit Sub
ErrorHandler:
MsgBox Err.Description
End Sub

Private Sub ListBox1_Click()
Dim pMxDoc As IMxDocument
Dim pMap As IMap
Dim pLayer As ILayer
Dim pFeatureLayer As IFeatureLayer
Dim pFeatureClass As IFeatureClass
Dim pDataset As IDataset
Dim pWorkspace As IWorkspace
Dim pFeatureWorkspace As IFeatureWorkspace
Dim rowIndex As Integer
Dim pTable As ITable
Dim pFeatureSelection As IFeatureSelection
Dim pQueryFilter As IQueryFilter
Dim pSelSet As ISelectionSet
Dim featureFID As Integer

'********** 单击 ListBox1 中的要素并在 Arcmap 中选中该要素 ********************
On Error GoTo ErrorHandler:
If (ListBox1.ListCount > 0) Then
    Set pMxDoc = ThisDocument
    Set pMap = pMxDoc.FocusMap
    Set pLayer = pMap.Layer(2)
    Set pFeatureLayer = pLayer
    Set pFeatureClass = pFeatureLayer.FeatureClass
```

```
        Set pDataset = pFeatureClass
        Set pWorkspace = pDataset.Workspace
        Set pFeatureWorkspace = pWorkspace
        Set pTable = pLayer
        Set pFeatureSelection = pLayer
        pFeatureSelection.Clear
        rowIndex = ListBox1.ListIndex
        featureFID = ListBox1.List(rowIndex, 0)
        ' set up query filter with where clause
        Set pQueryFilter = New QueryFilter
        pQueryFilter.WhereClause = "FID =" + CStr(featureFID)
        Set pSelSet = pTable.Select(pQueryFilter, esriSelectionTypeIDSet,
                                    esriSelectionOptionNormal, pWorkspace)
        pFeatureSelection.SelectionChanged
        Set pFeatureSelection.SelectionSet = pSelSet
        pMxDoc.ActiveView.Refresh
    End If
    Exit Sub
    ErrorHandler:
    MsgBox Err.Description
    End Sub

    Private Sub UserForm_Initialize()
    '********** 添加地类名称 **********************************
    ComboBox1.AddItem ("旱地")
    ComboBox1.AddItem ("其他林地")
    ComboBox1.AddItem ("有林地")
    ComboBox1.AddItem ("其他草地")
    ComboBox1.AddItem ("村庄")
    ComboBox1.AddItem ("河流水面")
    ComboBox1.AddItem ("裸地")

    '********** 添加地类代码 **********************************
    ComboBox2.AddItem ("013")
    ComboBox2.AddItem ("033")
    ComboBox2.AddItem ("031")
    ComboBox2.AddItem ("043")
    ComboBox2.AddItem ("203")
    ComboBox2.AddItem ("111")
    ComboBox2.AddItem ("127")
```

```
End Sub
```

运行结果如图 13-12 所示,可以对不同的地类查询其包含的图斑信息。

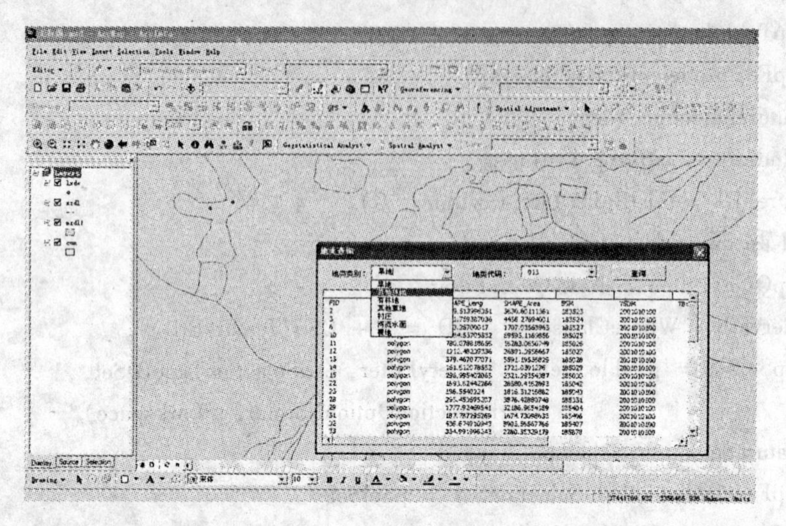

图 13-12 地类查询结果

(3)地类统计。

如:统计不同地类的图斑个数和地类面积。

```
Private Sub btnStatistics_Click( )
Dim pMxDoc As IMxDocument
Dim pMap As IMap
Dim pLayer As ILayer
Dim pFeatureLayer As IFeatureLayer
Dim pFeatureClass As IFeatureClass
Dim pFeatureSelection As IFeatureSelection
Dim pSelectionSet As ISelectionSet
Dim pFeature As IFeature
Dim pQueryFilter As IQueryFilter
Dim pFeatureCursor As IFeatureCursor
Dim pArea As IArea
Dim areaSum As Double
Dim featureCount As Integer
Dim dlbm As String

On Error GoTo ErrorHandler:
Set pMxDoc = ThisDocument
Set pActiveView = pMxDoc. FocusMap
'*********** 查询统计与结果显示 ******************
Set pMap = pMxDoc. FocusMap
```

```
Set pLayer = pMap.Layer(2)
Set pFeatureLayer = pLayer
Set pFeatureClass = pFeatureLayer.FeatureClass
ListBox1.Clear
ListBox1.AddItem
ListBox1.List(ListBox1.ListCount - 1, 0) = "地类名称"
ListBox1.List(ListBox1.ListCount - 1, 1) = "地类编码"
ListBox1.List(ListBox1.ListCount - 1, 2) = "个数"
ListBox1.List(ListBox1.ListCount - 1, 3) = "总面积"
If (ComboBox1.Text = "所有") Then
  For i = 1 To ComboBox1.ListCount - 1
    Set pQueryFilter = New QueryFilter
    pQueryFilter.WhereClause = "DLMC = '" + ComboBox1.List(i) + "'"
    Set pFeatureCursor = pFeatureClass.Search(pQueryFilter, False)
    Set pFeature = pFeatureCursor.NextFeature
    areaSum = 0#
    featureCount = 0
    While Not pFeature Is Nothing
        Set pArea = pFeature.Shape
        areaSum = areaSum + pArea.Area
        featureCount = featureCount + 1
        dlbm = pFeature.Value(8)
        Set pFeature = pFeatureCursor.NextFeature
    Wend
    ListBox1.AddItem
    ListBox1.List(ListBox1.ListCount - 1, 0) = ComboBox1.List(i)
    ListBox1.List(ListBox1.ListCount - 1, 1) = dlbm
    ListBox1.List(ListBox1.ListCount - 1, 2) = featureCount
    ListBox1.List(ListBox1.ListCount - 1, 3) = areaSum
  Next i
Else
  Set pQueryFilter = New QueryFilter
    pQueryFilter.WhereClause = "DLMC = '" + ComboBox1.Text + "'"
    Set pFeatureCursor = pFeatureClass.Search(pQueryFilter, False)
    Set pFeature = pFeatureCursor.NextFeature
    areaSum = 0#
    featureCount = 0
    While Not pFeature Is Nothing
        Set pArea = pFeature.Shape
        areaSum = areaSum + pArea.Area
```

```
        featureCount = featureCount + 1
        dlbm = pFeature.Value(8)
        Set pFeature = pFeatureCursor.NextFeature
    Wend
    ListBox1.AddItem
    ListBox1.List(ListBox1.ListCount - 1, 0) = ComboBox1.Text
    ListBox1.List(ListBox1.ListCount - 1, 1) = dlbm
    ListBox1.List(ListBox1.ListCount - 1, 2) = featureCount
    ListBox1.List(ListBox1.ListCount - 1, 3) = areaSum
End If
'group by'
Exit Sub
ErrorHandler:
    MsgBox Err.Description
End Sub

Private Sub UserForm_Initialize()
ComboBox1.AddItem ("所有")
ComboBox1.AddItem ("旱地")
ComboBox1.AddItem ("其他林地")
ComboBox1.AddItem ("有林地")
ComboBox1.AddItem ("其他草地")
ComboBox1.AddItem ("村庄")
ComboBox1.AddItem ("河流水面")
ComboBox1.AddItem ("裸地")
'Dim columns() As Variant
'columns = Array("地类名称","地类编码","个数","总面积")
'ListBox1.ColumnCount = 4
'ListBox1.Column() = columns
'ListBox1.ColumnHeads = True
End Sub
```

运行结果如图13-13所示,可以得到所有地类的图斑个数和总面积。

(4)分析地类图斑中包含了哪些零星地物和现状地物。

```
Private Sub CommandButton1_Click()
Dim pMxDoc As IMxDocument
Dim pMap As IMap
Dim pQueryFeatLayer As IFeatureLayer
Dim pFeatLayer As IFeatureLayer
Dim pFeatureClass As IFeatureClass
Dim pInFeatureCursor As IFeatureCursor
```

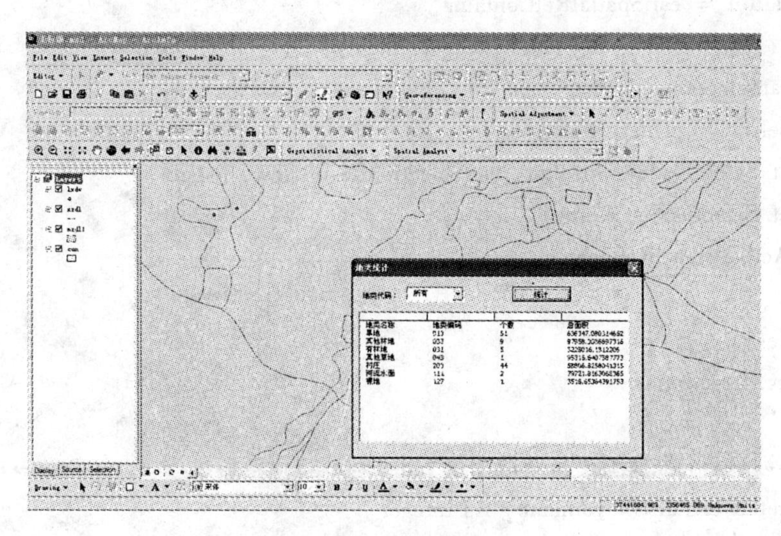

图 13-13　地类统计结果

```
Dim pOutFeatureCursor As IFeatureCursor
Dim pFeature As IFeature
Dim pFeatselect As IFeatureSelection
Dim pFilter As ISpatialFilter
Dim pGeoCollection As IGeometryCollection
Dim layerIndex
Dim layername
On Error GoTo Err_Handle:
Set pMxDoc = ThisDocument
Set pMap = pMxDoc.FocusMap
Set pFeatLayer = pMap.Layer(getLayerIndex(TextBox2.Text))
Set pQueryFeatLayer = pMap.Layer(getLayerIndex(TextBox1.Text))
Set pFeatureClass = pFeatLayer.FeatureClass
Set pGeoCollection = New esriGeometry.GeometryBag
Set pOutFeatureCursor = pFeatureClass.Search(Nothing, False)
Set pFeature = pOutFeatureCursor.NextFeature
' add feature into pGeoCollection
Do While Not pFeature Is Nothing
pGeoCollection.AddGeometry pFeature.Shape
Set pFeature = pOutFeatureCursor.NextFeature
Loop
Set pFilter = New SpatialFilter
With pFilter
Set .Geometry = pGeoCollection
    .GeometryField = "Shape"
```

```
    .SpatialRel = esriSpatialRelContains
End With
pMap.ClearSelection
Set pFeatselect = pQueryFeatLayer
pFeatselect.SelectFeatures pFilter, esriSelectionResultNew, False
pFeatselect.SelectionSet.Refresh
pMxDoc.ActiveView.Refresh
Exit Sub
Err_Handle:
MsgBox Err.Description
End Sub
'*************** 根据图层名获取图层 Index ***************************************
Function getLayerIndex(layername) As Integer
Dim layerIndex
  If layername = "lxdw" Then
    layerIndex = 0
ElseIf layername = "xzdl" Then
    layerIndex = 1
ElseIf layername = "mzdl1" Then
    layerIndex = 2
 End If
 getLayerIndex = layerIndex
End Function
```

运行结果如图 13-14 和图 13-15 所示，通过设置需要进行空间关系分析的两个图层，地类图斑中包含的零星地物和线状地物最后将被高亮显示。

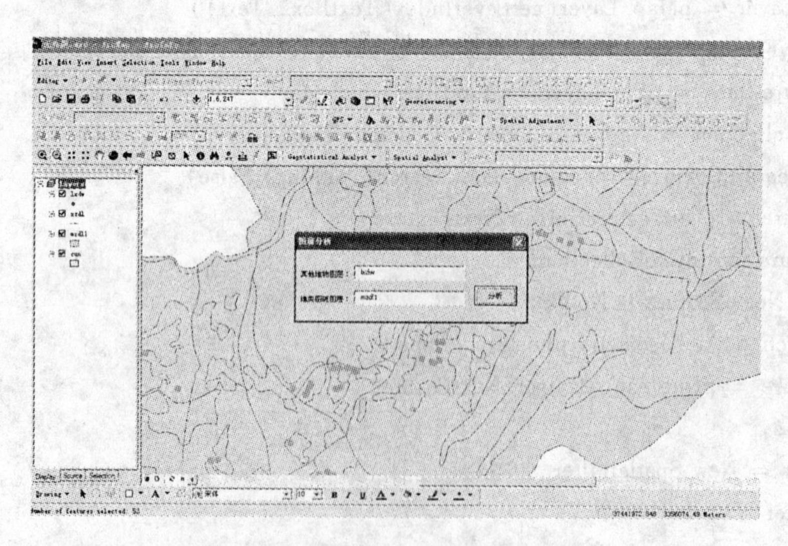

图 13-14　地类图斑中包含的零星地物

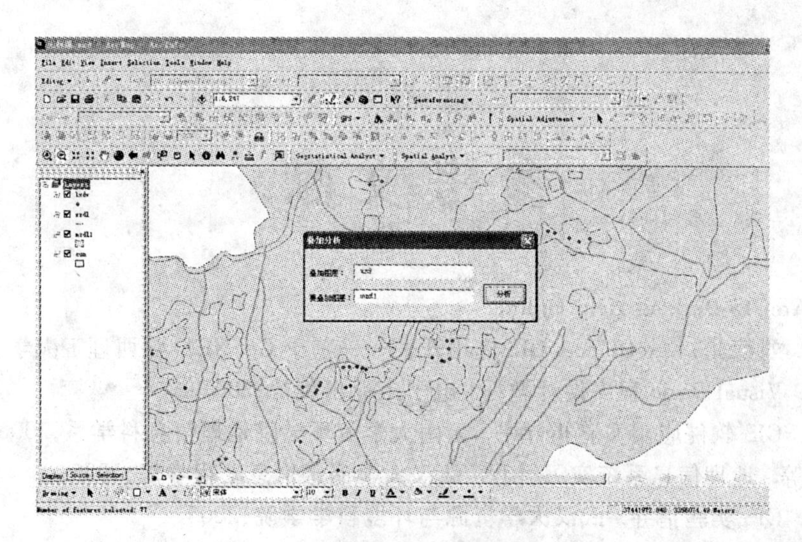

图 13-15　地类图斑中包含的线状地物

参考文献

[1] ESRI. ArcGIS Desktop Help Online.
[2] 兰小机，刘德儿. ArcObjects GIS应用开发——基于C#.NET.江西理工大学,2006.
[3] 刘瑞新. Visual Basic程序设计教程. 电子工业出版社,2007.
[4] 杨克诚. GIS软件应用实验指导书. 云南大学资环学院地理信息科学系,2006.
[5] 宋朝晖等. 地理信息系统实习教程. 武汉大学遥感信息工程学院,2005.
[6] 胡鹏等. GIS实验指导. 武汉大学资源与环境科学学院,2005.
[7] 汤国安,杨昕. ArcGIS地理信息系统空间分析实验教程. 科学出版社,2006.
[8] 张超. 地理信息系统实习教程. 高等教育出版社,2000.